틀을 깬 과학자들

틀을 깬 과학자들

- 그들의 시련과 영광 -

오 진 곤 지음

전파과학사

■ 머리말

대부분의 과학자들은 아침 일찍 눈을 뜨자마자, 곧 바로 관심 있는 과제를 연구하기 시작한다. 아직 아무도 이해하지 못한 미지의 세계를 정복하기 위해서 열심히 연구하는 과학자를 조금이라도 관심 있게 지켜 본 사람이라면, 과학자란 천진난만한 아이와 같다고 누구나 생각할 것이다. 실제로 과학자는 연구의 포로가 되어 마치 습기 가득하고 무더운 정글 속 나무 위에 올라앉아 어려운 문제의 실마리를 찾아 쉴 사이 없이 뒤쫓고 있는 사람이다.

이러한 과정을 통해서 한 과학자가 연구자로서 성공했을 경우, 개인의 승리로서 명예가 뒤따르고, 다른 과학자들에게 큰 선물을 안겨주며, 동시에 인류의 지식 증진에 크게 이바지하게 된다. 한편 과학자들은 좌절감이나 실망도 함께 맛보는 경우가 있다. 실험이 늦어지거나 기술적으로 까다로운 문제가 생기고, 성공할 줄 알았던 가설이 몇 개월 지나면서 빗나가는 일이 종종 있다. 그리고 실험결과와 그 해석이 크게 달라 업적평가가 예상 밖일 수도 있다. 이러한 어려움은 항상 뒤따라 다닌다. 그래서 젊은 과학자나 선배 과학자 모두가 함께 겪으며 고민하는 문제이다. 하지만 이와 같은 어려움과의 씨름이야말로 과학 발전의 원동력이 된다.

과학자는 인간이 지니고 있는 창조성과 끈질긴 호기심을 바탕으로 물질 세계에서 새로운 지식을 꾸준히 찾아 왔다. 하지만 과학자가 이를 응용하여 인간의 생활을 향상시키는 일은 부차적인 일에 불과하며, 또한 과학자는 과학의 사회적 기능으로부터 파생되는 문제에 대해서도 지나치게 무관심해 왔다. 그러나 20세기에 접어들면서 과학이 사회의 발전에서 중요한 요소로 등장함으로써 과학을 사회로부터 격리시켜 생각할 수 없게 되었고, 또한 과학자들은 과학과 사회의 상호관계 속에서 살고 있으므로 짊어져야 할 책임도 점차 많아지고 있다.

그러므로 옛날과 달라서 지금은 과학자들이 연구실 밖에서 사회적인 활동을 하는 모습을 우리는 흔히 볼 수 있다. 그들은 과학 지식과 사회적인 신뢰에 바탕을 두고서 여러 형태로 사회 활동에 참여하고 있다. 전통적인 과학자의 모습과 다른 점이 바로 여기에 있다. 과학자 중에는 과학을 연구할 뿐만이 아니라 인간 사회에서 조언자나 지도자로 변신해 가는 사람이 있다. 그들은 사회적으로 관심 있는 문제, 즉 정치, 경제, 사회, 문화, 교육, 주민운동 등 여러 영역에서 활동하고 있다. 또한 그들은 사회가 필요로 하는 과학적 지식을 요청 받을 때, 자신의 의사와 관계없이 이에 대처하지 않으면 안 된다. 그러므로 하는 수 없이 사회 속으로 휘말려 들어가게 된다. 그리고 사회 속으로 휘말려 들어가 활동할 경우에, 그들은 이미 성공한 과학자로서의 경력에다 새로운 차원의 사회적 활동이 보태짐으로써 스스로 기쁨과 만족감을 얻고 있다.

과학자는 여러 모습으로 사회 활동에 참여하고 있다. 그 예로서, 시민 운동가(사회 문제에 관련된 과학적 데이터의 해석), 전문가로서의 증언자(공식적인 기관-법정, 입법기관, 정치 기관의 위원회-에서 과학적 정보의 제공과 조언), 정치적 중재자(과학적 상황과 정치의 연결), 일반 대중을 위한 해설자(과학의 대중화)가 있다. 또한 미국의 해양 생물학자인 신더먼은 과학자의 사회 활동의 모습을 연구직 과학자, 교육직 과학자, 관리직 과학자, 관료적 과학자, 정치적 과학자, 기업적 과학자, 국제적 과학자 등으로 분류하고 있다.

이처럼 과학자로서 뛰어난 자격을 갖춘 사람들이 연구실 밖에서 활동할 경우에 예상치 못한 새로운 세계와 만남으로써, 부득이 전통적인 과학자의 모습에서 벗어나 변모해 가고 있다. 다시 말해서 '전통적인 과학자의 틀이 깨지고' 있다.

그러므로 이 책은 과학의 역사에서 '높고 단단한 벽을 무너뜨렸거나', '기존의 틀을 깬' 과학자들에 비중을 크게 두고 접근하였다. 예를 들어 전통과 권위를 무너뜨린 과학자, 국경을 무너뜨린 과학자, 조국의 과학계를 지킨 과학자, 가난과 역경을 무너뜨린 과학자, 전통적인 과학 교육방법을 무너뜨린 과학자, 질병의 세계를 무너뜨린 과학자, 남성의 과학계를 무너뜨린 여성 과학자, 연구실 창문을 무너뜨린 과학자, 정치이념을 무너뜨린 과학자 등 모두 30명의 과학자를 기술하였다.

또한 이 책은 과학자의 연구 업적보다 그들의 '생애나 사회활동'에 보다 비중을 크게 두고 접근하였다. 그러므로 '인생 안내서'와 같은 성격을 띠고 있다. 과학자들의 깊은 연구 이론을 설명한 것이 아니고, 현실에 바탕을 둔 그들의 '시련과 영광'에 중심을 두고 접근하였다.

이 책은 과학자의 생애와 외적 과학사에 관심이 있는 사람들에게 얼마간 도움이 될 것으로 생각한다. 특히 일선 과학 교사가 이를 학습자료로 활용하여 학생들에게 과학자의 생애나 사회 활동의 단면을 교육함으로써 학생 스스로가 인생의 목표를 세우고 꿈을 키워나갈 수 있도록, 또한 학생 스스로가 그 꿈을 이룩하기 위해서 혹독한 시련과 고통을 극복하고 영광을 찾을 수 있도록 지도하는데 얼마간 도움이 될 것으로 생각한다.

정년 퇴임을 한지 벌써 1년이 지났다. 그 동안 자유스러운 시간과 공간 속에서, 멀리 밀쳐 놓았던 자료를 정리하여 이 책을 내놓았다. 이 책을 집필하는 동안 정년 퇴임 후의 공허감을 달랬고 즐거운 시간을 가졌다.

이번 출판을 적극 도와준 전파과학사 손영일 사장, 입력과 교정을 맡아준 전북대학교 과학학과 김형신 조교와 김현승 대학원생에게 감사한 마음을 진심으로 전한다.

2002년 8월 중순
전주 대성동 자택에서, 지은이 오진곤

차 례

3. 조국의 과학계를 지킨 과학자들

18

1 전통과 권위를 무너뜨린 과학자들

근대 과학혁명의 선구자 코페르니쿠스
근대 과학혁명의 기수 갈릴레오
온 누리를 밝게 비친 뉴튼
화학혁명을 몰고 온 라부아지에
성서를 뒤흔들어 놓은 다윈
고전 물리학을 무너뜨린 아인슈타인

근대 과학혁명의 선구자 코페르니쿠스

유능한 종교 행정가

천문학자 니코라스 코페르니쿠스(Nicolas Copernicus : 1473~1543)는 폴란드 왕국 지배하에 있던 에름란드의 토르니에서 태어났다. 일찍이 아버지를 잃은 그는 승려인 숙부 밑에서 자랐기 때문에 마음껏 교육을 받을 수 있었다. 당시 폴란드의 학문의 중심지인 크라크후에서 수학과 미술을 공부한 그는 1496년에 이탈리아에 유학하여 그 곳에서 9년 동안 살았다. 그 동안 의학과 종교를 공부하고 때로는 천문학에 흥미를 갖기도 하였다.

코페르니쿠스는 뛰어난 천문학자는 아니었다. 통틀어 100회 정도의 관측을 했을 뿐이고 대부분 다른 사람이 관측해 놓은 자료를 활용하여 연구하였다. 그는 천문학자라기 보다는 의사나 종교 행정가에 가까웠다. 이탈리아의 보로니아 대학에서 공부를 마친 그는 파두봐 대학으로 옮겨 그 곳에서 법률과 그리스어, 그리고 의학을 다시 공부하였다. 1505년 폴란드에 돌아온 그는 숙부 밑에서 교회 승회 의원을 지냈지만 신부가 되지는 않았다. 숙부의 전속 의사 자리를 지켰고 숙부가 죽은 뒤에는 교회의 여러 행정적인 일을 맡았다.

지동설 사상의 뿌리

코페르니쿠스는 이탈리아 유학시절, 도서관에서 아르키메데스의 저서 안에서 그리스의 자연 철학자 아리스타르코스의 이론을 처음으로 접하였다. 현대 사람의 눈으로 보아도 그는 그리스 천문학자 중에서는 가장 독창적인 성과를 남겨 놓았다. 그는 피타고라스 학파가 주장해온 지구 운동 이론과, 그리스의 자연 철학자 헤라크레이토스의 혹성 운동이론을 조합하여, 기원전 약 260년에 지구를 포함한 모든 혹성이 태양을 중심으로 돌고 있다고 주장하였다.

그러므로 아리스타르코스는 '고대의 코페르니쿠스'라 불러도 손색이 없을 정도이다. 그러나 당시 자연 철학자들은 아리스타르코스의 태양 중심설이 너무 혁명적이어서 이를 받아들이지 않았기 때문에 이 이론을 설명한 책이 거의 남아 있지 않다. 만일 아르키메데스의 저서 안에 이 이론이 기록되어 있지 않았더라면, 오늘날 이 이론은 역사 속에서 사라졌을지도 모른다. 코페르니쿠스는 귀국 도중 마차 안에서 아리스토텔레스와 아리스타르코스의 천문학 이론에 관해서 계속 몰두했다는 이야기가 있다.

당시 이탈리아는 문화와 학문의 중심지로서 고대에 확립된 학문에 대해서 비판하는 풍조가 깊었다. 고대 천문학자가 모든 천체는 지구를 중심으로 회전하고 있다고 주장한 우주체계는, 매우 복잡하므로 아무리 면밀한 계산을 하더라도 장기간에 걸친 혹성의 위치를 예측할 수 없었다. 그 때까지 만들어진 가장 정확한 알폰소스 10세의 성표 역시 빗나가 있었고, 개정된 다른 성표 역시 일시적으로 유효했을 따름이었다.

그래서 코페르니쿠스는 이 복잡함을 해결하기 위하여 지동설을 소책자의 형태로 정리하였다. 그러나 이 이론은 이단으로서 취급되고 있었으므로 문제를 일으키지 않을까 염려한 나머지 수년간 출판을 보류하였다. 그후 갈릴레오가 종교재판에 회부된 예를 보더라도 그것은 당연했고 주의 깊은 처사였다.

『개요』 출간

코페르니쿠스 자신이 생각한 이론을 요약해서 쓴 『개요』(원제목은 "천체의 운동에 관한 가설의 짧은 개요")가 1540년 당시 유럽 학자들에게 회람되었다. 처음에는 거의 반응이 없었지만 점차 깊은 관심이 모아지고 점차 사람들을 매료시켰다. 그는 이 작은 책에서 상세한 학설은 나중에 발표한다고 예고하였다. 한편 로마 법황 클레멘스 7세는 이 통속적인 요약서의 가치를 인정하고 이를 출판하도록 요청하자 코페르니쿠스는 이를 받아들였다. 그러나 이 이론은 성서를 굳게 믿는 사람들로부터 강렬한 비판을 받았고 또한 웃음거리가 되었다.

코페르니쿠스는 앞으로 상세하게 논할 내용을 간단하게 정리하였다. 그는 우주의 중심에 지구 대신 태양을 놓고, 각 혹성의 위치를 나타내는 표를 간단히 만들 수 없을까 하고 생각하였다. 다시 말해서 지구가 다른 혹성처럼 우주 공간에서 태양의 주위를 회전하는 지동설을 착상하였다. 이것은 새로운 착상이 아니고 앞에서 말한 고대 천문학자 아리스타르코스가 구상한 우주체계였다.

코페르니쿠스는 지동설에 바탕을 두고 혹성의 위치를 수학적으로 상세하게 계산하고 새로운 체계를 확립하기 위한 준비를 시작하였다. 이 우주체계를 사용하면 혹성의 기묘한 운동을 간단하고 무리없이 훌륭하게 설명할 수 있었다. 이 새로운 이론을 전제로 할 경우에, 수성이나 금성의 궤도는 지구궤도 보다 태양에 접근하고 있으므로, 지구에서 이 별을 보면 태양에서 멀리 떨어져 있지 않다는 현상을 무난하게 설명할 수 있었다. 또한 화성, 목성, 토성의 궤도는 지구 궤도보다 크기 때문에 지구가 이 혹성들을 주기적으로 추월하므로, 이 별들이 하늘에서 후퇴(역행)하는 것처럼 보이는 현상도 무난하게 설명할 수 있었다. 그러나 고대 지구 중심설로는 이러한 현상을 설명하기 매우 어려웠다.

이처럼 코페르니쿠스의 지동설은 고대 지구 중심설이 설명하기 어려운 현상을 간단하게 설명할 수 있을 뿐 아니라, 세차운동을 지구의 자전축의 흔들림으로 설명할 수 있었다. 또한 항성이 지구로부터 매우 멀리 떨어져 있으므로 지구가 운동하더라도 항성의 위치가 변하지 않는 현상을 설명할 수 있었다. 이처럼 지동설은 많은 천체현상을 훌륭하게 설명할 수 있었으므로 단순히 혹성의 위치를 계산하기 위한 연구 이상의 이론이었다.

하지만 코페르니쿠스의 지동설은 완벽한 이론이 아니었다. 그는 고전적인 생각의 테두리에서 완전히 벗어나지 못하였으므로 혹성의 '원 운동'을 그대로 받아들였던 것이다. '타원운동'의 개념을 도입한 사람은 그후 케플러였다.

『천구의 회전에 관하여』출간

독일의 수학자이자 코페르니쿠스의 제자인 레티쿠스는 1539년 지동설이 담긴 코페르니쿠스의 논문을 읽고 감격한 나머지, 코페르니쿠스를 직접 방문하여 지동설에 대한 설명을 상세하게 들었다. 다음 해인 1540년에 레티쿠스의 강력한 출판 요청을 받아드린 코페르니쿠스는 자신의 연구성과를 출판하도록 레티쿠스에게 맡겼다.

코페르니쿠스는 저서의 서문에서, 법왕 파울 3세에게 다음과 같이 글을 올렸다. "가장 신성한 교부님. 세상 사람들은 여기에 기술되어 있는 지구의 운동에 관한 이론을 읽은 즉시 나를 비웃고 나의 이론을 맹렬히 비난할 것입니다. 나는 자신의 결론에 애착을 느끼는 것보다 다른 사람이 이 결론을 어떻게 생각할 것인가에 대해서 고민하고 있습니다. 나의 이론이 너무도 신기한데 대한 비난이 두려워 나의 연구를 포기할 생각까지도 갖은 적이 있습니다." 종교가인 코페르니쿠스로서 자신의 고민을 뚜렷이 나타낸 서문이다.

코페르니쿠스는 그 서문의 후반에서, 자신이 내세우는 이론의 과학성과 진실성을 강조하는 이론을 과감하게 주장하였다. "만약 수학을 모르면서 이 이론을 자신 있게 비판할 수 있다고 생각하는 사람이 있다면, 감히 나의 이론에 반대한다 해도 나로서는 조금도 개의 할 바 아니다. 나는 그들의 판단이야말로 어리석다고 생각하므로 그들을 경멸할 따름이다."

그런데 레티쿠스가 갑자기 마을을 떠나게 되자 출판은 루터파의 목사인 오시안더 신부에게 인계되었다. 그리고 1543년 『천구의 회전에 관하여』가 출판되었다. 그러나 루터는 코페르니쿠스의 이론을 맹렬하게 비판하고 있었으므로 오시안더 신부는 코페르니쿠스의 안전을 위해서, 이 이론은 실제의 우주체계가 아니고 다만 혹성의 위치를 쉽게 계산하기 위한 '수학적인 가설'에 불과하다는 단서를 저자의 허락도 없이 서문 속에 몰래 붙여 넣었다.

그러나 이 서문은 코페르니쿠스 이론의 진리성을 부정하는 결과를 낳았다. 세상 사람들은 이 단서를 저자가 쓴 것으로 알고 있었기 때문에 이 책의 가치와 그의 평판을 낮게 보았다. 후에 케플러가 이 사실을 알고서 진실을 발표한 것은 1609년에 이르러서였다. 하지만 오시안더 신부의 의도는 어디까지나 로마 카톨릭 교회의 즉각적인 비난으로부터 이 책을 보호하기 위하는데 있었다. 따라서 이 저서는 1616년까지 금서목록에 등록되지 않았다.

철학자 부르노의 화형-근대 과학의 첫 세기

이 저서가 출판된 것은 코페르니쿠스가 죽기 직전이라고 하지만, 그가 죽은(1542년 뇌졸중으로 쓰러졌고, 1543년 5월 24일 70세로 타계) 4주일 전의 '날짜'가 이 책의 한 구석에 적혀 있는 것으로 미루어 보아, 코페르니쿠스는 자신의 저서를 손에 넣을 수 있었던 기회를 가진 것으로 생각된다.

코페르니쿠스는 우주의 중심에서 지구를 추방함으로써 지구를 단지 한 개의 혹성으로 만들어버렸다.(고독한 달의 궤도의 중심이기는 하지만). 이것은 인간 중심의 지구 중심 사상을 근본적으로 수정하여 유럽 문명 전체에 큰 충격을 안겨 주었다.

그러나 코페르니쿠스의 이론은 기본적으로 두 가지 결점을 안고 있다. 원운동을 주장하고 수학적인 가설로 처리하였다. 그러나 독일의 천문학자 티코 브라헤, 케플러와 갈릴레오 등이 그 후 원운동 대신 타원운동을 도입함으로써 보다 완벽한 우주체계가 수립되었다. 그리고 그의 이론을 발판 삼아 일어난 '근대 과학혁명'으로 그리스 과학이 추방되고 새로운 과학의 길이 열리었다. 그리고 이 과학혁명은 1세기 반 뒤에 뉴튼에 의해서 정점에 이르렀다.

끝으로 짚고 넘어가야 할 것은 코페르니쿠스의 지동설에 관한 책자의 서문에 대한 시비 때문에 이탈리아의 철학자 부르노가 화형까지 받은 일이다. 그는 과학 분야에서 뿐만이 아니라 종교 분야에서도 낡고 전통적인 이론을 비판하여 이르는 곳마다 많은 사람들과 충돌하였다. 그는 코페르니쿠스의 저서의 서문을 읽고서, 이 서문이야말로 어느 바보가 자기와 똑같은 바보들만을 위해만 쓸 수 있는 글이라고 비난하였다.

이것이 화근이 되어 부르노는 종교재판을 받은 후 감금당하였다. 그리고 진실에 대한 그의 신념을 취소하거나 변경하라는 명령을 거부함으로써 '1600년'에 화형을 당하였다. 부르노는 아마 심문관이 겁에 질려 선고한 것이라는 말을 남겼다. 이것은 자신의 정당성을 의심하지 않는다는 의지를 똑똑하게 보여준 뜻이 담겨져 있다. 현대 과학철학자 화이트헤드는 그의 저서『과학과 근대세계』에서 "부르노는 수난을 당하였다. 그가 수난을 당한 것은 과학을 연구한 때문이 아니고, 사상적인 사색을 자유롭게 한 때문이다. 그가 죽은 1600년은 엄밀한 의미에서 근대 과학의 첫 세기를 열어 놓은 해라고 말할 수 있다"고 기술하고 있다.

하지만 지동설은 과학혁명의 자극제가 되었다. 엥겔스는 역사상 최대의 사상 혁신이라 평가했고, 칸트는 코페르니쿠스적 전환으로 지구는 우주의 중심이라는 지위를 빼앗기고, 그 지위가 태양으로 옮겼다고 그 의의를 높이 평가하였다. 이것은 신이 창조한 단 하나의 지구라는 당시의 가치관에 대한 도전이었다. 따라서 그의 이론을 과학혁명의 기초로 보는 것은 결코 과장이 아니다.

근대 과학혁명의 기수 갈릴레오

전공을 의학에서 수학으로

이탈리아의 천문학자이자 물리학자인 갈릴레오 갈릴레이(Galileo Galilei, 1564~1642)는 피사에서 태어났다. 갈릴레오의 생일(2월 15일)은 미켈란젤로가 죽기 3일 전이지만, 학문의 정점이 미술에서 과학으로 분명히 넘어가는 상징적인 날이다.

갈릴레오 집안은 대대로 그 지방의 명문이었지만 당시는 몰락해 있었고, 수학자인 아버지는 장남인 갈릴레오를 생활이 윤택한 의사로 키우려고 마음먹었다. 당시 의사는 수학자의 30배 이상의 수입을 올릴 수 있었다. 갈릴레오 자신은 가능하다면 화가가 되려고 했지만 아버지의 설득으로 하는 수 없이 의학을 공부하기 위해 피사 대학에 들어갔다. 만일 갈릴레오가 자신이 희망한 대로였다면 훌륭한 화가나 음악가가 되었을 지도 모른다.

우연한 기회에 갈릴레오는 독학으로 기하학 공부를 시작했는데, 아버지의 친구인 수학자 릿치는 이 사실을 그의 아버지에게는 비밀로 하기로 갈릴레오와 약속하였다. 이 사실을 알아낸 아버지는 아들로부터 수학 책을 빼앗으려고 까지 하였다. 그러나 수학에서 자신의 적성을 발견한 갈릴레오는 아버지를 설득하여 의과 대학을 중퇴하고 말았다. 이것은 인류에게 매우 다행한 일이었다. 그것은 갈릴레오의 생애가 과학계를 크게 바꿔 놓았기 때문이다. 만일 그가 아버지 뜻대로 의사가 되었다면 근대과학은 어떻게 되었을까?

피사 대학의 수학 강사-피사탑의 실험

갈릴레오는 25세 때 피사 대학의 수학 강사가 되었지만 집안을 보살필 입장에 놓였던 그는 대학의 급료가 턱없이 모자라 개인교수까지 하였다. 그러한 환경 속에서도 갈릴레오는 사물을 관찰하는 데만 그치지 않고, 이를 측정하여 수량화하고 그 현상을 표현하기 위해 간단하고 일반적인 관계식을 이끌어냈다. 이러한 방법을 택한 사람은 18세기 이전에 아르키메데스뿐이었다.

그러나 갈릴레오의 방법은 이전의 그 누구보다도 대규모였고, 그는 연구 결과를 명확하고 아름답게 표현하는 문학적인 재능도 지니고 있었다. 그가 사용했던 '정량적인 방법'은 점차 유명해지면서 과학계에 널리 퍼졌다. 이러한 연구방법을 이용하여 그는 아리스토텔레스 학파의 역학에 자신이 있게 도전하였다.

지금부터 2000여 년 전에 아리스토텔레스는 "낙하하는 물체의 속도는 그 물체의 무게에 비례한다"고 주장하였다. 과학자들은 줄곧 이 이론에 따랐다. 누가 뭐라 해도 새의 깃털은 돌보다 매우 느리게 떨어지고 있지 않는가. 그러나 갈릴레오는 표면적이 크고 가벼운 물체는 공기의 저항을 받으므로 천천히 떨어질 것이라 생각하였다.

전설에 의하면 1590년 어느 날, 갈릴레오는 여러 사람들(교사, 철학자, 교수, 시인 등)이 보는 앞에서, 피사탑(이 건물은 피사의 대사원 종탑으로 12세기에 착공된 것으로 7층에 종이 있고 높이는 약 180피트이다)에 올라갔다. 그는 무게가 다른 두 개의 금속 공을 준비하였다.

하나는 10파운드, 다른 하나는 1파운드였다.

갈릴레오는 조심스럽게 두 공을 동시에 떨어뜨렸다. 꽝 소리와 함께, 두 공은 땅 위에 동시에 떨어졌다. 아리스토텔레스의 이론이 틀렸다는 사실이 이 정도로 확실하게 증명된 것은 이번이 처음이었다. 그는 27세의 젊음으로 '전통과 권위'를 무너뜨렸고, 피사 대학의 아리스토텔레스 학파의 동료 교수들의 권위를 손상시켜 놓았다. 이 일로 동료들로부터 미움을 샀다.

갈릴레오는 항상 유력한 상대를 어렵게 만들었다. 그것은 선천적인 독설 때문이었다. 그는 자신의 의견에 반대하는 사람들을 여지없이 바보로 만들어 버렸다. 하지만 그는 학생들로부터 호평을 받았다. 그의 강의는 뛰어났으므로 강의실은 항상 학생으로 가득하였다. 반면에 다른 동료 교수들의 강의실은 썰렁하였다. 이런 일들이 동료들의 질투심과 노여움을 더욱 부축이었다. 젊은 갈릴레오는 대학 교수들 앞에서 머리를 숙일지 몰랐고 또한 건방지게 굴어 점차 주위로부터 따돌림을 받았다. 특히 취직 할 때에 갈릴레오를 도왔던 사람들까지도 갈릴레오의 이러한 태도에 분노하였다.

파두바 대학으로

결국 갈릴레오는 28세 때에 베네치아 공화국의 파두바 대학으로 옮겼다. 이 대학에서도 수학 교수의 지위는 낮았고 신학이나 철학 교수에 비해서 급료가 낮았다. 그는 대학에서 응용수학인 축성기술을 가르쳤고 독특한 착상으로 '군용 기하학 콤파스'를 고안하였다. 그 반응은 대단했고 국내외로부터 주문이 쇄도하였다. 또한 명성을 떨친 그에게 개인교수를 부탁한 사람들도 늘어났다. 그는 이들을 자기 집에 하숙시키고 가르치면서 수입의 증가를 꾀하였지만 하숙을 치는 일도 보통은 아니었다. 그의 생활은 여전히 넉넉하지 못하였다. 아버지가 남긴 빚이 남아 있었고 막내 여동생의 결혼 지참금, 직업이 없는 동생, 횡포가 심한 어머니까지 돌보지 않으면 안되었다.

이 무렵 독일의 천문학자 케플러로부터 『우주의 신비』라는 책이 우송되어 왔다. 이에 대한 답례로서 갈릴레오는 다음과 같이 답장을 보냈다. "진리를 탐구하는 마당에서 당신과 같은 위대한 동료를 알게 된 것은 너무나도 다행한 일입니다. 진실을 향하여 돌진하고, 잘 못된 철학적 사변을 공격하는 사람이 지금 거의 보이지 않는 것이 매우 유감스럽습니다.……나는 오랜 동안 코페르니쿠스의 지동설의 신봉자였습니다. 당신의 성공을 기원합니다. 코페르니쿠스의 지동설은, 지금 일반적으로 통용되고 있는 아리스토텔레스-프톨레마이오스설로 이해하기 어려운 많은 점을 나에게 이해시켜 주고 있습니다. 나는 전통적이고 권위적인 일반적 견해를 타파하기 위해 많은 근거를 모으고 있지만, 이를 발표할 용기가 없습니다. 당신과 같은 사람이 더욱 많이 있다면 나도 과감하게 이를 발표할 셈입니다만…" 갈릴레오는 파두바 대학에서 18년 동안 머물렀고, 그의 중요한 업적은 거의 그곳에서 이룩되었다. 그의 과학 연구의 황금 시절이었다.

망원경과 천체관측

1609년 갈릴레오는 화란에서 망원경이 발명되었다는 소문을 들었다. 이로부터 6개월 동안 그는 손수 제작하여 32배의 배율을 지닌 망원경을 만들었다. 그리고 이를 사용하여 천체를 관측함으로써 망원경에 의한 천문학 연구가 드디어 시작되었다. 그는 망원경으로 달에 산이 있고 태양에 흑점이 있다는 사실을 발견함으로써, 천체는 완전무결하고 지구만이 무질서하며 불규칙하다고 주장한 아리스

토텔레스의 '위계사상'(천상계와 지상계의 질적인 차이를 주장한 이론)
이 틀렸다는 사실을 관측을 통해서 입증하였다.

갈릴레오는 태양의 흑점을 맨 먼저 발견했다고 주장하지만, 같은
시기에 이를 발견한 천문학자가 있었으므로 최초의 발견자가 누구
인지를 둘러싸고 싸움이 벌어졌다. 그러나 최초의 발견자가 누구인
가의 문제를 제쳐놓고, 갈릴레오는 단지 흑점만을 발견한 것이 아
니고 흑점이 이동한다는 것과, 태양이 27일에 한번 꼴로 자전하고
있다는 사실을 발견하였다.

갈릴레오는 밝게 빛나고 있는 항성을 육안으로 보면 단지 점으
로 보일 뿐이지만 망원경으로 이를 보면 작은 구로 보였다. 그러므
로 항성은 혹성보다 훨씬 멀리 있고, 우주는 턱없이 광대하다고 그
는 생각하였다. 또한 망원경을 통해서 은하를 보면, 육안으로 보는
것 보다 훨씬 많은 별을 볼 수 있고, 따라서 은하는 수많은 별의
집합체라고 그는 생각하였다.

1610년 1월 7일, 갈릴레오가 극적으로 발견한 것은 목성의 주위
를 돌고 있는 4개의 위성이었다. 이 위성은 목성의 주위를 규칙 바
르게 돌고 있었다. 그는 이를 수주일 동안 관측하여 위성의 주기를
산출해냈다.(이 별을 케플러는 '위성'이라 처음 불렀다.) 그리고 그리스
신화에 나오는 이오, 유로페, 가니메디, 카리스트라는 이름을 각 위
성에 붙였다.

이처럼 4개의 위성을 거느리고 있는 목성의 모습은, 마치 작은
천구가 태양의 주위를 돌고 있다는 코페르니쿠스의 지동설을 입증
하는 모델과 같았다. 결과적으로 모든 혹성은 태양을 중심으로 회
전하고 있다는 증거를 내놓은 셈이다.

갈릴레오는 달이 기울고 차듯이, 금성도 만월로부터 신월까지 모
양을 바꾸는 현상을 발견했는데, 코페르니쿠스의 지동설이 옳다면
당연히 일어나야 하는 현상이다. 고대 지구 중심설(프톨레마이오스의

이론)에 따르면, 금성은 기욺 상태 그대로 있어야 한다. 하지만 금성이 차고 기운다는 관측 결과로 목성이 태양의 광선을 받아 빛난다는 사실을 결정적으로 밑받침하였다. 또한 달의 기욺 부분이 지구로부터의 반사광에 의해서 희미하게 빛나고 있음을 알았다. 따라서 지구도 다른 혹성과 마찬가지로 태양 광선에 의해서 빛나고 있음을 알았고, 지구와 다른 천체를 구별할 수 있는 근거가 모두 살아졌다.

갈릴레오의 망원경과 관련하여 집고 넘어갈 것은, 그의 최초의 발명자가 누구인가이다. 화란의 리페르스하이, 메티우스, 얀센이 거론되고 있지만 누가 최초로 망원경을 발명했는지는 분명하지 않다. 하지만 망원경이 1608년에 화란에서 처음으로 만들어졌다는 것은 의심할 바 없다.

16세기에 화란의 안경 제조업자 두 사람이 망원경을 둘러싼 특허권 문제로 다툰 일이 있었으므로 이 시기에 망원경이 발명되었을 것으로 추측된다. 두 사람 모두 우연히 렌즈를 두 개 겹쳐 멀리 떨어진 교회의 높은 지붕의 바람개비를 보았다. 그 때 그것은 훨씬 크고 가깝게 보였다. 그러나 당시 화란은 전쟁 중이어서 이 망원경의 제작을 비밀에 붙이고 있었다.

『성계의 사자』-지동설 찬반 논쟁의 서곡

갈릴레오는 코페르니쿠스의 저서가 출판된 지 73년만에 망원경을 이용하여 관측한 모든 결과를 1616년에 발표하였다. 그는 자신이 읽고 있던 『성계의 사자』라는 정기 간행물의 특별 호에 이를 실었다. 이때 열광적인 지지와 함께 반대하는 소리가 소용돌이쳤다. 그는 망원경을 많이 만들어 케플러를 위시하여 유럽의 과학자들에게 보냈는데, 그것은 자신의 발견을 확인 받으려는 의도에서였을 것이다.

갈릴레오는 1611년 망원경을 가지고 로마에 갔다. 법왕청의 많은 사람들은 감격했지만 그 중에는 화난 사람들도 있었다. 화가 난 사람들은 '하늘은 완전하다'는 아리스토텔레스의 이론이 파괴되지 않을까 염려하는 사람들이었다. 그들은 "이 망원경을 통해서 보여지는 현상은 모두가 성서에 위배되는 데도 불구하고 망원경 그것을 믿어도 좋겠는가?"라 중얼거렸다. 갈릴레오의 지지자들은 "당신 스스로 이 망원경을 보아 주시요"라고 받아쳤다. 어떤 사람은 "목성의 달(위성)은 육안으로 볼 수 없으므로 인간에게는 무용지물이다. 그따위 것을 하느님이 만들리 없다. 만일 망원경으로 보인다면 망원경이 악마의 도구인 까닭이다"라고 말하였다. 이처럼 갈릴레오는 지지와 반격을 동시에 받았다.

갈릴레오가 유명해지면 유명해질 수록 그를 시기하여 끌어내리려는 사람들도 있었다. 1613년(49세)에 그는 친구인 카스테리에게 보낸 편지에 이렇게 썼다. "내가 발견하려는 것은 정신을 혼란시키려는 것이 아니라 계몽하기 위해서이며, 과학을 파괴하기 위해서가 아니라 진실한 기초를 구축하기 위함이다. 반대자들은 스스로가 반론을 제기할 수 없을 때는 신앙심을 방패로 삼거나 성서를 앞세워 내 발견을 허상이라 부르거나 이단이라 부른다… 과학은 성서의 권위로부터가 아니고 지각과 증명으로부터 출발하지 않으면 안 된다. 무엇보다도 사실을 확인하지 않으면 안 된다. 성서라 할지라도 사실을 반대해서는 안 된다."

갈릴레오는 태양중심의 체계를 공공연하게 지지하였다. 이 견해는 교회측의 반발을 불러일으키고 이단으로 선고됨으로써, 1616년 그는 법황 피오 5세로부터 지동설을 포기할 것을 명령받았다. 결국 갈릴레오는 마음속으로는 확신하고 있으면서도 겉으로는 코페르니쿠스의 지동설을 외면해야만 하였다. 갈릴레오를 반대하는 보수주

의자들에게 설득 당한 피오 5세는 지동설을 사교라고까지 선언하였
다. 당시 토스카나 공화국은 로마법왕의 직접 지배하에 있었으므로
종교상의 통제가 특별히 엄격하였다. 갈릴레오에 반대하는 어떤 사
람은 로마에 와서 "지금 피렌체는 갈릴레오의 신봉자로 가득하고
그에게 속아넘어가 불경한 논의가 크게 번지고 있습니다"고 증언하
였다.

　이처럼 터무니없는 고소가 잇달았으므로 1616년 3월 5일, 다음과
같은 내용의 금서령이 나왔다. "성스러운 검찰청은, 코페르니쿠스
외 두세 명에 의해서 주장된 지구의 운동과 태양 중심 사상은 성서
에 분명히 어긋난 허황된 것인데도, 지금 널리 유포되고 있으며, 많
은 사람들이 이를 받아들이고 있다는 사실을 알고 있다. 이것이 카
톨릭교의 진리에 유해하지 않도록 하기 위해서 검찰청은 코페르니
쿠스의 지동설이 담긴 모든 책을 수정할 때까지 금서로 할 것을 결
의한다."

『천문대화』 출간 - 종교재판

　갈릴레오와 그의 지지자들은 금서령을 철회할 것을 탄원했지만,
갈릴레오 반대파는 그의 탄압을 행정적으로 처리하였다. 두 파 사
이에는 오랜 동안에 걸쳐 싸움이 계속되었다. 1623년에 우르바누스
8세가 법왕에 올랐다. 법왕은 금서령 사건 때 갈릴레오를 이해한
추기경중 한 사람이었다. 갈릴레오는 기회가 왔다고 생각하고 로마
에 나와 자신이 쓴 『천문대화』(프톨레마이오스와 코페르니쿠스의 두
세계에 관한 대화)의 출판의 허가를 청원하였다. 이 허가가 떨어진
것은 1630년 무렵이었다. 그러나 출판의 허가 조건으로 법왕은 지
구가 정지하고 있다는 성서의 가르침에 결코 어기지 않도록 갈릴레
오와 약속하였다.

이 책이 출판된 것은 1632년이었다. 아리스토텔레스 학파의 사교 (司敎)들은, 이 책을 분석하여 법왕을 부추김으로써 법왕 자신도 약속을 어긴 것이라 생각한 나머지 분노하였다. 갈릴레오는 다음 해로마에 소환되어 투옥되고 2개월 동안 고통스러운 재판을 받았다. 이것이 소위 '갈릴레오의 종교재판'이다.

종교재판 현장에서 갈릴레오는 지구가 자전하며 태양의 주위를 돌고 있다는 자신의 이론을 철회하고, 지금까지 그와 같은 가르침은 모두 악이라고 인정하였다. 1633년 6월 22일, 로마 종교재판소의 심판관 자리에 앉아 있던 교회 관계자들은 "이겼다"고 소리치며 기뻐하였다. 갈릴레오가 선서문을 소리 높여 읽은 뒤에 "그래도 지구는 돈다"라고 중얼거렸다는 이야기는 너무나 유명하다.

무기한 감금을 명령받은 갈릴레오는 토스카나 대공 전하의 배려로 곧 아르체리트에 있는 별장으로 옮겼다. 그렇다고 자유스러운 몸은 아니었다. 그 자신도 별장을 "내 감옥, 아르체리트"라 불렀다. 그는 판결을 받은 뒤부터 3년간 매주 한번씩 참회하는 일곱 개의 시편을 암송하였다. 만년의 갈릴레오가 수년간 침묵을 지킴으로써 보수적인 사람들은 단지 겉으로 승리를 만끽한데 지나지 않았다. 갈릴레오가 죽은 뒤까지도 그를 성역에 매장해서는 안 된다는 가냘픈 저항이 있었다. 또한 어떤 사람은 이것은 종교와 과학과의 싸움보다는 교황과 프랑스 왕가 및 독일 왕가 사이의 세속적인 권력 다툼과 같은 정치적 사건으로 보는 사람도 있다.

갈릴레오가 유폐 당하고 있을 당시 30세였던 영국의 시인 밀튼이 갈릴레오를 방문하였다. 밀튼이 실명 중에 쓴 장편의 시 『실락원』 12권 속에는, 갈릴레오와 그의 망원경에 대한 서술이 세 번이나 나온다. 또한 제8권에는 처음 수백 행에 걸쳐 지동설과 천동설 중 어느 것이 옳은가에 관한 논쟁이 나온다. 이것은 시인인 밀튼이 갈릴레오의 『천문대화』에 정통하고 있다는 사실을 입증해주고 있다.

『신과학 대화』 출간-근대 역학의 수립

갈릴레오는 연금 상태에서도 역학을 계속 연구하고, 1638년 『신과학 대화』(두개의 신 과학에 관한 논의와 수학적 증명)를 출판하였다. 이 책의 원고는 이탈리아에서 비밀리에 빠져 나와 네덜란드에서 출판되었다. 이 시기에 갈릴레오는 한쪽 눈을 잃고 있었다.

갈릴레오는 두 개의 힘을 동시에 받는 물체가 운동할 수 있다는 사실을 실험으로 보여 주었다. 총구를 떠날 때의 총탄처럼 한 개의 힘이 수평방향으로 가해졌을 때, 그 포탄은 한 방향으로 같은 속도로 전진하고(등속운동), 여기에 별도의 힘을 수직방향으로 계속 가하면 물체는 아래쪽으로 떨어지면서 그 속도는 점차로 증가한다.(등가속 운동) 그리고 이 두 종류의 운동이 동시에 일어날 때 물체는 '포물선'을 그리면서 운동한다고 주장함으로써(아리스토텔레스는 지상에서 포물선이 존재할 수 없고 오로지 직선 운동만이 존재한다고 주장하였다) 포탄의 운동을 연구하는 '동력학'이 탄생되었다.

갈릴레오는 이 저서에 재료의 강도에 관한 연구를 싣고 있다. 그는 이 분야의 과학, 즉 '재료역학'의 기초를 다져 놓았다. 어떤 구조물체를 모든 방향으로 똑같이 길이를 증가시켜 부피를 크게 만들었을 경우에, 그 물체의 강도는 적어진다는 사실을 처음으로 주장했고, 적어도 이것을 이론적으로 밑받침하였다.(평방-입방의 법칙 : 물체의 체적은 길이의 3승에 비례하지만 강도는 2승에 비례한다.) 만일 사슴 그대로의 모습에다 코끼리 정도의 몸체를 얹어 놓는다면, 그 사슴은 주저앉을 것이고 주저앉지 않기 위해서는 그 다리를 더욱 튼튼하게 하지 않으면 안 된다.

갈릴레오의 명예회복

갈릴레오는 『역학대화』를 발표한 4년 후인 1642년 1월 8일, 두 눈을 잃은 상태에서 신장병으로 78세를 일기로 타계하였다. 그의 관 옆에는 그가 만년에 발굴한 청년 과학자 토리첼리가 지켜보고 있었다. 교황은 기념비의 건립을 엄금하고, 종교재판소는 공식적인 장례식을 허락하지 않았다. 그의 비문이 쓰여진 것은 40년 뒤였다. 그의 유골을 묘소로 옮기고 그의 업적에 대한 화려한 묘비가 세워진 것은 100년 뒤였다. 하지만 1757년 교황청은 그에 대한 유죄선고를 비밀리에 취소했고 그의 저서가 금서목록에서 해제된 것은 1835년이었다.

코페르니쿠스와 함께 시작한 과학혁명은 갈릴레오의 재판이 있을 때까지 거의 100년 동안 몸살을 앓았다. 하버드대학이 세워진 해인 1636년까지 지구 중심설이 강하게 버티고 있었다. 영국의 과학철학자 화이트헤드는 과학과 종교의 대립을 가리켜, "이 시대의 과학자들이 당한 불행한 사실 중에서 가장 불행한 일은 갈릴레오가 죽을 때까지 명예스러운 감금을 당하고, 또한 욕을 당하고 괴로움을 받은 사실이다. 그가 받은 박해는 인류가 받은 박해 중에서 가장 본질적인 변혁이 시작되는 것을 의미한다. 이렇게 큰 사건이 발생할 일은 다시는 없을 것이라고 말하였다."

종전부터 기독교와 서구 근대 과학의 관계를 가리켜 대부분 사람들은 '대립과 모순'의 관계로 보아왔다. 갈릴레오의 종교재판, 진화론에 대한 기독교 측의 반대 등이 그 사례이다. 그러나 서구의 세계관, 인간관, 자연관이 근본적으로 기독교에 의해서 형성된 것인 이상, 또한 기독교적인 서구의 문화권 안에서 근대과학이 탄생된 것이 사실인 이상, 기독교와 과학을 단순히 대립과 모순의 관계로 생각하는 것은 너무 좁은 생각이다.

그러므로 1991년 11월 10일, 로마 카톨릭 사상 455년만에 이탈리아 사람이 아닌 교황 요한 바오로 2세는, "갈릴레오의 위대함은 아인슈타인과 마찬가지로 모든 사람에게 잘 알려져 있다. 그러나 갈릴레오가 교회와 성직자들에게 커다란 박해를 받았음을 우리는 숨길 수 없다"고 선언하였다. 이어서 "본인은 신학자, 과학자, 역사가들이 갈릴레오 사건을 철저히 검토하여 솔직하게 교황청의 과오를 인정하고 아직도 많은 사람들이 이에 관해서 품고 있는 오해를 씻어냄으로써, 과학과 신앙, 교회와 일반사회 사이에 가치 있는 조화가 이루어지기를 바란다"고 선언하였다. 갈릴레오의 오랜 불명예는 마침내 말끔하게 씻겨졌다.

'갈릴레오 혁명'과 그 의의-과학 연구방법의 모범

갈릴레오는 "내가 노력하고 이룬 성과는 그 단서에 불과하다. 곧 총명한 과학자가 등장하여 언제든지 내가 닦아 놓은 빈곤한 이 길을 통해서 과학의 깊은 비밀을 열어 가기 바란다"다고 말하였다. 그는 새로운 과학의 길을 건설하였다. 그는 자신의 연구 성과를 가리켜 "광대한 과학 건설의 실마리"에 불과하다고 말하였다.

이 점은 과학사에서 갈릴레오의 지위를 굳혀주었다. 그의 연구방법은 '과학연구의 모범'이 되었다. 그는 누구보다도 우리들의 사고방식에 큰 변혁을 가져다주었고, 또한 이 변혁으로 고대와 중세의 과학이 무너졌고 근대과학이 형성되었다. 물론 다른 과학자들도 근대의 과학혁명에 참여하였다. 그러나 갈릴레오의 연구성과는 보다 압도적이었기 때문에 "갈릴레오 혁명"이라 불러도 무방하다고 생각한다.

이 변혁은 단순한 지식의 증가 이상의 것, 또한 우주의 구조 개념을 전환시킨 것 이상이었다. 그것은 실험과 관찰, 그리고 수학적 기술이 어떤 현상에 대해서도 이용되어야 한다는 그의 생각이 실제로 과학의 연구 방법으로서 정립되었기 때문이다. 또한 그는 아르키메데스와 코페르니쿠스의 견해와 업적을 기초로 하고 있지만, 그의 업적 중에서 가장 영향력이 컸던 것은 근대과학, 그 중에서도 역학과 관측천문학 전반에 걸쳐서 연구 방법의 기초를 수립해 놓은 점이다. 뉴튼은 역학에서 갈릴레오의 연구를 발전시켰고, 갈릴레오가 완벽하게 파악하지 못했던 부분을 충분히 이해할 수 있도록 보충하여 기본적인 운동법칙을 찾아냈다.

  오늘날 우리들이 갈릴레오를 존경하는 것은 그의 연구가 당시 유럽 사람들의 상상력을 넘어 서 있었던 점이다. 그는 '폭 넓고 창조적'인 과학자였다.

온 누리를 밝게 비친 뉴튼

외로웠던 소년 시절

영국의 세계적인 과학자 아이작 뉴튼(Sir Issac Newton ; 1642~1727)은 갈릴레오가 타계한 그 해 크리스마스 날(현재 달력으로는 1643년 1월 4일), 랭커셔의 그란탐 근처의 작은 마을 울스소프의 소지주의 집안에서 미숙아로 태어났다. 체중이 겨우 3파운드에 불과했고 산모와 더불어 생사의 기로를 넘나들고 있었지만, 두 명의 산파와 주위의 정성 얽힌 간호로 겨우 소생하였다.

역사상 최고의 지능을 간직했음에도 불구하고 그의 소년 시절은 행복하지 못하였다. 그의 아버지는 조상 전래의 논밭에 의지하면서 살아 온 독실한 소농으로서, 한나 에스컵과 결혼한 후 얼마 안 되어 폐렴으로 세상을 떠났다. 뉴튼이 태어나기 3개월 전이었다. 그가 세 살 되던 해에 어머니는 이웃 동네의 목사와 재혼하였다. 그러나 목사가 의붓자식을 싫어했음인지 뉴튼은 외할머니와 함께 울스소프에 그대로 남아 있었다. 그렇지만 양육비는 숙부가 관리하는 농장으로부터의 수입과 의붓아버지로부터의 송금으로 그런 대로 괜찮은 편이었다. 어머니와 목사 사이에 1남 2녀가 탄생했지만 그후 얼마 안되어 목사가 세상을 떠나자 뉴튼의 어머니는 다시 울스소프로 돌아왔다.

어머니가 돌아왔을 때에 뉴튼은 벌써 14세였고 그란탐 고등학교에 입학하면서 시골 어느 약종상 집에 하숙하였다. 그는 명랑하기보다 깊이 생각하고 수줍어하는 성품으로 남의 일에 무관심하였다. 학교 성적은 항상 뒤쳐져 마지막에서 두 번째 정도였다. 공부에 열중하지 않고 연이나 풍차, 물레방아를 만들기에 분주했는데, 그의 손재주는 남달리 뛰어난 편이었다.

뉴튼은 항상 혼자서만 놀고 친구들과 어울리지 않았으므로 친구들로부터 따돌림을 받았다. 어느 날 뉴튼을 놀리던 골목 대장에게 용감하게 덤벼들어 싸우다가 드디어는 그의 코를 벽에다 비벼주어 싸움은 다소 이긴 셈이었다. 그의 일생을 통하여 싸움은 단 한번밖에 없었지만, 이상하게도 이를 계기로 그는 아주 딴 사람으로 변신하여 종래의 어두웠던 성격이 명랑해지고 대담해졌으며 갑자기 학교 성적도 좋아졌다.

케임브릿지 트리니티 대학으로

어머니와 함께 뉴튼의 집에 돌아 온 이복 동생들과 그는 사이좋게 지냈다. 그는 학교를 졸업한 후 상급학교에의 진학을 희망했지만 일손이 부족하여 집안 어른들은 그에게 농사를 짓도록 권유하였다. 효성이 깊은 그는 학업을 중단하고 고향에 돌아와 농부가 되기로 결심하였다. 그러나 항상 이상한 꿈이 머리에 가득 차 있던 뉴튼 자신은 농사에 전념할 수 없었다. 주말에 한 번씩 열리는 장날에 그는 그란탐으로 채소를 팔러 나갔다. 시장에 도착하면 그 즉시 모든 일을 머슴에게 맡기고, 그는 이전에 하숙했던 약방에 몰래 숨어 책읽기를 예사로 하였다. 나중에는 아예 시장에 가는 도중에 풀밭에 누워 독서나 모형 만들기에 열중하였다. 어머니는 마음씨

착한 뉴튼을 그다지 심하게 꾸짖지 않았지만, 모형을 만드는 것과 같은 묘한 장난만은 그만 두도록 타일렀다. 그는 물시계와 해시계, 잘 뜨는 연을 만들었다. 태양광선은 그의 마음을 유혹하였다. 그는 자연의 모든 현상에 대하여 주의를 기울여 생각했지만, 이해할 수 없는 것들이 너무나 많았다.

뉴튼은 중학교장, 하숙집 주인, 그리고 숙부의 권유로 19세 때, 젊은 학사들의 심부름꾼으로 학비를 마련하는 아르바이트 학생으로 1660년 케임브리지의 트리니티 대학에 입학하였다. 처음 2년동안 철학, 기하학 등 기초과학을 열심히 공부했고, 코페르니쿠스의 이론을 알고 난 뒤부터 천문학에 흥미를 갖기 시작하면서 갈릴레오의 『천문대화』에 깊이 빠지기도 하였다. 이러한 책을 읽을 때마다, 그는 언제나 상세히 메모를 했고 책의 곳곳에 주석을 달았다.

1665년 23살에 대학을 졸업한 뉴튼은 연구실에 남았다. 그 해부터 다음 해에 걸쳐 런던에 페스트가 크게 유행하여 많은 사망자가 생겼다. 이로 인해 케임브리지 대학이 휴교하자 그는 고향인 울스소프에서 지냈다. 그곳에 있는 동안 뉴튼은 한가지 큰 문제와 마주쳤다. 그는 나무에서 사과가 땅 위로 떨어지는 것을 보는 순간, 사과를 아래로 끄는 힘이 어째서 달을 그대로 놓아두고 있는지 의심하기 시작하였다. 사과 이야기는 전설이라고 생각되지만, 뉴튼 자신의 말에서 진실임을 알 수 있다.

빛에 대한 연구와 반사 망원경의 제작

뉴튼은 1665부터 두 해에 걸쳐 빛에 관한 놀라운 실험을 하였다. 빛에 관한 케플러의 저서를 읽고서 흥미를 느낀 그는 컴컴한 방에 들어오는 빛을 스크린에 비쳤을 때에 빛이 굴절하는 현상에 관심을 가졌다. 빛은 굴절의 비율이 달라서 스크린 위에 넓게 퍼지면서, 무지개처럼 일곱 색깔을 나타냈다. 이 현상에 대해서 모른 사람들은 빛이 프리즘을 통과할 때 그 색깔이 프리즘 안에서 만들어지는 것으로 모두 생각해 왔다. 그러나 그는 백색 광선 속에 원래부터 이러한 색깔이 조합되어 있다는 사실을 밝혀냈다.

뉴튼은 프리즘의 실험으로 명성이 높아지고, 1669년에 퇴직한 은사 아이작 벌로우를 대신하여 27세로 나이로 케임브리지 대학의 '루카스' 강좌의 수학교수가 되었다. 그리고 1672년 왕립학회 회원으로 선출되면서 그는 곧 색과 빛에 관한 실험결과를 학회에 보고하였다. 그는 빛과 색에 관한 실험으로부터 빛의 본성에 관한 이론, 즉 '입자설'을 수립하였다.

하지만 빛은 소리처럼 주기적인 '파동'이라고 생각한 과학자도 있었다. 영국의 훅크와 네덜란드의 호이엔스가 그렇게 생각하였다. 그러나 뉴튼은 빛이 직진하여 그림자를 확실하게 만드는 것으로 보아서 빛은 파동이 아니라 분명히 입자라고 주장하였다. 이 문제를 둘러싸고 선취권 논쟁이 벌어졌다. 후에 기술하기로 한다.

뉴튼은 빛이 프리즘이나 렌즈를 통과할 때에 분광이 생기지 않도록 할 수 없을까 생각하였다. 그것은 망원경의 배율을 크게 하면 할수록 렌즈의 가장자리에 색, 특히 붉은 색이 나타나므로 천체 현상을 희미하게 만들었기 때문이었다.('색수차' 현상) 이러한 색이 나타나지 않도록 하기 위해서 뉴튼은 1668년 오목 거울로 빛을 모으는 '반사망원경'을 개발하였다.

반사망원경은 굴절망원경에 비해서 두 가지 장점이 있다. 첫째, 빛이 렌즈를 직접 통과하지 않고 거울에 반사된 뒤에 렌즈를 통과하므로 빛의 흡수가 없고, 둘째, 색수차 현상이 일어나지 않는다. 그러므로 반사망원경은 천체관측에서 매우 뛰어났다. 그가 처음 만든 것은 직경 2.5센치, 길이 15센치로 마치 장난감과 같았지만 30~40배의 배율이었다. 1671년에 그가 만든 것은 더 큰 것으로 챨스 2세에게 선보인 뒤에 왕립학회에 기부했는데 지금까지 남아 있다.

뉴튼의 선취권 논쟁

뉴튼과 라이프니찌는 거의 같은 시기에 각자 별도로 '미적분학'을 개발하였다. 이 일로 수년간 아무런 문제도 없이 두 사람의 우정은 변하지 않았다. 두 사람의 명성이 높아짐에 따라서 '애국심'을 문제로 삼아 사람들은 선취권 문제로 떠들썩하였다. 그러나 두 사람 모두 특급의 지능의 소유자였고 이 계산법이 이미 일반에게 널리 알려져 있었으므로 두 사람이 동시에 발견한 것으로 생각하였다.

뉴튼은 서둘러 친구를 선동하여 논쟁을 계속 일으켰다. 그는 라이프니찌에게 표절자의 누명을 씌웠고 미적분법의 발명의 공적은 자신이라고 주장하였다. 라이프니찌가 왕립학회에 대해서 공정한 청문회를 열어줄 것을 호소하자, 뉴튼은 자신이 임명한 지지자들로 구성된 위원회를 조직했을 뿐 아니라, 위원회의 보고서를 자신의 손으로 작성하였다. 그 뿐만이 아니라 이 보고서를 익명으로 평가까지 하였다. 더욱이 영국은 애국적 견해가 지나치게 지배적이었다. 그 때문에 영국은 고립되어 한 세기 동안 수학이 크게 뒤졌다.

또한 왕립학회는 만유인력의 수학적 증명에 관한 뉴튼의 논문을 학회비용으로 출판할 것을 결의하고 천문학자 핼리를 책임자로 임명하였다. 그러나 물리학자 후크는 이에 반대하였다. 핼리는 이러한 사정을 뉴튼에게 편지로 알렸다. "당신은 이 개념을 훔쳤다고 후크가 떠벌리고 있다. 물론 그것으로부터 생긴 곡선의 증명은 분명히 당신의 것이라고 후크도 인정하고 있지만, 후크는 당신의 서문에서 자신의 이름을 밝혀줄 것을 기대하고 있다고 생각한다."

그후 후크와 뉴튼의 주장은 날카롭게 대립하고 후크가 왕립학회에서 강한 발언권을 갖게되자, 학회는 자금난을 이유로 출판사업에서 손을 떼었다. 그러나 핼리의 중재로 후크의 공적을 인정하는 글귀를 삽입함으로써 두 사람의 분쟁은 일단락 되었다.

한편 뉴튼은 빛의 전달형식을 둘러싸고 네덜란드의 호이언스와 날카롭게 대립하였다. 뉴튼이 입자설을 주장한데 반하여 호이언스는 '파동설'을 주장하였다. 파동설은 모든 공간이 에에테르라는 희박하고 탄성이 있는 매질로 가득차 있고 빛은 이 매질 속을 파동으로 운동한다는 이론이다. 영국의 물리학자 중에는 파동설을 지지하는 사람들이 많았다. 그러나 뉴튼의 입자설은 영국의 국가적인 이론으로서 지지를 받고 있었으므로 영국의 과학자가 이에 반대하기에는 심리적인 부담감이 있었다.

『자연철학의 수학적 원리』 출간-고전 물리학의 성서

1687년 핼리는 출판 비용 전액을 사비로 부담하여 뉴튼의 저서 『자연철학의 수학적 원리』(프린키피아)를 출판하였다. 역사상 최고의 과학 책이다. 흔히 "과학의 성서"라 부르기도 한다. 뉴튼의 저서가 나오기까지는 우여곡절이 많았다. 출판을 맡았던 왕립학회는 자금이 모자랐고, 또한 후크와 뉴튼이 만유인력 문제로 격렬한 논쟁을 벌린 적이 있었다. 결국 뉴튼은 그의 자존심이 분명히 허락하지 않았겠지만, 결국 몇 가지 결론은 후크가 이끌어낸 것이라는 짧은 설명문을 붙일 것을 약속하였다. 그럼에도 불구하고 왕립학회는 그와 같은 복잡한 논쟁에 말려들지 않기 위해서 출판에서 손을 뗐다. 다행히 재산가인 핼리가 출판 비용 모두를 부담함으로써 이 책의 출판이 겨우 이룩되었다.

이 책의 제목으로 '자연'이라 붙인 것은 실험과 관측으로 확인되는 대상에 한정하고 있는 것을 의미하고 '철학'이라 붙인 것은 거기서 얻어진 결론이 매우 '일반성'이 있다는 것을 의미하고 있다. 또한 '원리'라 한 것은 일반화되었다는 뜻이다.

이 책의 내용은 역학의 기초원리, 중력의 문제, 천문학의 여러 문제, 조석의 이론 등이 포함되어 있다. 이 책 속에서 뉴튼은 갈릴레오의 운동이론을 세 법칙으로 정리하였다.(관성의 법칙, 가속도의 법칙, 작용 반작용의 법칙) 뉴튼은 이 저서 안에서 중력의 문제, 즉 만유인력의 법칙을 특별히 다루고 있다. 그는 위의 세 법칙을 이용하여 지구와 달의 인력을 계산하는 방법을 찾아냈다. 즉 인력은 두 물체의 질량의 곱에 비례하고 거리의 2승에 반비례하는 것을 밝혀냈다.($F = G \cdot mm'/r^2$, mm'는 지구와 달의 질량, r은 두 질량 사이의 거리, G는 중력상수, F는 힘)

뉴튼은 뛰어난 직관력을 바탕으로 이 법칙이 우주의 어느 물체 사이에도 작용한다고 생각한 나머지 이 법칙을 '만유' 인력의 법칙이라 불렀다. 그리고 이 법칙은 당시 알려져 있던 천체의 운동을 모두 설명할 수 있는 매우 완벽한 법칙이라는 사실이 곧 알려졌다. 이 법칙은 케플러의 법칙을 설명할 수 있고, 또한 세차운동도 설명할 수 있다. 천체가 불규칙인 여러 운동을 하는 것은 태양의 커다란 인력, 각 천체 사이의 인력이 겹친 결과라는 사실을 알아냈다.

한 마디로 줄이면 이 저서는 가설의 물리학을 원리의 물리학으로 체계화한 책이라 할 수 있다. 학생시절 그가 울스소프에서 착상하고 계획하고 사색한 역학에 관한 여러 문제가 이 저서로 완전히 개화되었다. 그의 과학 분야에서의 활동은 거의 이 시기에 끝났다. 그의 저서는 1세기 반전에 코페르니쿠스로부터 시작한 과학혁명이 절정에 이른 상징적인 책이다.

뉴튼은 그리스인과 대항하여 승리하였다. 그는 우주 전체의 체계를 보다 확실하게 묘사해 냈다. 그의 체계는 매우 단순하고 가설에 바탕을 두고 있지만, 분명히 매력적인 수학적 방법으로 전개되었다. 보수적인 사람들도 이에 반대할 용기를 거의 내지 못하고 유럽 과학자들은 그를 존경의 눈으로 바라보았다.

뉴튼에 의해서 이성의 세기가 시작되었다. 과학자들은 현상을 주의 깊게 관찰하여 몇 개의 원리를 이끌어내고, 수학을 구사함으로써 문제가 해결될 것이라 기대하였다. 자연은 매우 복잡한 것으로 알려지고 있었지만, 그러나 적어도 18세기 사람들은 그때까지 경험한 일이 없었던, 그리고 이후에도 체험할 수 없었던 새로운 지성적 낙천주의를 자랑 할 수 있었다.

1692~93년 무렵 뉴튼은 극도로 신경 장애에 걸려 있었다. 친구들에게 몇 날 밤잠을 이루지 못해 불안하다는 내용의 편지를 보냈다. 그 원인으로 『프린키피아』가 나올 때까지 정신적 육체적인 피로의 누적을 들 수 있고, 또한 그의 애완용 개 다이아몬드가 촛불을 넘어뜨려 자택의 화학실험실에 화재가 일어나 많은 자료를 잃어버린대 대한 충격을 들 수 있다.

그러나 뉴튼의 건강은 어느 정도 회복되었다. 그 증거로 1696년 스위스의 어느 수학자가 두 가지 문제를 내놓고 유럽 과학자들에게 도전했을 때, 뉴튼은 익명으로 해답을 보냈다. 도전자는 눈치를 채고, "뉴튼의 짓이다"고 말했다고 한다. 또한 1716년에 라이프니찌가 뉴튼을 곤욕스럽게 하기 위해 내놓은 문제를 반나절만에 풀어 냈다고 한다.

뉴튼은 신학과 연금술에 관심을 가졌다. 그는 금을 만드는 방법(연금술)을 발견하기 위해 자신의 힘을 쓸데없이 소모했고, 거기에다 계속된 논쟁과 정신력의 집중으로 더욱 피로가 쌓였다. 그런데도 그는 뛰어난 영감이나 직관을 바탕으로 문제가 해결될 때까지 매우 격렬하게 사고를 지속하였다. 그는 자신에게 어려운 문제가 생기면 반드시 그것에 몰두하는 습관을 지니고 있었다.

하원 의원, 왕립 조폐국장, 왕립학회 회장, 작위 받음

뉴튼은 정치에 관심을 지니고 있었다. 그는 휘그 당원이었다. 당시 평판이 좋지 않은 제임스 2세가 케임브리지 대학의 권리를 박탈하려고 했을 때, 교수들은 조용하고 교묘한 방법으로 이에 반대함으로써 제임스 2세는 왕위를 잃고 추방당하였다.

1688년부터 다음 해에 걸쳐, 뉴튼은 대학을 대표하는 하원의원으로서 런든에 머물고 있었다. 그는 재임 중에 한번도 연설을 하지 않았다고 한다. 그런데 어느 날 갑자기 자리에서 일어났다. 의원 모두는 이제야 말로 위대한 과학자의 연설을 듣는가 하고 잔뜩 기대를 걸었다. 그 때 그는 "바람이 들어오니 창문을 닫아 주시오"라고 수위에게 명령했다고 한다.

1696년 54세에 뉴튼은 켐브릿지의 대학시절의 친구이자 당시 재무장관이었던 몽태규의 추천으로 런든에 있는 왕립 조폐국의 감사로 취임하였다. 당시 영국은 조폐기술이 뒤진 탓으로 주화의 가장자리가 깎여나가 무게가 줄어든 은화가 유통되고 있었다. 뉴튼의 임무는 주조를 기계화하고 품질관리가 편한 새로운 화폐를 만드는 일이었다. 야금학이나 화학에 밝고 거기에다 행정능력도 뛰어났던 그는 그 임무를 성취하였다. 3년 후에는 조폐국장의 자리에 올랐고 평생 그 자리를 지켰다.

1701년 59세에 뉴튼은 루카스 교수직을 그만두고 1703년에 왕립학회 회장으로 선출되었고 그후 4반세기에 걸쳐 그 자리에 머물러 있었다. 이 자리는 매우 명예로운 자리로서 뉴튼에게 어울리는 자리라 생각할 수도 있지만, 뉴튼의 과학연구가 중단된 점에서 본다면 과학계의 큰 손실이라 아니 할 수 없다.

1705년 앤 여왕이 케임브리지 대학을 방문했을 때에 뉴튼에게 나이트 작위를 수여하였다. 이해 그는 케임브리지 대학에서의 선거

에 패배하여 국회의원 생활을 마감하였다. 이러한 영예를 지닌 과
학자는 그로부터 1세기 후 화학자 데이비까지 없었다. 젊어서 이름
을 올리고 영광으로 가득했던 찬란한 인생을 살아온 뉴튼은 신장결
석으로 1727년 3월 20일 84세로 생애를 마감하였다.

위대한 인류의 보물

고금을 통해서 세계 최고의 지능의 소유자인 뉴튼도 인간적으로
는 불행한 사람이었다. 일생 결혼하지 않았다. 소년시절 엷은 로맨
스를 제외하면 여성에게 무관심하였다. 그는 이상할 정도로 무심하
여 자신이 직접 접하는 주위의 사물 이외에는 마음을 두지 않았다.
하지만 다른 사람으로부터의 비판에는 매우 민감하여 어린아이처럼
반응하였다. 자신이 굴복할 경우에 과학연구의 결과를 발표하지 않
겠다고까지 결심하였다. 하지만 남에게 대한 비판은 혹독하였다. 선
취권 논쟁에서 이를 잘 보여주고 있다. 도전자에게는 한 발자국도
양보하지 않았다. 그는 독설가였다.

뉴튼은 남달리 특이한 점이 많았다. 그는 한 장의 편지도 버리지
않았고 계산에 사용했던 종이도 그대로 남겨 놓았다. 그는 독서 후
에 많은 양의 메모를 하였다. 이를 미루어 보아 그가 무엇을 생각
했는지 잘 알 수 있다. 그의 학생 시절의 노트에 의해서 자연에 대
한 그의 탐구 영역을 엿볼 수 있고, 이것으로 그의 위대한 지성이
발전해 가는 모습을 감지할 수 있다.

뉴튼 만큼 그의 생존 중에 존경받은 과학자는 이후에도(아인슈타
인을 제외하고), 이전에도(아르키메데스를 제외하고) 없을 것이다. 그의
유체는 영국의 영웅과 나란히 웨스터민스터 사원에 묻혀있다.

영국을 방문한 프랑스의 위대한 사상가 볼테르는 영국 사람이
수학자를 왕후처럼 모신 것을 존경하는 태도로 칭찬하였다. 그의

묘비에는 라틴어로 "사람들이여, 이 만큼 위대한 인류의 보물을 얻은 것을 기뻐하라"고 쓰여있다.

뉴튼은 결점이 많은 사람이지만, 그러나 신중한 사람이었다. 그가 남긴 교훈으로 "내가 다른 사람보다 멀리 볼 수 있었던 것은 내가 거인의 어깨 위에 서 있었기 때문이다" 또 "내가 세상 사람의 눈으로 어떻게 보일지 모르지만, 자신은 해변에서 아름다운 조개껍질이나 미끈한 조약돌을 찾기 위해 여기 저기 방황하고 있는 소년과 같고, 내 눈앞에는 미지의 진리로 가득한 대양이 가로질러 있다" 젊은 시절에 볼 수 없었던 겸손한 마음으로 자신의 심정을 조용히 털어놓았다.

시인 포프는 뉴튼에 관한 2행시를 썼다. "자연과 자연의 법칙은 밤의 어두움에 감추어졌다. 신은 고하였다. 뉴튼과 함께 나오너라 했더니, 낮처럼 밝아졌다."

화학혁명을 몰고 온 라부아지에

극작가를 꿈꾼 소년

프랑스의 큰 화학자 안트와느 로랑 라부아지에(Antoine Laurent Lavoisier : 1743~1794)는 파리에서 태어나 부유한 가정에서 자랐다. 아버지는 법률가로서 재판소 근처에서 변호사로 일하였다. 그는 5살 때 어머니를 잃었으므로 아버지는 라부아지에와 그의 두 누나를 이모 집에 맡겼다. 그 곳에는 22살의 젊은 숙모가 살고 있었고 아이들을 잘 기르며 보살펴 주었다. 숙모는 일생동안 독신으로 지냈다.

라부아지에는 11살 때 집안이 좋은 아이들이 다니는 학교에 입학하였다. 처음에는 문학 소년으로 극작가를 꿈꾸었으나 상급학년이 되면서 과학에 대한 관심이 커졌고, 라카유의 천문학 강의를 듣고 난 뒤부터 과학에 더욱 관심을 가졌다. 학생 시절부터 수학, 천문학, 광물학, 지질학, 식물학, 기상학, 화학 등 과학 전반에 걸쳐 항상 일류 선생으로부터 개인적으로 배웠다. 또한 지질학을 배운 뒤부터 화학으로 방향을 바꿔 일생 동안 화학을 연구하였다. 그러나 아버지와 숙모의 희망대로 그는 법과대학에 진학하여 22살에 법학사가 되었다.

1767년 라부아지에는 화학자 게타르와 동행하여 4개월 동안에 걸친 지질조사 여행을 떠났다. 그는 지질을 조사할 뿐만이 아니라 광물채집, 공장견학, 하천의 물이나 호수 등을 관찰하였다. 또한 여러 곳에서 목격한 가난한 농가의 생활에 그는 강렬한 인상을 받았고, 여행 중에 아버지와 숙모에게 매일 편지를 보냈다고 한다.

공공심이 강한 청년

라부아지에는 매우 공공심이 강한 사람으로 민중의 생활 향상을 위해 설립된 위원회에 이름을 많이 남겼다. 1765년 당시 프랑스 아카데미는 도시 가스등을 경제적으로 사용하기 위한 방법을 과제로 내걸고 현상논문을 모집하였다. 그는 이에 응모하여 최우수상을 받으면서 일약 유명해졌다.

라부아지에는 화학자 게타르의 도움으로 23살의 젊은 나이로 왕립과학아카데미의 회원으로 선출되었다. 이것은 매우 이례적인 일로서 어느 회원은 이렇게 말하였다. "지식과 우수한 두뇌, 그리고 직장을 갖지 않아도 충분한 생활을 할 수 있을 만큼 재산을 가지고 있는 청년은 과학에서 유용하다."

미국 독립전쟁 때에 라부아지에는 영국에 반대하고 미국의 독립군을 지지하는 등 정력적인 생애를 보냈다. 1789년 프랑스혁명이 일어난 후 그는 삼부회에 보결 대의원으로 참석했고 1790년에는 신 도량형법 설립위원회의 위원으로 임명되었다. 그리고 이듬해에는 재무위원회 위원으로 선출되었다.

징세 청부인, 화약 감독관

라부아지에는 어머니의 유산과 아버지의 원조로 징세 청부인의 주식을 손에 넣었다. 징세 청부인이란 국가를 대신해서 여러 간접

세를 징수하는 권리를 가진 사람으로서 많은 부하를 거느리고 세금을 걷는 일을 하였다. 일정한 할당 분을 국가에 지불하고 나머지는 자신의 수입이 되었으므로 그들은 비정한 행동을 거침없이 자행했고, 밀무역 등을 적발하여 고발함으로써 국민으로부터 미움을 많이 샀다. 물론 그 자신은 징수에 직접 참여하지 않았지만 감독자로서 분주한 나날을 보냈다. 그는 1년에 10만 프랑의 이익을 올렸다.

또한 당시 프랑스에는 징세 청부인에 유사한 화약 감독관 제도가 있었다. 그들은 흑색화약 판매의 권리를 한 손에 쥔 관리로서 국가가 그 일을 맡도록 하자는 동기에서 비롯된 제도이다. 제안자이면서 화학자인 라부아지에는 화약 감독관 4명중 한 사람으로 임명받았다. 그리고 프랑스를 유럽 제일의 화약제조 국가로 만들었다.

화학 실험에 몰두

라부아지에는 이익금으로 최신 실험설비를 갖춘 큰 실험실을 자신의 집안에 만들었다. 이 실험실은 유럽이나 미국의 저명한 과학자들의 집합 장소로도 활용되었다. 미국의 프랭클린이나 제퍼슨(제3대 미국 대통령)이 이곳을 방문하였다. 그는 징세 청부인이자 화약 감독관으로서의 본분 이외에, 매일 아침 6시부터 3시간, 밤에는 7시부터 3시간 화학실험을 계속했고, 매주 하루는 하루 종일 젊은 화학자들과 함께 실험이나 토론을 하였다.

1771년 28세 때, 라부아지에는 같은 징세 청부인 동료의 딸인 미모의 마리와 결혼하였다. 이 때 신부의 나이 14살이었다. 마리는 남편을 돕기 위해 라틴어, 영어, 화학 등을 공부하고 그림공부도 하였다. 오랫동안 그녀는 남편의 실험 조교로서 실험노트의 정리나 실험기구의 모양을 그리면서 남편을 도왔다. 또한 화학 책의 번역이나 사교 면에서도 남편에게 도움을 주었다.

산화설의 주장-플로지스톤 이론의 몰락

라부아지에는 공기 속에서 금속을 가열하면 금속의 질량이 반드시 증가한다는 사실을 정량적인 실험(천칭의 사용)을 통하여 증명하였다. 그리고 이 발견은 플로지스톤 이론을 부정하는 실마리가 되었다. 당시 사람들은 물질이 연소할 때에는 물질 속에 있는 '플로지스톤'이 달아나므로 연소한 후에는 반드시 질량이 감소할 수밖에 없다고 생각하였다. 그러나 실제로는 무게가 증가하였다. 이러한 현상을 라부아지에는 어떻게 설명하였는가?

라부아지에는 금속의 무게가 증가하는 이유를 공기중의 산소와 금속의 결합으로 설명하였다. 따라서 플로지스톤 이론을 신봉하던 사람들이 말하는 소의 "금속회(金屬灰)"는 다름 아닌 금속과 공기중의 산소가 결합한 금속 산화물이다. 그러므로 연소현상은 물질로부터 플로지스톤이 달아나는 것이 아니라, 반대로 가연성 물질과 산소의 결합이라고 밝혀졌다. 이로써 1백 년 동안 화학 세계를 지배해 오던 플로지스톤 이론이 무너지고, 그 대신 '산화설'이 등장하여 합리적인 화학발전의 기초가 수립되었다.

라보아지에가 이처럼 산화설을 강력하게 주장할 수 있었던 것은 그 무렵인 1774년, 파리를 방문한 영국의 화학자이자 산소를 발견한 프리스틀리와 만나 이야기할 기회가 있었기 때문이었다. 그는 프리스틀리와의 대화 속에서 연소할 때 산소의 중요성을 직감했던 것이다.

새로운 원소표-고대 4원소 설의 붕괴

라부아지에는 당시까지 대다수의 사람들이 믿고 있던 '고대 4원소설'(흙, 물, 공기, 불)을 부정하였다. 그는 유리로 만든 플라스크에

물을 넣고 가열할 때에 생기는 흙처럼 생긴 침전물을 주의 깊게 관찰하였다. 이 현상을 가리켜 당시 사람들은 고대 4원소설을 근거로 물이 흙으로 변했다고 믿었다.

라보아지에는 밀폐한 플라스크를 계속해서 가열하였다. 그리고 가열하기 이전의 플라스크의 무게는 가열한 후의 플라스크의 무게보다 감소한다는 사실을 확인하였다. 그때 감소한 무게는 물에서 생긴 침전물(흙)의 무게와 같다는 사실을 확인함으로써, 침전물은 물에서 전환된 것이 아니고 플라스크의 한 성분임을 확인하였다. 라보아지에는 101일(1768년 10월 24일~1769년 2월 1일)동안 끈질긴 실험으로 이를 밝혀냈다. 또한 물이 수소와 산소의 화합물이라는 사실을 증명함으로써 고대 4원소설에 치명적인 타격을 주었고, 동시에 아리스토텔레스의 '원소전환 사상'이 뿌리부터 흔들렸다.

라부아지에는 원소와 화합물의 이름을 명확하게 표현하는 방법을 개발하였다. 그는 원소를 가리켜 어떤 수단으로도 더 이상 분해할 수 없는 물질이라고 밝혔고, 이에 바탕을 두고 그가 작성한 원소표에는 33종의 원소가 수록되어 있다. 그러나 약간의 산화물과 열소(熱素) 및 광소(光素)가 원소 표에 올라 있는 것이 흠이다.

질량불변의 법칙의 발견

라부아지에는 정량적인 실험방법을 이용하여 화학변화 전후의 각 물질의 질량을 측정하여 변화의 본질을 밝혀냈다. 정량적 방법은 이미 영국의 화학자 블랙에 의해서 창안되었지만, 라부아지에는 본격적으로 이 방법을 이용하여 화학이론을 확립하였다. 그가 질량불변의 법칙을 발견했던 토대는 바로 그의 정량적 연구에 있었다. 그는 화학실험에서 '천칭'을 자주 사용하였다. 그를 "정량화학의 아버지"라고 부르는 것은 바로 이 때문이다.

라부아지에의 질량불변의 법칙과 관련하여 특기할 것은, 러시아의 화학자 로마노소프가 1750년대에 이미 플로지스톤설에 반대하고 또한 질량보존의 법칙을 주장한 사실이다. 그는 원자론적 견해도 가지고 있었지만 너무 혁명적이어서 발표를 보류하였다. 만일 그가 서유럽에서 태어났더라면 화학의 위대한 개척자로 널리 세상에 알려졌을 것으로 생각된다. 후에 옛 소련은 그의 명예를 충분히 찾아 주었다.

『화학원론』 출간 - 화학혁명의 실마리

당시 합리적인 화학의 건설을 위해서는 화학용어를 바꿀 필요가 있었다. 당시까지의 화학용어는 대개 플로지스톤설에 근거를 두고 있었으므로 지금과는 매우 다른 명명법이 사용되고 있었다. 라부아지에는 이 분야의 개혁의 필요성과 원칙을 밝힌 논문을 왕립과학아카데미에 제출하였다. 이 화학용어의 새로운 체계는 그의 산화이론과 함께 근대화학의 기초가 되었다. 그는 1787년 공저 형식으로 『화학명명법』을 출판하였다. 이 새로운 체계는 부분적으로는 개정되었지만 거의 2백년이 지난 현재에도 이에 따르고 있다.

한편 1789년(프랑스 혁명의 해)에 라부아지에는 새로운 화학의 이론을 바탕으로 『화학원론』을 출간하였다. 이 저서는 모두 2권으로 되어 있다. 대체적인 내용은, 1) 기체의 조성과 분해, 단체의 연소와 산의 생성, 동식물성의 여러 물질의 조성, 발효, 알칼리, 염에 관한 고찰, 2) 여러 원소와 그 화합물, 3) 여러 화학실험 장치와 조작법 등이다.

라보아지에는 이 저서에서 연소의 개념, 새로운 원소관의 확립, 질량불변의 법칙 등 세 가지를 특히 강조하였다. 이 저서는 출판된 다음 해에 영어로 번역되고 계속해서 독일어, 네덜란드어, 이탈리어로 번역되어 새로운 화학 책으로서 널리 보급되었다. 한편 1789년에 새로운 화학 잡지인『화학연보』가 창간되었다.

라부아지에는 이 책에서 다음과 같이 기술하고 있다. " ……실험 및 관찰에서 직접 얻을 수 없는 결론은 절대 무의미한 것임을 나의 연구를 통해 알아냈다" 이러한 연구 결과로 플로지스톤설을 신봉하는 사람들이 대부분 전향했고, 이 학설은 화학세계로부터 완전히 사라졌다.

1791년 라부아지에가 몽펠리에 대학의 화학 교수인 샤프탈에게 보낸 편지에, "…젊은 사람들은 모두 새로운 학설을 채용하고 있습니다"라고 쓰여 있다. 또 독일의 화학자 리비히는 "라부아지에의 불후의 업적은 과학 전반에 걸쳐 하나의 새로운 의의를 덧붙여준 점이다"라고 그의 업적을 극구 칭찬하였다. 1791년 라부아지에 자신은 "나의 새 이론이 혁명의 불길처럼 세계의 지식인 사회를 휩쓰는 것을 보니 기쁘기 한이 없다"고 말하였다. 분명히 그는 '근대화학의 아버지'이다.

고발당한 라부아지에

1792년 로베스피에르가 이끄는 자코뱅당이 권력을 장악하자 다음 해 8월에는 100년의 역사를 지닌 왕립 과학아카데미가 폐쇄되었고, 11월에 들어서는 징세 청부인을 체포하기 시작하였다. 라부아지에의 충격은 매우 컸고 위협을 느끼기 시작하였다. 그에게는 두 가지 잘못이 있었으므로 자신을 불행의 구덩이로 몰아 넣었다. 한 가지는 1768년 징세 청부회사에 50만 프랑을 투자한 일이고. 또 한 가지는 프랑스 과학아카데미에 관여한 일이다.

라부아지에는 23세의 젊은 나이로 회원으로 선출되었다. 판보르마라라는 신문기자는 자신을 훌륭한 과학자라 믿고서 왕립 과학아카데미 회원의 가입을 신청한 일이 있었다. 이때 라부아지에는 이 논문(불의 성질에 관해서 자기 멋대로 연구한 것)을 가치 없다고 판단하고 입회를 강력하게 반대하였다. 집념이 강한 마라는 그후 혁명정부의 강력한 지도자가 되었고 라부아지에에 대해서 복수를 결심하였다.

마라는 계속해서 선동하였다. "파리 시민들이여, 본인은 라부아지에를 여러분들 앞에 고발합니다. 그는 야바위꾼들의 왕초요, 전제군주의 친구이며, 불량배들의 제자이고, 도둑놈들의 대장이다 …… 수입이 4만 루이라고 자랑하고 다니는 이 보잘것없는 징세 청부인이 파리의 행정관으로 선출되려고 귀신같은 흉계를 꾸미고 있다는 사실은 믿기 어려운 일이다. 그를 행정관으로 뽑는 대신 우리 모두는 바로 곁에 있는 이 기둥에 그를 목매달아야 할 것이다."

라부아지에를 죽음으로 몰아 넣은 또 한 사람은 그와 함께 화학을 연구한 푸르크로아이다. 그는 비밀리에 왕립 과학아카데미를 박해하고 해산시키는 데 주역을 맡았다. 그는 갖가지 수단으로 라부아지에를 모략하고 결국 단두대에까지 올려놓았다. 그럼에도 불구하고 라부아지에가 사형을 당한 직후, 장례식장에 나타난 그는 슬픔에 잠겨 조사를 읽었다고 한다. 그는 지독한 위선자였다.

"프랑스 공화국은 과학자가 필요 없다."

이러한 이유로 고발당한 라부아지에는 재판에 회부되었다. 이에 대해 그는 "나는 정치에 관여한 사실이 없으며 징세 청부인으로서 얻은 수입은 모두 화학실험에 사용하였다. 징세 청부인은 이미 3년 전에 그만 두었고 나는 과학자이다"라고 되풀이하였다. 그러나 혁명재판부는 "프랑스 공화국은 과학자가 필요 없다. 정의만이 필요하다"는 선고를 내렸다. 선고가 내려지기까지 배후에서 조종한 사

람은 마라였다. 마라 자신은 1793년 암살되었는데 그 때는 이미 라
부아지에의 형이 결정된 뒤였다.

라부아지에는 사형선고를 받은 28명과 함께 1794년 5월 8일 기
요틴으로 처형되었다. 세 번째가 장인이고 네 번째가 라부아지에였
다. 그 때 나이 51살이었다. 쟈코뱅당 당수인 로베스피에르는 라부
아지에가 죽은 두 달 후에 물러났고 그 자신도 사형을 당하였다.
라부아지에야 말로 혁명의 재난을 가장 혹독하게 받은 사람이다.

수학자 라그랑주는 "그의 목을 자르는 것은 순식간이지만, 그와
같은 두뇌가 출현하는 데는 1백년 이상 걸린다"라고 탄식하였다.
그의 재능은 그에게 영광을 안겨 주었으나, 그의 부와 공명심은 그
를 죽음으로 끌고 갔다. 그의 죽음을 애석하게 생각한 프랑스 사람
들은 그가 죽은 2년 후에 그의 흉상을 세우고 위업을 기렸다.

라부아지에는 부인에게 유서를 남겼다. "……여보 몸조심하시오.
그리고 내가 할 일은 다 마쳤다는 것을 잊지 마시오.…… 나는 늙
지 않고 건강한 채로 죽을 수 있으므로 이것 또한 내가 받은 복이
라 생각하오. 내가 슬프게 생각하는 것은 가족을 위해 아무 것도
한 일이 없다는 것이오.……나는 지금 당신에게 편지를 쓰고 있소.
하지만 아마도 많이 쓸 수 없을 것 같소. 나와 관계가 있는 사람들
에게 잘 전해주시오……."

성서를 뒤흔들어 놓은 다윈

좋은 집안의 출신

영국의 박물학자 챨스 로버트 다윈(Charles Robert Darwin, 1809 ~1882)은 잉글랜드의 서부 슈르스베리에서 태어났다. 그의 생일날인 2월 12일은 애브라함 링컨의 생일과 한 날이지만 다윈은 통나무집이 아닌 저택에서 태어났다. 할아버지인 에라스무스 다윈은 의사이며 시인으로서 명성이 높았다. 다윈은 여섯 형제 자매 중 다섯째 아들이었는데 어머니는 그가 8살 때 타계하였다. 그 해 다윈은 누이동생과 함께 초등학교에 입학하였다. 다윈은 특별히 뛰어난 재주가 없었고 누이동생 보다 오히려 뒤졌다. 그러나 '수집벽'이 강하여 여러 가지 식물, 조개 껍질, 광물, 우표 등을 닥치는 대로 수집하였다.

다윈은 9살 때 다른 사립학교에 입학하여 기숙사 생활을 하면서 7년 동안 라틴어와 그리스어를 중심으로 공부하였다. 후에 자서전에서 그는 "이 학교는 내 심성의 발달에 나쁘지 않았지만, 교육다운 것은 없었고 단지 공백만이 있을 따름이었다"라고 기술하고 있다. 그는 학교 공부를 소홀히 하여 선생으로부터 지능이 떨어지는 소년처럼 여겨졌다. 그러나 자연에 대한 흥미가 이 무렵부터 깊어

62

가고 식물이나 곤충을 더욱 열심히 채집하며 돌아다녔다.

다윈은 성적이 부진한 데다가 그의 노력이 부족하여 아버지는 다윈을 자퇴시키고 형과 함께 에딘버러 대학 의학부에 입학시켰다. 그러나 그에게는 이곳의 강의도 그다지 즐겁지 않았다. 더욱이 당시 마취제가 없었으므로 고통으로 신음하는 환자를 차마 볼 수 없었으므로 그는 수술실에서 뛰쳐나왔다고 한다. 아버지는 그가 의사가 될 수 없음을 알고서 목사를 희망하였다. 다윈 자신도 목사를 희망하여 케임브리지 대학 신학부에 입학하였다.

다윈은 신학강의에 별로 관심이 없었지만 헨슬로 교수의 식물학 강의만은 예외였다. 이 교수는 식물, 곤충, 지질학에 매우 조예가 깊었고 박식하며 인격도 훌륭하였다. 그는 이 교수와 함께 야외채집에 항상 따라다녔다. 그래서 학생들은 다윈에게 '헨슬로 교수의 그림자'라는 별명을 붙여 주기도 하였다. 또한 그는 이 시기에 발행된 훔볼트의 저서 『남미 여행기』나 허셜의 『물리학 입문』을 읽고 큰 감명을 받았다. 특히 『남미 여행기』가 그에게 크게 영향을 줌으로써 그후 비글호에 승선하여 항해에 스스로 나서게 되었다. 또한 케임브리지 대학의 최종 학년 무렵, 세지윅 교수와 함께 지질조사 여행의 기회를 얻어 지질도를 만들거나 암석이나 화석을 구별하는 방법을 실제로 배웠다.

비글호의 항해-진화론의 착상

지질조사 여행에서 돌아오자 헨슬로 교수로부터 다윈에게 한 통의 편지가 날아 왔다. 탐사선 비글호가 남미와 서인도 여러 섬을 탐사하기 위해 출항하는데, 젊은 과학자를 구하고 있으므로 응모하지 않겠느냐는 내용이었다. 다윈은 곧 바로 동행을 결심했지만 아버지는 장차 목사가 될 몸으로서 적당치 않다는 이유로 강하게 반대하였다. 그런데 숙부의 도움으로 결국 아버지의 허락이 떨어져 1831년 12월 27일에 세계일주의 항해 길에 올랐다. 다윈의 나이 22살 때였다.

이 항해는 5년간에 걸친 긴 여정이었다. 다윈은 심한 뱃멀미로 고통을 받았다.(그 때문에 후년 그는 질병에 시달리는 몸이 되었다) 하지만 항해 그 자체는 그에게 가치 있고 훌륭한 것이었다. 우선 다윈 일행은 남미 대륙의 남쪽 끝에 있는 섬에 상륙하였다. 원주민은 모두 벌거숭이였다. 여자도 벌거숭이인 채로 아기에게 젖을 먹이고 있었다. 다윈은 신기해서 쳐다보았지만 그들은 조금도 부끄러워하지 않았다. 그들의 생활은 매우 원시적이었다. 비가 오거나 바람이 불어도 피할 줄 몰랐다. 그 때 다윈의 머리 속에 한가지 의문이 떠올랐다. "이들은 우리와 똑같은 사람이다. 그런데 이들은 짐승과 큰 차이가 없다. 그렇다면 사람은 본디 짐승과 같이 않았을까?"

다윈 일행은 파타고니아 들판에 있는 영국군 부대를 찾아갔다. 로저스 장군 일행이 반가이 맞아 주었다. 일행은 팜파스에서 동물의 화석을 찾아냈다. 지금으로부터 3억 년 전에 살았던 여러 종류의 화석이 나왔다. 코끼리만큼 큰 동물의 화석이었다. 그리고 말의 화석도 찾았는데 그것은 오늘날의 말과 다른 점이 많았다. 다윈은 생각하였다. "이 화석은 지금의 동물과는 다르다. 그렇다고 전혀 다른 것이 아니라 어딘가 모르게 서로 닮은 점이 있다. 그렇다면 옛날에 죽어 화석이 된 것과 지금 살아 있는 것과는 분명히 어떤 관계가 있지 않을까?" 혹시 옛날 동물들의 모양이나 크기가 조금씩 변해서 오늘날과 같은 것이 되지 안았을까? 성경에 있는 대로 믿지 않으면 잘 못된 일일까?"

다윈의 머리 속에서는 진화에 대한 생각이 차츰 정리되어 가고 있었다. 이러한 관찰이 다윈에게 준 영향은 매우 컸다. 비글호의 해군들은 다윈을 가리켜 '철학자'라 불렀고, 선원들은 '파리잡이 선생'

이라 불렀다. 이 항해로 생물학 사상 가장 큰 성과가 나왔다.

1835년 3월, 안데스산맥을 탐사한 다윈은 이 산맥 양측의 기후와 토양이 같은 데도 불구하고 동물이나 식물의 모습이 매우 다르다는 데 놀랐다. 그는 그 이유를 안데스산맥이 마치 두 개의 대륙을 갈라놓은 바다와 같은 장벽이라 생각하였다. 다윈의 이 같은 생각은 "동물의 지리적 분포는 환경의 변화에 의해서 영향을 받는다"라는 지질학자 라이엘의 이론과 맞아 떨어졌다.

다윈이 비글호에 승선할 때 헨슬로 교수는 라이엘의 저서 『지질학원리』를 다윈에게 빌려주었다. 그는 배에 타면서부터 이 책을 줄곧 읽는 동안 지질학상의 균일설에 이끌려 지구의 역사가 길다는 것과, 긴 역사 속에서 생명이 발달해 왔다는 점을 확실히 인정했고, 항해를 통해서 이러한 사실을 직접 눈으로 체험하였다.

비글호가 남미 해안을 남하하면서 다윈은 많은 자료를 수집하고 기록하는 사이에 동물이 조금씩 변해 가는 모습을 관찰하였다. 그러나 무엇보다도 그를 놀라게 한 것은 가라파고스의 여러 섬(10여 개의 화산섬)의 동물이나 식물이었다. 1835년 10월, 그는 가라파고스 제므스 섬에 5주간 머물렀고, 이 때의 상황을 항해일기 중에 다음과 같이 기록하고 있다. "이 갈라파고스의 여러 섬들의 생물은 매우 진기한 것으로 주목할 가치가 있다. 생물의 대부분은 특징이 있고 다른 땅에서는 볼 수 없는 것들이다. 섬 사이에 차이가 있다. 하지만 어느 생물은 남미의 생물과 유연성을 나타내고 있다."

특히 다윈의 흥미를 끈 것은 오늘날 "다윈 핀치"라 부르고 있는 새의 종류였다. 이 섬에는 14종의 핀치가 살고 있는데 섬에 따라 조금씩 그 모습이 달랐다. 그러나 이 섬 이외의 세계 어디서나 볼 수 없는 새였다. 또한 각 섬마다 바다 거북이의 모습이 크게 달랐다. 한 총독은 바다 거북이의 모습만 보고서도 그 거북이 어느 섬에 살고 있는지 알아냈다고 한다.

다원은 남미대륙에서 노예들의 비참한 생활도 보았다. 노예의 가족이 한 사람 한 사람씩 별도로 팔려 가는 것을 보고 그는 가슴을 강하게 맞은 듯 느꼈고, 노예제도에 대한 증오를 조국에 몇 차례 편지로 보냈다 한다.

진화론의 발표를 준비

비글호는 거의 4년 사이에 남미 연안을 탐사하고 다시 다치치, 뉴질랜드, 오스트레일리아, 희망봉, 센트 헤레나 등을 거쳐 1836년 10월 2일 5년만에 영국으로 돌아왔다. 귀국 후 다원은 항해일기를 정리하여 1839년 『비글호의 항해기』를 출판하였다. 이는 대성공을 거두었다. 특히 지질학자 훔볼트에게 강한 감명을 주었다. 그것은 항해 중에 관찰한 큰 동물의 화석이나 많은 자료가 실려있기 때문이었다. 다원과 그의 사상은 영국 과학자들과 세상 사람들에게 신속하게 널리 알려졌다. 그는 이 해에 왕립학회 회원으로 추천되었다.

다원은 종교 사상과의 충돌을 두려워한 나머지 자신의 논문을 발표할 것을 오랫동안 미루어 왔다. 그런데 1856년 47세 때, 라이엘로부터 진화에 관한 학설을 조속히 발표하도록 강한 권유를 받았기 때문에, 결국 많은 자료를 취합하고 예정한 분량의 반절만을 정리하고 있는 동안에, 1858년 6월, 동인도 제도의 테르나테 섬에서 한 통의 편지와 연구논문이 우송되어 왔다. 보낸 사람은 영국사람 워레스로서 자신의 논문을 다원에 의해서 발표하고 싶다는 뜻을 담은 내용이었다. 이를 읽은 다원의 충격은 매우 컸다. 그것은 워레스의 논문이 다원 자신의 이론이나 사상과 너무 흡사했기 때문이었다. 물론 우연한 결과였다.

다원은 지금까지의 노력을 헛되이 하고 싶지 않아 라이엘과 상의하여 1858년 7월, 린네 학회의 정기회의에서 그 때까지 정리한 자신의 새로운 이론의 개요와, 워레스의 논문을 동시에 발표하기로 결정하였다. 그리고 워레스에게 이런 사실을 편지로 알렸다. 워레스는 고결한 사람이어서 모든 사정을 양해하고 진화론 수립의 공적이 다윈에 있다는 것을 솔직하게 인정하였다.

「종의 기원」 출간-자연선택의 사상

다윈은 조금도 지체하지 않고 다음 해인 1859년 최초의 계획을 5분지 1로 축소하여 『종의 기원』을 출판하였다. 초판은 판매를 고려하여 1,250부만 인쇄했지만 출판된 날에 모두 팔렸고, 제 2판인 3,000부도 즉시 판매되었다.

이 책의 중심 내용은 '자연선택'의 사상이다. 그의 학설을 요약하면 다음과 같다. 자연계에서는 치열한 생존경쟁이 벌어지고 있다. 그리고 종과 종 사이의 투쟁은 더욱 치열하다. 이 생존경쟁에서 이겨 남는 것은 더욱 유리한 변이를 지닌 개체이다(최적자 생존). 이렇게 해서 한 방향으로 도태가 진행되면 종의 변화가 일어난다. 이것이 자연선택의 사상이다. 또한 변종은 어린 종이다. 변화가 진행되면 독립된 종이 생기고, 다시 변화가 진행되면 속(屬)이 되고, 과(科)가 되고, 목(目)이 된다.

이 같은 다윈의 진화론이 워레스의 출현이라는 해프닝 때문에 급히 세상에 나오기는 했지만, 그가 예상한대로 이 저서 때문에 찬성하는 사람과 반대하는 사람 사이에 몇 세대에 걸쳐 치열한 논쟁이 지속되었다. 반대자의 대부분은 그의 사상이 성서의 내용에 어긋나고 신앙을 파괴하고 뒤흔들어 놓는 것이라 공격하였다.

우선 다윈이 비글호의 항해를 떠나기 전에 지질학 연구 여행을 함께 했던 세지윅 교수로부터 편지가 왔다. "자네의 책을 읽었네.

대체 무슨 소리를 하는 건지 알 수가 없네. 한마디로 자네가 쓴 책은 아무 짝에도 쓸모가 없는 것일세." 더욱이 다윈이 가장 믿고 따르던 헨슬로 교수마저도 진화론에 찬성하지 않았다. "다윈군, 자네가 그 동안 열심히 연구한 것은 나도 알고 있네. 하지만 자네의 주장은 터무니없는 의견일세." 또한 영국의 유명한 작가인 칼라일도 다윈을 비난하였다. "다윈은 사람을 원숭이의 친척으로 생각하고 있다." 또한 교회단체에서도 "생물이 스스로 진화되어 왔다니!, 다윈은 천지만물을 창조하신 하느님과 교회를 욕하게 했다! 진화론이 사실이라면 원숭이가 진화되어 사람이 되었단 말인가!"

이 같은 비난의 소리에 다윈은 씁쓸하게 웃으며 중얼거렸다. "세상 사람들이 진화론을 알아주려면 생물이 진화한 것만큼이나 오랜 세월이 필요할 것이다." 그런 가운데서도 다윈의 생각이 옳다고 주장하는 사람이 있었다. 생물학자 토머스 헉슬리가 편지를 보내왔다. 그는 다윈보다 열 여섯 살이나 아래였는데 평소에 다윈을 존경하고 친하게 지내왔던 사이었다. "진리를 사랑하는 사람이라면 선생님의 생각에 반대하지는 못할 것입니다. 바보 같은 사람들이 아우성을 치고 있는데, 저는 그들과의 싸움을 위해 준비하고 있습니다. 저와 생각을 같이하는 사람들도 많이 있을 겁니다." 이 편지를 읽고 감동한 다윈은 눈물을 흘리며 말하였다. "이제 마음이 놓인다. 나는 지금 죽어도 억울하지 않다."

진화론을 둘러싼 논쟁-종교와 충돌

1860년 6월 30일, 진화론을 주장하는 헉슬리 일행과, 진화론을 반대하는 사람의 대표자인 옥스퍼드 성당의 주교 월버포스는 옥스퍼드 대학에서 열리는 영국학술협회 총회의 마지막 날에 만났다. 월버포스 주교가 위엄으로 가득 찬 표정으로 "헉슬리씨, 한가지 궁

68

금한 것이 있소, 당신은 원숭이를 조상으로 믿는 모양인데, 그렇다면 그 원숭이는 당신의 할아버지 쪽입니까, 아니면 할머니 쪽입니까?"라고 물으면서, "진화론은 하나님의 가르침을 거역하는 못된 궤변입니다"라고 말하였다.

이에 대해 헉슬리는 "윌버포스씨, 조상이 원숭이라는 것이 그렇게 부끄러운 일입니까? 그보다도 과학에 대해서 알지도 못하면서 무식하게 고집만 부리는 인간을 조상으로 가진 쪽이 훨씬 더 부끄러울 것 같은데요." 이어서 "제가 생각하기엔 윌버포스 주교께서는 '종의 기원'을 한 페이지도 읽어보지 않으신 것 같습니다. 따라서 식물학에 대해서는 전혀 모르실 겁니다."

이 같은 큰 논쟁을 예상했던 다윈은 진화의 이론을 인간에 적극적으로 적용하는 것을 처음부터 꺼렸다. 오히려 인류의 진화에 관해서 대담하게 다룬 사람은 라이엘이었다. 다윈 자신도 1871년에 이르러 비로소『인간의 조상』이라는 책을 쓰고, 인간이 인간에 가까운 생물에서 진화한 증거를 제시하였다.

시골에서의 은둔 생활

다윈은 젊은 시절의 대모험과는 대조적으로 후 반생은 건강이 좋지 않아 다운이라는 시골에서 조용히 지냈다. 그 나날이 "세상과 교섭을 끊은 은둔의 생활이다"고 다윈 자신은 자서전에 쓰고 있다. 다윈의 즐거움이란 그저 '일' 뿐이었다. 생애를 통해서 그가 열중한 그 일이야말로 진화론과 관계되는 자연사 위의 폭 넓은 연구였다. 다윈은 부친의 유산이 많아서 스스로 집안을 꾸려갈 필요가 없었으므로 연구에 몰두할 시간이 충분하였다. 사회와 비교적 멀리하고 친구와의 교제도 거의 없는 속에서 일에 의한 흥분으로 나날을 보냈다.

이 일이란 자연 과학상의 사색으로서 문헌을 검토하고 노트를 만들거나 원고를 작성하며 어느 때는 현미경 관찰도 하였다. 이 일이 끝나면 개를 끌고 산보를 한다. 이 시각은 너무 정확하여 동네 사람들이 때를 맞추는 정도였다고 한다. 도중에 동식물에 대한 관찰이 시작된다. 산보에서 돌아오면 점심을 마친 뒤에 소파에 누워 신문을 읽는다. 그리고 그에게 보내 온 많은 편지에 대한 답장을 쓴다. 대개 3시 무렵 이 작업을 끝내고 낮잠을 조금 잔다. 오후 4시에 일어나 또 산보를 한다. 그 후 일이 남아 있으면 일을 하고 나머지 시간은 독서를 한 다음 저녁을 먹는다. 저녁 후에는 게임을 하고 나머지는 과학 관계의 책을 읽거나 부인의 피아노 소리를 듣는다. 10시 정도에 잠자리로 들어간다.

얼마나 우아하고 느긋한 생활인가! 19세기 후반과 같은 스피드시대에 격리된 세계에서 그는 이렇게 살았다. 그러나 산보에도 규칙이 있었다는 점은 그 시대의 정신을 잘 보여주고 있다. 다윈에 있어서 산보는 관찰과 즐거움을 위해서였지만 대개는 건강 때문이었다. 서재에 있는 과학자가 건강유지를 위해 걷는다고 하는 것은 빅토리아 시대의 스포츠의 일부였으므로 다윈도 이를 실천할 따름이었다. 그는 자서전에 "나의 습관은 규칙 바르고, 이것은 나의 특별한 일을 하는데 적지 않게 효과를 가져 왔다"고 기술하고 있다. 그의 생활과 연구 환경은 그의 사고의 다량 생산과 깊이에 직접, 간접으로 관계가 있는 것이 틀림없다.

우울증에 빠진 다윈

1879년 초기에 다윈은 할아버지 에라스무스 다윈의 성격과 습관에 관해서 글을 쓰기 시작하였다. 이것은 그 해 2월에 독일 잡지 『코스모스』에 실렸다. 이 논문은 진화사상의 역사적 전개 속에서

70

에라스무스가 어떤 위치에 있었는지를 밝히고 재평가를 시도한 것
이다. 이 논문은 영어로 출판되었는데 다윈의 사상이 긴 서문으로
붙어 있었다.

한편 이름 없는 사뮤엘 바틀러는『신구의 진화론, 즉 뷔퐁, 에라
스무스 다윈 박사, 라마르크 이론과 챨스 다윈의 이론의 비교에 관
해서』를 출판하였다. 빅토리아시대에 살았던 그는 이 시대를 역행
하고 있던 소설가이자, 사상가로서『종의 기원』을 읽고 곧 진화론
에 깊이 빠졌다. 1862년에는 신문지상에 "다윈의 종의 기원"이라는
철학적 대화를 기고하여 곧바로 논쟁을 불러일으켰다. 이 논쟁은
그다지 잘 알려진 사건은 아니지만 다윈과 그의 가족을 우울한 기
분으로 몰아 넣는데 충분한 사건이었다.

여기서 문제가 된 것은『신구의 진화론』에서 부제목으로 거론된
죠루쥬 뷔퐁, 에라스무스 다윈, 라마르크에 관한 것이었다. 바틀러
의 견해로는 그들의 목적론적 진화론의 쪽이 자연선택에 의한 비
목적론적 진화론보다도 우수하다는 것이다. 따라서 우연을 중요시
하는 다윈의 자연선택에 의한 진화보다 진화적 변화에서 생물의 자
주성과 목적성을 인정하는 그의 할아버지인 에라스무스 다윈의 견
해에 비중을 크게 두었다. 이러한 사건 때문에 다윈의 충격은 매우
컸다. 어쩌면 그의 평화로운 은둔 생활에 찬물을 끼어 얹었을지도
모른다.

"죽는 것은 조금도 두렵지 않네"

다윈은 키가 크고 눈이 맑았다고 한다. 나이가 들면서 동작도 둔
해지고 현기증이 있는 날에는 집안에서 지팡이를 짚고 걸어다녔다.
그러나 일이 즐거우면 한 순간 활발한 몸놀림을 함으로써, 알지 못
한 사람에게 그는 항상 꾀병을 부리는 사람처럼 보였다고 한다. 가

정에서 꾸짖는 일이 한번도 없는 인자한 아버지로서 친구나 동네 사람들에게 친절하였다. 70세가 넘으면서 몸은 급히 쇠약해졌다. 가끔 심장 발작증을 일으켰다. 1882년 4월 18일, 격렬한 발작이 일어났다. 의식이 돌아왔을 때에 그는 "죽는 것은 조금도 두렵지 않네"라고 중얼거렸다 한다.

그러나 점점 숨이 빨라지면서 다음 날 19일 오후 부인과 아이들이 지켜보는 가운데에 영원히 눈을 감았다. 그의 나이 73세였다. 유해는 그의 과학상의 업적으로 웨스트민스트 사원에 묻혀 있는데, 뉴튼과 그의 최대의 지지자인 라이엘의 묘 바로 옆에 안장되었다. 4월 26일에 장례식이 엄숙하게 거행되었다. 유럽은 물론이고 멀리 미국에서도 많은 조문객이 찾아와 다윈의 업적을 되새기며 명복을 빌었다.

고전 물리학을 무너뜨린 아인슈타인

수학과 물리학에서 뛰어남

독일의 물리학자 앨버트 아인슈타인(Albert Einstein, 1879~1955)은 독일의 울음에서 태어났다. 아버지는 이 곳에서 작은 주점을 열고 있었지만, 그가 1살 때 전기공장을 경영하기 위해 뮌헨으로 이사하였다. 보통 아이라면 만 1살이 되면 혀짜래기 말을 조금씩 지껄이지만, 그는 만 2살이 되어서도 조금밖에 지껄이지 못하였다. 지능이 떨어지는 아이는 아닌가 하고 양부모는 매우 걱정하였다. 어릴 적부터 그는 내성적인 아이로 활발한 놀이에는 끼여들지 않았고, 위압적인 장면을 보면 본능적으로 무서워하여 군대의 행진을 보고도 떨었다고 한다.

아인슈타인은 학과 중에서 수학을 가장 즐겼다. 12살 때 숙부로부터 피타고라스정리를 배우고 이를 자신이 증명한 뒤부터 기하학에 이끌렸다. 그는 김나지움에 들어갈 때부터 수학과 물리학에 더욱 뛰어났다. 후년에 그는 어느 사람과의 편지 속에서 "수학과 물리학에서 만은 독학으로 학교의 진도를 훨씬 넘어섰다"고 밝혔다. 어머니로부터 바이올린을 배웠는데 특출하여 13살 때에는 모차르트의 소나타를 연주할 정도였고 생애를 통해서 음악을 사랑하였다.

그는 당시 학교 교육을 지배하고 있던 암기식 수업을 매우 싫어했기 때문에 전 과목을 통해서 성적은 썩 좋지 않았다.

암기식 교육의 기피

15살 때, 아버지의 전기공장이 불황을 맞아 도산했으므로 부모는 밀라노로 이사하여 사업의 재건을 노렸지만, 아인슈타인은 김나지움을 졸업할 때까지 가족과 떨어져 뮌헨에 혼자 남아 있었다. 학교생활은 그다지 즐겁지 않았다. 티없이 귀여운 그는 암기중심의 교육방법을 크게 비판했고, 어려운 질문을 선생에게 거침없이 던졌기 때문에 선생으로부터 미움을 받았다. 후년에 그는 당시의 일을 이렇게 쓰고 있다. "김나지움 7학년 때였다. 담임 선생이 나를 불러내어 학교를 그만두었으면 하였다. 그것은 내 자신이 교실에 있는 것만으로 같은 학급 학생이 선생을 존경하지 않기 때문이다"라고 선생이 말했다고 한다.

어떻든 아인슈타인은 이 학교에 더 이상 머물러 있을 수 없어 밀라노에 있는 부모한테로 갔다. 수개월 동안 따뜻하고 경치 좋은 밀라노의 분위기를 만끽하면서 자신이 좋아하는 학과만을 혼자서 공부하였다. 그 이듬해인 1895년 그는 스위스의 츄리히 공과대학에 응시했으나 불합격이었다. 수학성적은 뛰어났지만 어학이나 식물학 등이 뒤졌다고 한다. 그는 크게 충격을 받았지만 공과대학 학장으로부터 희망을 버리지 말라는 격려를 받고 고교에 편입하여 대학입학 자격을 얻으려 하였다. 이 학교의 분위기는 뮌헨의 김나지움과 달라서 자유로움이 출렁거렸고 그는 즐거운 1년을 보냈다.

이 시기에 독학으로 미적분학을 이해하는 등 수학적 재능을 발휘하였다. 어느 날, 숙부들이 머리를 굴려가며 며칠동안 계산한 결과를, 그는 15분도 걸리지 않고 계산하여 숙부들을 놀라게 하였다.

그러나 더욱 놀랍고 감탄스러웠던 것은 16살 때 빛의 속도 문제에 달라붙은 일이다.

츄리히 공과 대학으로

1896년(17세)에 아인슈타인은 츄리히 공과대학에 무난히 입학하였다. 그는 장차 교사가 되려고 수학과 물리학에 열중하였다. 점차 수학보다 물리학 쪽에 이끌렸지만 물리학 교수의 강의에 불만을 느꼈다. 당시 물리학에서는 영국의 물리학자 맥스웰에 의해서 전기와 자기의 현상을 통일적으로 설명할 수 있는 방정식이 나와 있었고, 그는 맥스웰의 전자기 이론을 독학으로 어느 정도까지 이해하고 있었다. 그러나 교수는 이 최신 학설을 거의 무시하였다. 이 무렵 그는 수학을 전공하던 네 살 위의 미레바 양과 알게 되었다. 향학열이 왕성한 그녀와 점차 친해졌고 후에 결혼까지 성사되었다.

1920년 21세 때에 아인슈타인은 대학을 졸업했지만 취직이 되지 않아 대학 조수로 남으려 하였다. 그러나 이것마저 뜻대로 되지 않았다. 그가 유태인이라는 원인도 있었지만 더욱 큰 이유는 그가 교수에게 고분고분하지 않고 자기 주장이 너무 강했기 때문이었다. 우스운 일로 12년 후에 그는 이 대학의 교수로 영입되어 대학의 스타 교수가 되었다.

특허국 말단 직원에서 베를린 대학 강사로

아인슈타인은 하는 수 없이 여러 직장을 찾아 헤매었지만 뜻과 같이 되지 않았고, 친구들의 도움으로 결국 베른에 있는 특허국 말단 직원으로 취직하였다. 그러나 이곳에서의 시절이 그에게는 더할 나위 없는 실로 중요한 시기였다. 그의 연구에서 실험실은 필요 없고 다만 종이와 연필, 그리고 자신의 사색만으로 충분하였다. 그는 한 손으로 그네에서 잠자는 아기를 흔들면서 다른 한 손으로는 연필을 잡고 사색했다고 한다.

아인슈타인의 이름은 독창적인 논문으로 점차 학계에 알려졌다. 1908년 29세 때에 베를린 대학 강사, 1914년에는 스위스 국적을 가진 채 연구조건이 매우 좋은 베를린의 카이저 빌헬름 연구소로 옮겼다. 그후 모교인 츄리히 공과 대학으로 자리를 옮겼다.

그러나 사생활은 불행하였다. 그 해 여름, 부인 미레바가 두 아이를 데리고 베를린에서 츄리히로 돌아간 뒤, 그의 가족은 두 번 다시 그에게 돌아오지 않았다. 그 후 줄곧 독신으로 지내다가 그가 심한 위장병을 앓고 있을 때에 헌신적으로 간호해준 젊은 여성 엘자와 재혼하였다.

미국으로 망명

1939년 1월 무렵부터 나치의 압박을 피하여 미국으로 망명한 유럽의 과학자들이 많이 늘어났다. 아인슈타인도 그 중 한 사람이다. 그는 히틀러가 정권을 잡은 1933년 1월 30일에 미국에 체류하고 있었지만, 나치에 대한 항의의 표시로 귀국 거부를 선언하였다. 그는 일단 유럽에 돌아 왔지만 독일에 돌아가지 않고 프러시아 과학 아카데미에 회원의 탈퇴의사를 밝힌 편지를 보냈다. 그것은 그가 이전부터 나치의 표적이 되었기 때문에 언젠가 추방될 것이라 예측했기 때문이었다. 나치의 유태인에 대한 전면적인 공세는 점차 노골적으로 나타나기 시작하였다.

나치정권은 베를린에 있는 그의 전 재산을 몰수했을 뿐 아니라 나치정권을 비난한 그의 머리에 2만 마르크의 상금을 걸었다. 미국에 돌아온 그는 프린스튼 고급연구소의 연구원이 되었고 1940년에 미국 시민권을 얻었다.

주요한 업적들-고전 물리학의 무너짐

아인슈타인의 최초의 주요 업적은 '브라운 운동', 즉 미립자의 불규칙한 운동에 관한 것이었다. 이 운동은 1827년에 식물학자 브라운이 처음으로 발견하였다. 입자의 운동은 온도가 상승하면 증대하지만 큰 입자는 감소한다. 그는 그 까닭을 여러 액체 분자가 커다란 입자에 충돌하는 결과라고 설명하였다. 이것은 그 후에 프랑스의 페랑에 의해서 실험적으로 검증되었다.

아인슈타인의 초기의 또 한가지 연구 업적은 '광전효과'이다. 그는 독일의 물리학자 프랑크가 1901년에 이끌어낸 공식 $E = h\nu$(E는 에너지, h는 프랑크 상수, ν는 복사광의 진동수)로부터 연구를 시작하였다. 그는 빛의 에너지파 속의 '광양자'(후에는 광자)가 입자로 행동하고 있다고 생각하고, 어느 금속에 빛을 쪼이면 전자가 방출하는 광전효과를 1905년에 발견하였다. 이러한 현상에 관해서 고전물리학은 명확한 해답을 내놓지 못했지만, 그는 프랑크가 도입한 양자론을 이용하여 이를 설명하였다. 광전효과에 대한 연구 업적으로 아인슈타인은 1921년도 노벨 물리학상을 받았다. 노벨상 수상 이유는 "수리 물리학에 관한 공적에 대하여, 특히 광전효과의 발견에 대하여"이다.

아인슈타인은 1909년에 빛의 입자적 성질과 파동적 성질의 양쪽을 조정하는 이론의 필요성을 주장하고 이를 양자론과 관련시켰다. 1923년 물리학자 드 브로이는 아인슈타인의 질량-에너지 등가원리와 프랑크의 양자론을 바탕으로 입자의 파동적 성질을 기술하는 공식을 찾아냈다. 드 브로이에 대한 아인슈타인의 지지에 힘을 얻은 독일의 물리학자 슈뢰딩거는 파동역학을 확립하였다. 그러나 아인슈타인 자신은 양자론이 비 인과관계를 포함한 확률의 이론체계로 되어버린 것을 인정하지 않았다. "신은 결코 주사위를 던지지 않는

다"라는 유명한 말을 했고, 물질의 기본구조가 우연적인 확률 사상
에 의존한다는 생각에 반대하였다.

아인슈타인의 혁명적인 논문은 1905년에 발표한 '상대성 이론'이
다. 이것은 약 260년간 흔들림이 없이 자리를 유지해온 뉴튼의 역
학 체계를 대신하는 새로운 우주관이다. 그 배경에는 1887년 독일
계 미국의 물리학자 마이켈슨과 미국의 화학자 몰리의 실험으로 광
속은 에테르 속에서 광원이나 측정 장치의 운동에 관계없이 변화하
지 않는다는 사실과, 그들의 실험으로 빛을 운반하는 매체로서의
에테르가 우주에는 존재하지 않는다는 사실이 있었다.

따라서 아인슈타인은 '에테르의 부재'라는 결과로부터 절대 정지
의 좌표계를 포기하는 방향으로 생각을 밀고 나아갔다. 모든 운동
은 관측자에게 상대적인 속도로 관측되어 진다는 것이다. 이 상대
운동의 개념은 상대성 이론의 핵심으로서 한결같은 등속 적선운동
을 다루는 '특수 상대성 이론'의 두 가지 원리중 하나이다. 또 한가
지는 광속이 광원의 운동에 관계없이 항상 일정하다는 것이다.

아인슈타인은 이 두 가지 원리로부터 상대적인 운동계에서는 관
측자에게 길이는 짧게 관측되고, 시간은 같은 비율만큼 늦어지며,
질량은 증가한다는 사실을 밝혀냈다. 그러나 보통 속도에서는 이
효과의 크기가 무시되므로 뉴튼의 법칙은 여전히 유효하다. 하지만
속도가 광속에 가까워지면 이 효과가 커진다. 만일 어느 운동계가
광속 정도로 운동한다면 관측자에게 그 길이는 영이 되고, 시간은
멈추게 되며, 질량은 무한대로 된다. 그러므로 그의 이론은 어떤 계
일지라도 광속 이상으로 운동할 수 없다. 시간의 늦어짐이나 질량
의 증가는 그 후 소립자나 우주선 등의 관측으로부터 입증되었다.
그리고 광속 이상의 속도는 지금까지 검출되고 있지 않다.

아인슈타인은 질량과 에너지와의 관계를 나타내는 '질량-에너지
등가원리'를 찾아냈다.($E=mc^2$). 이 공식은 막대한 양의 에너지가 질

량으로서 저장되어 있다는 것을 의미하므로, 질량은 막대한 에너지로 전환될 수 있다. 이를테면 태양의 에너지나 원자핵 반응은 그 좋은 예이다.

아인슈타인의 스승이었던 민코프스키는 특수 상대성 이론을 바탕으로 한 시간과 공간의 개념을 기하학적 형식으로 표현하였다. 그에 의하면 모든 것은 3차원의 공간과 1차원의 시간으로 이루어진 4차원의 '시·공 연속체'로서 존재한다. 이 해석으로 상대성 이론의 결론이 매우 명확하게 표현됨으로서 이 이론의 수용을 촉진시켰다.

특수 상대성 이론을 발표한지 2년 반이 지난 1907년 11월 어느날, 그에게 문득 한 아이디어가 떠올랐다. "만약 자유낙하를 하고 있는 사람이 있다면, 그는 낙하하는 동안에는 자신의 무게를 감지할 수 없을 것이다" 이어서 "사람이 떨어질 때는 가속도를 갖는다. 그러므로 떨어지는 사람에게 나타나는 모든 현상은 가속도 때문에 생기는 것이다" 그러므로 그는 단순히 등속 운동만을 다룬 특수 상대성 이론에 가속도를 포함시킨 이론을 수립할 것을 생각하였다.

1915년 아인슈타인은 '일반 상대성 이론'을 발표하였다. 이 이론을 적용하면 우주의 전 모습에 관한 추리를 할 수 있다. 일반 상대성 이론은 뉴튼의 이론으로 설명할 수 없는 세 가지 사실을 설명할 수 있다. 그리고 그의 이론이 옳다는 사실이 실제적인 측정으로 인정되었다. 첫째로 뉴튼의 이론에서 인정할 수 없는 혹성의 근일점의 이동을 인정할 수 있고, 둘째로 빛은 강력한 인력 장에서 적색 부위로 편이를 일으킨다는 사실을 인정할 수 있고, 셋째로 빛은 인력 장에서 뉴튼이 예언한 것보다도 훨씬 크게 휘어지는 극적인 현상이 일어난다는 사실을 인정할 수 있다.

제1차 세계대전 중반까지 이를 검증하는 방법이 없었지만, 전쟁이 끝난 뒤인 1919년 3월 29일, 영국의 왕립 천문학회는 브라질 북부와 서아프리카의 기니아만에 두 관측대를 보내어 태양에 가까운 밝은 별의 위치를 측정하였다. 그 결과 아인슈타인의 예언이 적중되었다.

이상과 같은 아인슈타인의 모든 연구 결과는 모두 '상식'에 어긋나는 것이지만, 상식이야말로 보통 크기의 물체가 보통 속도로 운동한다는 제한된 경험에 바탕을 두고 있다. 그와 같은 보통의 상태에서는 아인슈타인의 이론과 뉴튼의 이론('상식') 사이에 차이가 보이지 않는다. 그러나 전 우주와 같은 거대한 세계나 원자 내부처럼 미소한 세계에서는 상식이 통하지 않으며, 두 개의 이론에는 큰 차이가 나타나고 아인슈타인의 이론만이 통하게 된다.

원자력 개발에 관한 권고-루즈벨트 대통령에게 보내는 편지

1930년대 초기 히틀러 정권의 유태인 과학자의 추방정책으로 미국에 건너온 과학자들은 핵물리학이 미국에 미칠 영향에 대하여 토론하는 모임을 만들고, 1939년 3월 그들은 미국 해군성 대표자와 함께 원자력 개발에 대하여 토의하였다. 한편 미국의 경제학자이자 루즈벨트 대통령의 친구이며 조언자인 삭스는 이전부터 원자력 개발의 가능성에 대하여 구상하고 있었고, 정부는 그의 구상을 적극 지원하여 개발해야 한다고 생각하고 있었다. 삭스는 이 문제를 컬럼비아 대학의 과학자들이나 아인슈타인 박사와 상의했고, 만일 아인슈타인 박사가 대통령에게 보낼 적절한 서한을 마련한다면 그것에 동의하겠다는 뜻을 암시하였다.

아인슈타인 박사는 1939년 8월 2일, 루즈벨트 대통령에게 다음과 같은 내용의 편지를 보냈다.

"페르미와 질러드의 최근 몇 가지 연구 결과를 원고 그대로 받아 보았습니다. 이 내용으로 보아 머지않아 우라늄 원소가 새롭고 중요한 에너지원으로 될 가능성이 있습니다. 그러므로 몇 가지 상황을 고려할 때 경계할 필요가 있으며, 정부는 신속한 대책을 세워야 할 필요가 있다고 생각합니다. 따라서 다음과 같은 사실과 권고에 대해 대통령께서 관심을 갖도록 하는 것이 나의 의무라 생각합니다.

최근 4개월 동안 프랑스의 물리학자 졸리오 퀴리와 미국에 망명해온 페르미와 질러드의 연구를 통하여 다음과 같은 사실을 알게되었습니다. 대량의 우라늄 중에는 중성자에 의해 핵분열을 일으키는 동위원소가 있는데, 그것이 연쇄적으로 핵분열을 하면(연쇄반응) 막대한 양의 에너지가 발생합니다. 또한 우라늄과 비슷한 새로운원소가 대량으로 만들어질 가능성도 있다(초우라늄 원소)는 점입니다. 이것이 가까운 장래에 실현되는 것은 지금 거의 확실합니다.

특히 이러한 원리는 폭탄의 제조에도 응용될 수 있으며, 이런 방법으로 만들어진 매우 강력한 폭탄을 실은 배가 항구에서 폭발할수 있습니다. 한 개의 폭탄이 항구 전체와 주위를 파괴할 가능성이매우 큽니다.

미국에는 우라늄을 함유한 광석이 조금 있지만 그 함유량은 매우 적고, 캐나다, 체코슬로바키아에는 양질의 광석이 약간 있습니다. 그리고 벨기령 콩고에는 양질의 우라늄이 많이 있습니다.

이와 같은 상황을 고려할 때, 연쇄반응을 연구하고 있는 물리학자들과 영구적인 접촉을 갖는 것이 좋으리라 생각합니다. 이를 실현할 수 있는 한 가지 방법은 대통령께서 이 일을 신뢰하고, 비공식적인 자격으로 이에 종사할 수 있는 사람에게 이 일을 위임하는일입니다. 그 경우에 그들이 할 일은 다음과 같습니다.

1) 그들은 정부 각 부처와 연계하여 관계 부처에 이에 대한 새로운 연구 동향을 끊임없이 보고하고 정부가 취해야 할 조치에 대하여 권고하며, 특히 미국을 위하여 우라늄 광석을 공급하고 확보하는 문제에 착수하는 일.

2) 그들은 현재 대학의 여러 연구실에서 예산의 범위 내에서 진행하고 있는 실험작업을 추진하고, 만일 자금이 필요할 경우에 이 큰 사업을 위하여 지원할 수 있는 민간인과 접촉하여 자금을 조달하며, 또한 연구에 필요한 설비를 갖춘 산업 연구소의 협조를 얻는 일.

독일은 그들이 점령한 체코슬로바키아의 광산에서 우라늄을 매각하는 일을 실제로 정지시켰다고 들었습니다. 독일이 이처럼 민첩한 조치를 취한 이유는, 베를린의 카이저 빌헬름 연구소장에 독일 외무차관 폰 바이제커의 아들인 바이제커 박사를 임명한 것으로 미루어 보아서 대략 이해할 수 있습니다."

핵무기 경쟁에 관한 비판

1945년 8월 6일 오전 11시(미국 동부시간), 미국 투르먼 대통령은 히로시마에 원폭을 투하한다는 성명을 발표하였다. 이 성명내용은 "이 원자폭탄은 우주의 기본적인 원리를 이용한 것이다. 극동에 전쟁을 몰고 온 일본에 태양 에너지와 같은 힘이 방출될 것이다"라고 말하였다. 히로시마에 대한 원폭 투하의 뉴스는 곧 바로 세계로 퍼져 나갔다.

아인슈타인은 이 뉴스를 듣고 "오 웨"(O Weh-두렵구먼)라 탄식하고 오랫동안 말문을 열지 못했다고 한다. 히로시마에 대한 원폭 투하 소식을 듣고 아인슈타인처럼 강한 충격을 받은 과학자가 또 한 사람 있었다. 그는 핵분열을 연구한 독일의 화학자 오토 한으로, 당시 연합군의 포로가 되어 런던에서 80킬로미터 떨어진 농가의 한 주택에 독일인 과학자와 함께 연금되어 있었다. 영국 시간으로 6일 석양에 원폭 투하의 뉴스가 전해졌는데, 한에게는 그에 앞서 이 사실이 전해졌다. 그 때 그는 "수만 명의 사람의 죽음에 대해 개인적으로 책임을 느낀다"고 말하였다.

종전 후에도 진실한 평화는 없었다. 이데올로기의 차이로 미·소 양대 진영은 군비경쟁을 맹렬하게 계속하고 있었다. 이를 본 아인 슈타인은 그의 평화사상을 전개하는 사회운동을 시작하였다. 그는 핵무기가 계속해서 개발되어 가고 있는 현실을 좌시할 수 없었으므 로, 원자력의 평화적 이용을 추진하는데 노력할 것을 다짐하였다.

1945년에 아인슈타인은 「전쟁에는 이겼으나 평화는 오지 않는다. 」라는 평론에서, 핵무기의 경쟁적 생산에 관해서 신랄한 비판을 가 하면서, 초국가적 안전보장 제도를 도입해야 한다고 주장하였다. 이 러한 생각은 많은 사람들로부터 지나치게 이상주의적이라고 비판을 받음으로써 지금은 한정된 사람들에 의해서만 세계연방 운동으로 남아있다. 하지만 완전한 평화를 위한 아인슈타인 일생의 염원이 전 인류의 심금을 울린 것은 부인할 수 없다.

전쟁의 증오와 군비철폐운동

아인슈타인의 명성은 세계적이다. 그의 이론을 전혀 이해하지 못 하는 사람이나 조금 이해하는 사람들 모두가 그를 최고의 과학자로 인정하고 있다. 뉴튼 이래 가장 존경받는 과학자이다. 그러나 독일 의 권력자에게 그의 명성은 통하지 않았다. 제2차 대전이 일어나자 히틀러는 전쟁을 미화하기 위해서 「독일 지식인 선언」에 유명한 예 술인과 과학자 대표 93인의 이름을 끌어드리고, 독일의 문화와 군 국주의는 동일하다고 강조하면서 전쟁에 협력할 것을 맹세하도록 하였다. 이때 아인슈타인은 이 선언서에 서명할 것을 단호히 거부 하였다. 그는 많은 비난과 주목을 받으면서도 전쟁을 배격하고 폭 력을 증오하는 그의 굳은 사상을 끝까지 지켰다. 1919년 6월 26일 그는 독일 지식인 617명이 서명한 로만 로란의 역사적인 「정신의 독립선언」에는 서슴치 않고 서명함으로써 그의 사상의 부동성을 과시하였다.

전쟁은 끝났으나 평화가 오지 않는 상황은 새로운 전쟁의 발생을 예감하게 했고, 이러한 새로운 전쟁의 예감은 아인슈타인의 소극적인 평화주의 사상과 행동에 하나의 적극적인 전기를 마련해 주었다. 그는 나치의 세력 확대에 반대하고 징병거부에 대한 구체적인 제안을 했으며, 당시 국제연맹에 대해 군비축소를 호소하였다. 그러나 그것은 결코 전쟁 근절의 수단이 될 수 없다고 비판하였다. 전쟁은 인간사회의 근본적인 죄악이며 이를 근절하려면 군비제한으로는 불가능하므로 군비가 철폐되어야 한다는 그의 소신에 변함이 없었다.

아인슈타인의 '세계 정부의 사상'이 공공연하게 나타난 것도 이 무렵이었고, 이 사상은 만년에 이르기까지 착실히 이어졌다. 그러므로 독일에서 아인슈타인의 반(反)파시즘적 평화주의 사상과 행동은 나치정권의 확립과 함께 문제화된 것은 당연한 일이었다.

러셀-아인슈타인 선언-퍼그워시 회의

영국의 유명한 철학자 버트란드 러셀은 1954년 크리스마스에 가진 『인간의 위험』이라는 제목의 BBC방송을 마친 뒤에 아인슈타인에게 편지를 보냈다. 그것은 대량파괴 무기의 개발에서 생긴 인류에 대한 위험을 평가하고, 그 위험을 방지하기 위해 회의를 소집할 것을 여러 정치적 견해를 지닌 많은 국가의 과학자들에게 요청하는 내용이었다. 이 편지에 대해 아인슈타인은 대단한 열의를 지니고 호응했고, 곧 이어 유명한 과학자들의 지지가 잇따랐다.

아인슈타인은 러셀이 작성한 이 선언에 즉각 서명하였다. 이 서명이 아인슈타인의 인생에서 마지막 정치적 행동이었다. '러셀-아인슈타인 선언'은 1955년 7월 9일 런던의 기자회견 장에서 발표되었다. 러셀은 주변에서 일어나는 기술적 문제에 대해 협조해줄 것을 핵 물리학자들에게 절실하게 요망하였다. 세계 여러 곳으로부터 대표자가 출석한 기자회견은 큰 성과를 거두었고 그 취지가 널리 알려지게 되었다. 그 결과 이 선언을 지지하고 회의의 개최에 대해 원조를 자청하는 많은 편지와 격려하는 전보가 개인과 단체로부터 쇄도하였다.

러셀-아인슈타인 선언에 부응한 첫 번째 과학자 회의가 1957년 7월 퍼그워시에서 개최되었다. 공식 참가자가 22명뿐인 소규모 회합이었지만 참석자 모두는 과학계에서 대단한 명성을 지닌 과학자였고, 논의될 주제를 충분히 다룰 수 있는 전문 지식과 관심을 지니고 있었다. 미국, 영국, 프랑스, 소련, 중국, 폴란드 등 19개국의 과학자들이었다. 이 회담이 이어지면서 핵 군비 확장을 막는 데는 제1선에서 물러난 핵탄두를 해체하는 일이 가장 필수적이라는 인식에 참가자의 의견이 일치하였다. 또한 해체에 의해서 나오는 핵 물질을 2개국 혹은 다국간 감시 하에 군사적으로 사용할 수 없도록 철저히 관리해야 한다는 공통적인 이해로 마무리되었다. 특히 엄격한 관리를 통해서 핵 물질이 옛 소련 밖으로 유출되어 핵 확산이 생기지 않도록 할 필요가 있다는 데도 의견을 같이 하였다.

"아인슈타인의 산책길"

한 평생 우주의 신비를 탐구한 아인슈타인은 20세기의 어느 과학자보다도 뛰어났다. 그는 우주를 보는 시각을 변화시키고 현존하고 있는 법칙을 확장하고 새로운 법칙을 발견하였다. 그 어느 것이나 정확도를 증가시킨 실험적 검증에 합격하였다. 그러므로 미래의 과학은 아인슈타인의 생각과 일치하는 발견을 해야 할 것이다.

아인슈타인은 1933년부터 작고할 때까지 숲이 우거진 한적한 분위기의 프린스튼 대학 구내의 고등과학연구소와 근처의 집을 오가며 연구 생활에만 전념하였다. 그러나 이 연구소의 어느 곳에도 그의 흔적은 남아 있지 않다. 그는 자신이 죽은 뒤에도 그의 명성이 어떤 형태로든 이 연구소에 남아 있는 것을 신경질적으로 철저히 배제했다고 한다. 연구에 지치면 간혹 맨발로 산책을 즐겼던 연구소내의 산책로에 "아인슈타인의 산책길"이라는 팻말이 유일한 흔적이다. 또 한 가지 흔적은 그가 죽은 뒤에 발견된 인공원소인 원자번호 '97번'은 그를 기념하여 '아인슈타이늄'이라 명명되었다.

그가 만년을 보낸 자택도 "이 집은 결코 성자의 유골을 보러 오는 순례장소가 되어서는 안된다"다는 그의 유언때문에 대부분의 관광객들도 집안으로 들어가지 못하고 길가에서 서성거리며 집을 한번 쳐다보고 돌아갈 정도라 한다.

한 역사학자는 "현대 물리학은 아인슈타인의 일반상대성 이론에서 출발한다"고 말하였다. 아인슈타인은 "나는 신이 세계를 어떻게 창조했는지 알고 싶다. 나는 그의 생각을 알고 싶다"며 평생동안 우주의 신비를 탐구하였다.

1952년 이스라엘 국가로부터 대통령 취임을 떠보았지만, 자신은 그러한 일에 어울리는 인간이 아니라는 이유로 거절하였다. 유명해지는 것을 싫어하고 조용히 생활하는 것을 좋아하는 소박한 과학자였다. 그러나 제2차 세계대전 후에는 핵무기 폐기운동에 활발하게 관여하였다. 1955년 4월 18일, 프린스튼에서 일생을 마쳤다.

2

국경을 무너뜨린 과학자들

국제적인 상을 제정한 노벨
노벨상 수상 직후 미국으로 망명한 페르미
핵 군비축소를 강조한 레오 질러드

국제적인 상을 제정한 노벨

노벨의 집안

노벨은 물리학, 화학, 생리학 및 의학, 문학, 그리고 평화상 등 다섯 분야의 상을 제정하였다. 다섯 분야의 노벨상으로 새겨진 알프레드 노벨의 정신 속에는 무엇이 숨어 있는가.

스웨덴의 발명가 알프레드 베른하드 노벨(Alfred Bernhard Nobel, 1833~1896)은 스톡홀름에서 태어났다. 그의 아버지는 건축기사, 기술자, 발명가로서 러시아 정부를 위해서 증기선과 수중 폭약을 제조한 사람이다. 그는 원래 건축기사로서 천재적인 재질을 타고 난 데다가, 상상력이 풍부하여 점차 발명가로서의 재능을 보여주었다. 그러나 스톡홀름에서 재능을 발휘하지 못한 그는 주 스웨덴 러시아 대사의 도움으로 1837년에 페테르부르그로 건너갔다. 그 곳에서 러시아 정부의 의뢰에 따라 각종 기뢰나 수중 폭약의 제조에 힘을 기울이고, 1842년에는 공장을 소유하는 데까지 이르렀다.

1842년 가을 노벨은 어머니와 두 형제와 함께 페테르부르그에 있는 아버지에게로 갔다. 그 곳에서의 노벨의 생활은 우아하였다. 그는 가정교사 밑에서 러시아어를 시작으로 프랑스어, 독일어, 영어를 익혔고, 1850년부터 52년에 걸쳐 독일, 스위스, 이탈리아, 미국

등지를 방문하였다. 그후 그는 아버지가 경영하는 공장에서 화학자로서 일을 하기 시작하였다.

그러나 이러한 생활은 오래가지 못하였다. 크리미아 전쟁을 계기로 러시아 정부의 후원을 잃은 그의 아버지는 기뢰 등 군수품의 제조가 금지되고, 증기선의 제작 등의 시험이 순조롭지 않아 1859년 파산하였다. 같은 해 가을, 일체의 재산을 잃은 그의 아버지는 스톡홀름으로 돌아 왔다.

이처럼 청년기의 성장 과정을 보더라도 노벨이 국제적인 사람이 될 수밖에 없었던 사실을 잘 알 수 있다. 그의 국제적 관계는 스칸디나비아에 국한되어 있지 않고 유럽권 대륙에 걸친 코스모포리탄적이었다. 스웨덴 사람으로 태어났지만, 그가 조국에 다소나마 집착한 것은 만년에 이르러서였다. 노벨상이 최초로 국제적인 상으로 발돋움한 것은 이와 같은 노벨의 독특한 인생이 크게 작용하고 있다.

노벨의 유서

스웨덴의 스톡홀름에서는 매년 12월 10일 오후, 시공을 초월한 한 종류의 극적인 공간이 탄생한다. 현대의 최고 지성이 상을 받는 날이다. 이 상은 국가나 정치 등을 초월한 보편적 지성의 증거로서 의미를 지니는 한편, 개인은 물론 국가의 영광이기도 하다.

노벨상 수상식이 열리는 매년 12월 10일은 노벨 재단의 창설자인 알프레드 노벨이 죽은 날이다. 그는 1896년 12월 10일 아침, 이탈리아의 산모레에 있는 별장에서 죽었다. 그의 나이 63세로서 한 명의 의사, 몇 명의 하인이 지켜보는 가운데에서 땀을 흘려가며 죽었다. 그는 자신이 이렇게 죽어갈 것이라 미리 예상한 듯 하다. 직접적인 죽음의 원인은 지병인 심장병과 관계가 없는 것은 아니지만 뇌일혈이었다.

노벨은 한 통의 유서를 남겨 놓고 죽었다. 그의 유언은 죽은 뒤 일주일이 채 못된 1897년 1월 2일자 신문 기사로 일반에게 널리 공개되었다. 그러나 그의 유언을 둘러싸고 대단한 논쟁이 벌어졌다. 유언은 4쪽으로 노벨 자신의 손으로 쓴 것이었다. 날짜는 '1895년 11월 27일, 장소 파리'로 되어 있는데 결코 차분하게 쓰여진 것은 아니었다.

유언의 배경

유언의 내용은 대체적으로 세 부분으로 되어 있다. 우선 첫 부분에서 조카를 포함한 친족이나 사용인에 대한 유산을 지정하였다. 유산을 받을 14명의 이름이 적혀 있다. 다음은 가장 핵심 부분으로 5개 부문의 상을 창설할 것을 지시했고, 마지막 부분은 유언 집행자의 지명, 재산 명세, 기타에 관해서 쓰여 있다.

핵심 부분인 상의 창설을 지시한 부분에는 이렇게 쓰여 있다. "나머지 환급 가능한 나의 재산은 아래와 같은 방법으로 처리해야 한다. 나의 유언 집행자에 의해서 안전한 유가증권에 투자된 자본을 바탕으로 기금을 설립하고, 그 이자는 매년 그 전해에 인류를 위하여 가장 큰 공헌을 한 사람들에게 상금으로 분배한다."

이 문장 다음에 5개의 상에 관한 규정이 나온다. 그리고 핵심 부분의 마지막에 "상을 주는데 있어서 후보자의 국적은 일체 고려해서는 안되며, 스칸디나비아 사람이건 아니건 간에 매우 훌륭한 사람이 상을 받아야 한다는 것이 내가 특히 명시하는 바램이다"라고 적혀 있다. 이 문장은 노벨상의 특징으로 알려진 '국제성'을 규정한 매우 중요한 부분이다.

이 유언은 노벨이 63세의 인생을 통해서 얻은 어떤 종류의 철학을 확실하게 담고 있다. 그 내용은 그의 인생에 비춰 보아 생각해 볼 때에 이야기해야 할 것을 담고 있다. 어쨌든 이 유언이 인류의 역사에 크게 영향을 미친 것만은 사실이다.

1888년 노벨의 형인 루드빅이 죽었을 때, 프랑스의 어느 신문이 형제를 뒤바꾸어 알프레드 노벨의 사망 기사를 실었다. 거기서 자신인 알프레드 노벨을 '죽음의 상인'이라고 냉혹하게 평가한 사실을 알고서, 노벨은 다소나마 마음의 변화를 일으켰다고 한다, 그의 불행은 겹쳐서 평생 끔찍하게 생각해 왔던 어머니 안드리에타 마저 다음 해인 1889년에 죽었다. 노벨은 이 무렵부터 유언을 마음속으로 준비하였다. 만년에 노벨은 건강을 돌보지 않았고, 영국에서의 소송 사건의 패소, 프랑스 정부로부터의 박해 등이 겹쳐, 1891년에 파리를 떠나 이탈리아로 옮겼다. 자살을 생각했다는 기록도 있다. 말하자면 인생 만년의 고독한 상태에서 발상되어 쓰여진 것이 그의 유언장이다. 이 유언은 정상적인 정신 상태에서 쓰여진 것으로, 거기에는 인류의 미래를 생각한 실로 아름답고 숭고한 정신이 담겨져 있다.

유언의 내용

노벨의 유언은 적어도 2회에 걸쳐 쓰여졌다. 한 통은 1893년 3월 14일자의 것으로, 이것은 그가 죽은 뒤에 산레모의 자택 서류 속에서 발견되었고, 또 한 통은 1895년 11월 27일자의 것으로, 이것은 스톡홀름 엔실더 은행에 1896년 6월부터 맡겨져 있었다. 이 두 통의 유언 속에서 최초의 유언은 무효라는 뜻이 명기되어 있다. 따라서 법률적으로 노벨이 남긴 정식 유언은 단지 한 통, '1895년 11월 27'일자의 것이다.

어느 쪽이나 공통적인 특징은 파리 체재 중에 변호사의 힘을 빌리지 않고 자신의 친필로 쓰여진 점, 유산을 우선 친족 관계자에게 준 다음, 나머지를 지정한 학술기관의 관리하에 상으로 사용해도 좋다는 지시가 있는 점이다. 그러나 틀린 부분도 있다. 한가지는 친족 관계자에 대한 유산 증여의 금액이 1893년의 유서에는 합계가 20%정도로서 대체적으로 270만 크로네인데 반해서, 1895년의 정식 유서에는 겨우 160만 크로네이다.

또 한가지는 1893년의 유언은 스톡홀름 대학, 스톡홀름 병원, 칼로링스카 연구소 등 세 기관에 각각 유산의 5%, 오스트리아의 평화연맹에 1%를, 나머지 금액은 왕립과학 아카데미에 기금을 설치하고, 그 이익금으로 매년 생리학 및 의학을 제외한 지식의 진보라는 측면에서 매우 중요하고 독창적인 발견, 또는 지적 업적에 대해서 상을 준다는 내용으로 되어 있다. 그러나 1895년의 유언에는 스톡홀름의 세 기관과 오스트리아 평화연맹에 대한 지정이 빠지고, 그 대신 잔여 유산은 각각 5부문의 상을 위한 기금으로 한다는 내용으로 바뀌었다.

노벨이 최종적으로 친척에 대한 유산 공여를 무시하고, 5개상을 위한 기금이라는 구상을 중요시 한 배경은 성격적으로 내성적이고 스웨덴에서의 생활이 짧았으며, 일부 사람을 제외하고 친척과의 교제를 중요시하지 않았다는 데 있다. 그리고 무엇보다도 그에게는 처자가 없었다. 노벨은 평생 독신으로 지낸 사람이다. 결혼하지 않고 자식을 남기지 않은 채 죽었기 때문에 그의 유산 분배에서도 혈연과 먼 인류애적이고 이상주의적인 경향이 있다. 노벨상은 이처럼 '혈연'과의 단절에서 탄생했다는 사실이 그 배후에 깔려 있다.

노벨의 재산과 그 정리

노벨의 재산은 각국에 흩어져 있었다. 그 총액은 약 3323만 크로

네였다. 노벨은 일생 동안에 350개의 특허를 따냈다. 최초의 특허
는 1857년 8월 24세 때의 일인데, 이것은 계기의 개량이었다. 그가
폭약 제조로 처음 특허를 따낸 것은 1863년 10월 14일 이었다. 이
것은 흑색 화약과 니트로글리세린을 섞은 혼합 화약에 대한 특허였
고, 다음 해인 1864년 5월 5일에는 획기적인 '노벨 이그나이트'로
특허를 따냈다.

노벨이 '다이너마이트'로 최초의 특허를 따낸 것은 1867년 5월 7
일이었다. 먼저 영국에서 특허를 얻은 뒤에. 같은 해 5월 19일에
스웨덴에서도 특허를 따냈다. 이 단계에서는 규조토에 액체 상태의
니트로글리세린을 흡수시킨 규조토 다이나마이트였다. 그러나 충분
한 폭발력을 미쳐 얻지 못했기 때문에 다시 연구를 거듭하여 1875
년에는 폭발성 젤라친의 원리를 발견하고 동시에 화약 '바리스타이
트'를 생각해 냈다. 1887년부터 88년에 걸쳐 노벨은 무연화약으로
몇 가지 특허를 더 따냈다.

다이너마이트의 출현이 세계에 미친 영향은 셀 수 없을 만큼 매
우 크다. 이 발명이 없었다면, 예를 들어 파나마 운하의 개통이 어
떻게 되었을 지 궁금하다. 이것이 세계의 건설업과 산업에 미친 영
향과 그 위대한 공적은 아무리 높이 평가한다 해도 지나치지 않다.
한편 당시 유럽 열강이 군비확장에 열중했던 시기이기도 하였다.
다이너마이트로부터 바리스타이트에 걸친 폭약의 발명, 그리고 기
폭 기술의 개발 등 노벨의 일련의 발명이나 기술 개발은 군사기술
을 한층 높여 주었다. 그러므로 그의 연구는 군사 목적을 의식한
혁신적인 기술로도 볼 수 있다.

이처럼 노벨은 일련의 발명과 특허에 의해서 막대한 재산을 만
들었다. 20개국에 걸쳐 80개 사의 다국적 기업을 탄생시켰다. 1896
년 그가 죽었을 때, 앞서 말한 금액 상당의 유산을 각지에 남겼다.
이에 관련하여 생전에 노벨이 쌓은 계보를 이어받아 사업은 지금까

지 각지에서 뛰어난 경영을 계속하고 있다.

노벨상의 제정과 그 장애물

1895년 11월 27일 자로 유언이 공개되었을 때에 큰 문제가 발생하였다. 노벨의 친척이 받는 액수가 너무 적었기 때문에 유언의 무효를 주장하는 소송이 일어났다. 그러나 유언에서 지명된 두 사람의 유언 집행자에 의해서 잘 처리되었다. 그 사람은 라이나르 솔먼과 리에구이스였다. 두 사람 모두 만년에 노벨과 일을 같이 한 충실한 친구였다. 리에구이스는 노벨과 친한 사이는 아니었지만, 노벨은 이 사람의 국제감각을 높이 평가하고 그의 인격을 신뢰하였다. 또한 솔먼의 헌신적이고 초인적인 활동이 없었더라면 노벨의 유언은 본의와 다르게 처리되었을 것이고, 노벨상 성립에 위험을 가져왔을 지도 모른다. 결과적으로 솔먼은 노벨 재단의 역사에 그의 이름을 남겼다. 그는 1929년부터 46년까지 노벨 재단 전무이사로 근무하였다.

두 사람은 노벨상 제정의 장애물을 하나씩 해결하고, 왕립아카데미를 시작으로 수상 예정 기관에 유언의 취지를 전하였다. 그리고 수상의 업무를 인수받도록 의뢰한 것은 1897년 3월 24일이었다. 그러나 의외로 관계 기관의 반응은 여러 가지 이유에서 그 다지 적극적이 아니었음에도 불구하고 그들은 노벨의 유산이 있는 여러 나라를 순방하고 유언을 집행하는데 분주하였다. 특히 걸림돌이 되었던 친척과도 친밀한 교섭을 거듭하여 굳어진 상황을 하나씩 풀어 나갔다.

그 결과 1898년 초기에 비로소 희망이 엿 보였다. 왕립 아카데미는 노벨의 유언의 취지를 깊이 이해하고 새로운 상의 운영에 협력할 것을 선언하였다. 유족과의 화해도 최종적으로 마무리되었고, 평화상 문제도 노르웨이와 완전히 타결되었다.

드디어 1899년 6월 29일자 칙령으로, 노벨 재단 규약이 정해지고 정식으로 '노벨 재단'이 창설되었다. 노벨이 남긴 유산의 90%가 기금으로 적립되었다. 이제 이 재단은 기금의 유일한 합법적인 소유자가 되었다. 같은 해 9월 25일, 노벨 재단 최초의 이사회가 개최되고 노벨 5주기를 기리며 기념하는 사이에 노벨상 제1회 수상식이 화려하게 개막되었다.

5개 분야의 노벨상 설정의 배경

노벨은 어째서 5개 분야에 걸쳐 상을 구상하였는가. 물리학과 화학은 노벨 자신의 전문 분야이므로 곧 납득할 수 있다. 그는 자기 자신의 연구를 항상 자랑스럽게 생각하고 있었다.

생리학 및 의학은 노벨이 카로링스카 연구소의 요한슨 교수의 감화를 받았기 때문이라는 통설이 있다. 그는 생전에 어머니 이름으로 된 '안드리에타 노벨 기금'으로 5만 크로네를 이 연구소에 기부한 일이 있었다. 사실상 '생리학 및 의학'의 영역이라는 표현도 요한슨의 조언에 바탕하고 있다. 또한 그가 다이너마이트나 화약의 발명 과정에서 여러 실험으로 인명 피해를 자아낸 경험이나, 만년에 몇 가지 질병으로 고생한 자신의 체험에 비추어 볼 때, 노벨이 의학의 중요성을 크게 의식한 때문이라고 생각해도 이상할 것이 없다.

문학상을 설정한 이유도 그 자신의 취미에 비추어 볼 때, 이해가 간다. 그는 청년 시절부터 문학에 취미가 있었다. 그의 서재는 시인들의 작품집으로 가득하였다. 그는 단순히 취미를 넘어서 스스로 시나 소설을 썼다.

끝으로 평화상을 설정한 배경도 확실하다. 그의 평화에 대한 관심은 인생 초기에 쉐리의 시를 가까이 했고 그의 영향을 받은 데서 부터 시작한다. 특히 오스트리아의 평화운동가 베르타 폰 수트너와 의 오래고도 친밀한 교제가 노벨에게 평화 문제를 이론적으로 생각 하게 하는 기회가 되었다는 것은 잘 알려진 사실이다. 수트너와의 편지 속에서 노벨은 매우 명석하게 자신의 평화관을 기술하였다. 그가 만년에 평화문제를 진솔하게 생각했던 것을 엿볼 수 있다. 그 가 평화상을 창설할 뜻을 보인 것은 1893년 1월 무렵이었다.

또한 군수산업과 관련된 노벨에게 평화의 문제는 시종 그의 잠 재의식 속에 남아 있었다. 때때로 그는 자신이 만든 강렬한 폭약이 야말로 평화의 조건이라는 식의 일종의 억지 이론을 생각하였다. 또한 국제연맹으로 연결되는 국가간 연합의 구상도 생각하고 있었 다. 어쨌든 노벨의 개인적 사상을 상세히 분석해 보면, 노벨상 중에 서 평화상이 각별하게 중요한 위치를 차지하고 있다.

노벨상의 권위

노벨상의 정신을 담은 다섯 분야의 노벨상은 1901년부터 수상되 었다. 이 상은 순식간에 권위 있는 상으로서 국제적으로 인정받았 다. 세계의 학계가 인정하는데는 5~6년이 걸렸다. 1906년과 1907 년 무렵부터 노벨상의 권위는 결정적이었다. 이 상이 권위 있는 상 으로 발돋음한 것에 관해서는 네 가지 이유를 들 수 있다.

첫째, 상금 액이 1901년 당시로서는 파격적이었다는 점이다. 첫 해의 상금은 15만 크로네였는데, 이것은 당시 대학교수의 급여와 비교할 때 연 수입의 약 25배에 상당하는 금액이었다. 당시에 상금 이 붙은 학술상으로서는 '럼퍼드 메달' 등이 있었는데, 노벨상의 상 금 액과 비교해 보면 70분지 1정도였다. 따라서 세계적으로 화제가 된 것은 당연하다.

둘째, 노벨상이 세계 최초의 국제 상으로서 발족한 점이다. 이미 기술한 바와 같이 그의 유언 속에 "후보자의 국적은 일체 고려하지 않으며, 스칸디나비아 사람이든 아니든"하는 노벨상에 대한 국제적 성격이 명시되어 있는 점이다. 따라서 첫 해부터 유럽 여러 국가와 미국의 학자, 지식인에게 후보자의 추천을 넓게 의뢰하였다. 이것은 당시로서는 획기적인 일이었다. 국제적으로 후보자의 추천을 요구하고, 선발 수속까지 국제화한 방법 자체가 당시의 학계의 상식으로 보면 매우 신선한 비약이었다. 당시 이미 영국이나 프랑스에 학술상이 있었지만, 각각 자기 나라의 연구자에게만 수여하는 상이었다. 그러므로 학술상은 항상 국내적으로 처리된다는 인식이 팽배하고 있었다.

셋째, 선발 과정의 시스템이 획기적인 형태로 구상되어 있는 점이다. 선발은 전문위원에 의해서 엄격하게 행사되고, 사무원까지 합쳐서 200명이 1년 동안에 노벨상의 운영에 종사한다. 왕립 아카데미를 위시해서 권위 있는 특정연구 기관이 그 공식업무의 중심에 서서 노벨상 수상자를 선발하고 있다. 그래서 과거 100년간 거의 과오 없이 선발해온 실적이 선발의 신뢰성을 결정적으로 높혀 놓았다.

끝으로 노벨상이 중립을 지키는 북구의 작은 나라에서 시작됐다는 점이다. 노벨 재단 전무 이사인 라멜 남작은 이러한 상이 거대 국가에서 치러졌다면, 2회에 걸친 세계대전으로 계속되었을지 의문이라고 지적하고 있다. 또한 그는 "우리들처럼 작은 국가는 수여기관으로서 이상적인 무대이다. 노벨상 더하기 스웨덴, 노르웨이라는 짜임새는 절묘하고, 과거 100동안 노벨상의 세계적 명성을 지지해 왔다. 이러한 입장이 미래에서도 변하지 않고 점차 깊어지기를 바랄 뿐이다."라고 말하였다.

노벨상 수상 직후 미국으로 망명한 페르미

26세의 로마 대학 교수 페르미

제1차 세계대전 후인 1922년, 정권을 잡은 이탈리아의 무쏘리니는 파시즘 체제를 수립하였다. 이탈리아 전 국민은 이 체제가 전후 사회의 혼란을 막고 질서를 되찾는 길이라 생각했지만, 그 후에 일어날 일을 예측한 사람은 하나도 없었다.

물리학자 엔리코 페르미(Enrico Fermi, 1901~1950)는 1918년 피사 대학 부속 고등사범학교에 입학했고, 이어서 피사 대학에 진학하여 그곳에서 물리학과 수학을 전공하였다. 그리고 X선에 관한 연구로 1929년에 박사 학위를 취득하였다. 당시 그는 정치정세의 변화에 대해서는 지나칠 정도로 무관심하였다. 졸업 후 그는 이탈리아 교육부의 해외 특별연구원 자격으로 1923년 겨울에 괴팅겐 대학에 유학하여 물리학 교수인 보른의 연구실에서 연구를 계속하였다. 또한 록펠러 재단의 국제교류 위원회로부터 3개월 특별연구원 장학금을 받아 1924년 가을 네덜란드의 라이든 대학에서 연구하였다.

귀국한 페르미는 그 해 말엽에 피렌체 대학의 수학강사로 연구자로서의 인생을 시작하였다. 연구가 순조롭게 진행되어 논문을 발표할 당시, 그는 친구에게 이렇게 편지를 썼다. "나에게 교수자격 경쟁시험의 기회가 왔네. 로마 대학에 이론 물리학 교수 자리가 신설되었네" 페르미는 운 좋게 이 자리에 앉게 되었다. 이 자리는 관례로 보아서 50대 교수의 자리였는데 페르미는 당시 26세였다.

이탈리아 아카데미 회원

20대 중반에 학계의 최고봉에 올라선 페르미에게 새로운 명예가 주어졌다. 당시 무쏘리니는 린체이 아카데미 회원이 파시즘에 저항하고 있지 않을까 생각한 끝에 별도로 새로운 아카데미를 창설하도록 제의한 결과, '이탈리아 아카데미'가 새로이 탄생하였다. 회원은 대학교수 보다 많은 봉급을 받을 뿐 아니라 제복과 아울러 '각하'라는 호칭까지 받고 공식 석상에서도 항상 높은 자리에 앉도록 배려되었다. 당국이 회원의 자격기준으로 삼은 것은 직업상의 지명도가 아니라 파시즘에 대한 충성심이었다. 어쨌든 1932년 페르미는 이 아카데미 회원으로 임명되었고 파시즘의 대열에 끼게 되었다.

페르미는 이를 기뻐하였다. 그것은 사회적인 지위나 명예, 그리고 권위 때문이 아니고, 또한 파시즘체제에 공감한 것도 아니었다. 다만 자신의 경제 상황이 개선되었기 때문이었다. 그의 주변에 있던 젊은 과학도들도 당시 정부가 성의를 다해서 과학을 지원하지 않을까 하는 기대감으로 부풀어 있었다. 동료들은 페르미의 권위를 이용하여 과학자들의 새로운 일자리나 연구 조성금을 창설하도록 계획서를 제출하였다. 하지만 과학자들의 희망은 모두 사라져 버렸다.

한편 독일에서 히틀러가 정권을 장악하자 페르미와 그의 동료들은 항의하는 뜻으로 독일어로 논문을 발표하지 않고 대신 영어로 발표할 것을 추진하였다. 사회 정세에 대한 이와 같은 저항의 의사표시가 있었지만 이탈리아 아카데미에 몸담고 있었던 그들의 저항

운동은 그 이상 진전하지 못하였다. 그들은 어려운 사회여건 속에서도 연구에 몰두함으로써 고뇌로부터 탈출하려 하였다.

초우란 원소의 연구와 노벨상 수상

페르미는 노벨 물리학상 수상자로 결정되었다. 이유는 "중성자 조사에 의해서 얻어진 새로운 방사능 원소의 발견과, 느린 중성자에 의한 효율 좋은 원자 핵반응의 발견"이다. 그는 수상에 관련된 연구를 1934년부터 시작하였다. 그 계기가 되었던 것은 그 해에 발표된 이레느 퀴리(마리 퀴리의 장녀)와 그의 남편인 프레드릭 죠리오에 의한 인공 방사능의 발견때문이었다.

페르미는 충돌하는 입자로서 중성자를 생각하였다. 제자인 에밀리오 세그레(1938년에 이탈리아에서 미국으로 탈출, 반 양자를 만든 공적으로 1959년 노벨 물리학상을 받음)는 그의 저서 『엔리코 페르미전』에서 충격용 입자로서 중성자를 사용했다고 강조하였다. 중성자는 전기적으로 중성이라는 성질 때문에 비행 중에 에너지를 잃지 않으므로 충격용 입자로서는 안성맞춤이었다. 그래서 페르미는 사이클로트론과 같은 가속기를 사용할 것을 처음부터 생각하지 않았다. 이유는 두 가지였다. 하나는 전기적으로 양성인 입자를 전기적으로 양성인 원자핵에 충돌시키면 효율이 떨어진다는 점, 또 하나는 자금의 여유가 없음으로 가속기를 만드는 것을 생각조차 할 수 없었다는 점이다. 이것이 결과적으로는 그에게 행운을 몰고 왔다.

페르미는 초우란 원소에 대해서 회의적이었으므로 그것에 이름을 붙이는 것을 주저하였다. 그가 원자번호 93과 94의 원소에 '아우세니움'과 '헤스페리움'이라고 임시로 이름을 붙인 것은 노벨상 수상 강연장에서였다. 그러나 우습게도 이 무렵 베를린에서 독일의 물리학자 오토 한의 실험으로 페르미의 '초우란 원소'의 환상이 깨어졌다. 그의 연구팀은 우라늄에 중성자를 충돌시킬 때 생기는 원소는 초우란 원소가 아니라 원자번호 56번인 바리움(Ba)이라는 사실을 실험 결과로 확인하였다(핵분열). 페르미는 이 사실을 미국에 도착한 뒤에서야 알았다.

오토 한의 연구로 페르미의 노벨상 수상 이유의 절반, 즉 새로운 방사성원소인 '초우란 원소'의 발견은 잘못된 결과였다. 이것은 노벨상 심사가 잘못되었다는 의미에서 중대한 사건이었다. 그러나 오토 한은 페르미 팀의 실험을 추가로 실시함으로써 사건은 해결되고 소동을 빚을 필요가 없어졌다.

무솔리니와 페르미 연구팀

1934년 말기에 이탈리아는 이티오피아와 협상이 결렬되자 1935년 전쟁을 시작하였다. 원래 이탈리아는 독일과 적대적이었으나 이티오피아 문제를 계기로 독일과의 관계가 호전되었다. 그리고 1936년 10월에 독일-이탈리아 체제가 성립되었다. 이러한 상황 속에서 이티오피아의 전쟁으로 이탈리아 국내는 암울한 분위기였고 페르미 팀의 연구도 1935년 여름휴가 이후 점차 침체에 빠졌다.

히틀러의 유태인 추방정책은 너무도 유명하지만, 그 영향이 이탈리아까지 파급된 것은 1938년 7월에 들어서면서부터였다. 그 때문에 수개월 전인 3월에 히틀러를 피해 도망쳐 로마에 온 독일 과학자는 파동방정식으로 유명한 에르윈 슈뢰딩거였다. 그는 유태인이 아니었지만 히틀러가 정권을 잡은 데 불만스러웠고, 항의의 의사표시로 베를린 대학 교수직을 버리고 오스트리아의 그라츠 대학으로 옮겼다. 하지만 1938년 3월에 독일이 오스트리아와 합병함으로써 그는 걸어서 그곳을 탈출하여 로마의 페르미에게 구원을 요청한 것이다.

한편 1938년 7월 14부터 이탈리아에서도 유태인을 외국인으로 취급하는 인종선언('라사의 선언')이 발표되었다. 이것은 이탈리아의 반 유태운동으로 9월에 제 1회 '반 유태인법'이 성립되었다. 이 때문에 연구를 위해 외국에 나갔던 이탈리아 과학자들은 예정일을 연장하고 오랫동안 그 곳에 머물렀고, 때로는 외국에 아예 정착하는 일이 많았다. 어떤 사람은 컬럼비아 대학 체류를 연장했고, 어떤 사람은 프랑스로부터 자리를 얻어 이주하였다. 어떤 사람은 대학 이외에 직장을 얻어 페르미 연구팀을 떠났다. 어떤 사람은 파레르모 대학으로 떠났다. 이제 페르미 팀은 페르미와 아말리 두 사람뿐이었다. 독재자 뭇소리니의 반유태 정책의 결과였다. 이탈리아의 국위를 선양했던 '페르미 연구팀'은 무참하게 깨진 것이다.

노벨상 수상 후 미국으로 망명

페르미는 모든 동료가 떠났는데도 잠시 이탈리아에 머물러 있었다. 한가지 이유는 부인 로러가 로마를 떠나는 것을 원치 않았기 때문이었다. 로러는 자신의 저서인 『페르미의 생애-원자력의 아버지』에서, 망명 10개월 전에 로마에 있는 넓은 아파트로 이사하여 그곳에 뿌리를 내리고 싶었다고 기술하고 있다. 이것이 페르미의 미국 행을 지연시켰을지도 모른다. 또한 이탈리아에서는 독일만큼 반 유태 감정을 느끼지 못하였다.

페르미는 공동 연구팀의 연구활동이 부진한 데다가, 부인에게 유태인 피가 흐르고 있어 신변의 안전이 위협받는 상황에 이르렀으므로 마음이 흔들리기 시작하였다. 이런 상황 속에서 페르미는 미국으로 망명할 결심을 하였다. 그는 휴가에 앞서 미국의 네 개 대학의 초청을 수락했고, 컬럼비아 대학에서 강의하기 위해 이탈리아 정부에 6개월 동안의 여행을 신청하였다. 이 준비를 서둘고 있을 무렵 노벨상 수상 통지서가 날아왔다. 노벨상은 미국 비자취득과 이탈리아 출국을 위해 적절하게 이용되었다. 노벨 재단이나 보어의 염려는 걱정에 지나지 않았다.

1938년 12월 6일, 페르미는 부인 로러와 두 아이와 함께 로마의 텔미니 정거장에서 스톡홀롬 행 밤 기차에 올랐다. 출국 이유는 그 해 노벨 물리학상을 받은 후, 6개월 동안 뉴욕 컬럼비아 대학에서 객원교수로서 활동하는데 있었다. 하지만 실제로는 페르미 일가의 망명이었고, 그들이 다시 돌아오지 않는 다는 사실을 알고 있던 사람은 몇몇 뿐이었다.

페르미는 스톡홀름에서 노벨이 죽은 날인 12월 10일에 노벨상을 받은 뒤, 가족과 함께 크리스마스 전날에 영국의 사우선프톤을 거쳐 뉴욕으로 출발하였다. 그들이 도착한 날은 다음 해 1월 2일이었다. 그의 망명 기사가 발표될 무렵에 페르미 일행은 이미 미국으로 향하는 배 위에 있었다. 페르미 자신은 유태계가 아니었음에도 불구하고 파시스트 정부의 관리하에 있던 이탈리아의 신문은 그의 노벨상 수상에 관한 기사를 거의 게재하지 않았다.

히틀러 정권의 압력을 받고 같은 해 노벨 화학상을 받은 독일의 리히야르트 쿤은 수상을 거부했고, 그 후 오토 한(1944년 노벨 화학상)마저 계속 수상을 거부하였다. 그것은 독일의 강제 수용소 안에 있는 사람에게 노벨 평화상을 수여한데 대한 히틀러 정권의 분노 때문이었다. 정식으로 노벨상을 받은 것은 제2차 세계대전이 끝난 뒤부터였다. 이러한 염려 때문에 덴마크의 물리학자 닐스 보어는 페르미의 수상이 정식으로 결정되기 전에 이례적이지만 페르미에 대한 수상 여부를 미리 타진해 보았던 것이다. 그것은 수상을 둘러싸고 어떤 문제가 생기지 않을까, 또한 상을 받을 수 있을지의 여부를 미리 알기 위함이었다고 한다.

맨해튼 계획에 참여

미국은 원폭개발 계획인 '맨해튼 계획'을 수립하였다. 우선 연쇄반응을 일으킬 구조물('시카고 파일'-원자로 제1호)을 시험하고 제작하는 단계에 이르렀을 때, 페르미는 이 구조물 건설의 책임자로 임명되었다. 미국 정부의 결단은 대단하였다. 왜냐하면 진주만 사건 이후 페르미는 적성국가 국민(1945년까지 시민권을 얻지 못하였다)인데도 그 임명 절차에서 별문제가 되지 않았다.

우라늄과 산화우라늄을 석묵(감속제)의 덩어리와 조합하여 쌓아올리고, 그 안에 중성자를 흡수하고 핵분열을 조절하는 '카드늄 막대'를 꽂아 놓았다. 이렇게 해서 핵분열 실험의 준비가 끝났다. 1942년 12월 2일 3시 45분, 시카고 대학 운동장 한 구석에서는 운명의 순간이 기다리고 있었다. 카드늄 막대를 서서히 뽑아 올리자 느린 중성자가 우라늄 원자에 충돌하자 연쇄반응이 일어나고 얼마 후 에너지가 지속적으로 방출되었다. 소위 '원자력 시대'의 막이 열리었다. 이것은 물리학자 콤프톤이 관계자에게 보낸 비밀 전보의 한 구절로, "이탈리아의 항해자가 신세계에 들어갔다. 원주민의 반응은 매우 좋았다"고 표현하였다. 사실상 페르미는 4세기 반전에 같은 나라 사람 컬럼부스의 공적과 같은 놀라운 일을 해냈다. 아니 그 보다 훨씬 큰 일을 해낸 것이다.

이 실험에 참여했던 헝거리 출신으로 미국에 망명한 레오 질러드는 그의 자서전에서 그때를 이렇게 회상하고 있다. "페르미와 나는 실험 마지막까지 남아 있었다. 나는 페르미와 굳게 악수를 하였다. 그리고 이 날은 인류의 역사에서 암흑의 날로 후세에 남게 될 것으로 생각한다."

예언은 적중하였다. 겨우 2년 반 뒤에 이 핵분열 반응의 응용으로 강력한 핵무기가 출현했고, 일본의 두 도시를 철저하게 파괴하

면서 놀랄 만한 수의 인명을 앗아갔다. 그리고 제2차 세계대전은
끝났다. 이제 미국은 '원폭 독점' 국가가 되었다. 그러나 4년 후에
옛 소련의 구루차토프의 지도하에 원폭이 만들어짐으로써 미국의
핵 독점이 깨지고 핵전쟁의 공포가 날로 늘어나 인류는 핵무기의
위협 속에 갇혀 살게 되었다.

그후 페르미는 미국의 물리학자 에드워드 텔러가 원자폭탄 보다
더욱 무서운 수소 폭탄을 실험하는 장면을 지켜보았다. 페르미는
일본에 대한 원폭의 투하를 찬성했지만 수소 폭탄의 개발에는 적극
반대하였다.

1945년 페르미는 원자핵 연구소의 교수가 되었다가 1954년에 암
으로 사망하였다. 이듬해 인공적으로 만들어진 원자번호 100번의
새로운 원소를 '페르미니움'이라 명명하였다.

핵 군비축소를 강조한 망명과학자 레오 질러드

망명 과학자

헝거리계 미국의 과학자인 레오 질러드(Leo Szilard, 1898~1964)는 1922년 베를린 대학에서 학위를 받고 모교에서 교수로 재직하였다. 그러나 히틀러가 정권을 잡자 그는 유태인 피가 섞여 있었으므로 곧 독일을 떠나 영국으로 건너갔다. 영국에 체류하는 사이에 그는 핵물리학을 연구하였다.

1933년 9월 어느 날, 질러드가 런던의 대박물관 근처의 사잔프톤 거리를 거닐 때였다. 그때 그의 머리 속에 선명하게 그려진 것은 언젠가 거대한 폭발 에너지를 발생할 가능성을 감추고 있는 원자핵의 연쇄반응이었다. 그의 착상은 핵분열이 발견되기 5년 전이었고, 원자핵의 연쇄반응이 처음으로 성공하기 9년 전의 일이었다. 그리고 원폭이 처음으로 투하되기 12년 전의 일이었다.

일찍이 독일에서 영국으로 망명해 온 질러드는 그의 아이디어가 독일에게 눈치채지 않도록 하기 위해 영국 해군성에 특허권을 양도하여 비밀을 지키고 있었다. 한편 1938년 독일의 물리학자 오토 한과 프리츠 슈트러스먼이 우라늄의 핵분열에 관한 연구를 하고 있었으므로, 질러드는 독일 과학자가 이미 원폭의 연구에 착수하고 있지 않을까 생각한 나머지, 루즈벨트 대통령에게 이에 관한 편지의 문안을 준비하였다.(아이슈타인이 루즈벨트 대통령에게 보낸 편지) 그것은 독일의 핵무기 개발 가능성과 그 문제의 심각성을 대통령에게 알리는 데 있었다.

질러드와 함께 헝가리에서 교육을 받은 이론 물리학자 비그너는, 만일 원폭 개발계획이 아이디어만으로 실현될 수 있었다면, 질러드는 혼자서 실현할 수 있을 만큼 대단한 창조력을 지닌 사람이라고 최고의 찬사를 보냈다.

질러드는 사람을 웃기거나 화를 내게 하는 재주를 지니고 있었다. 그의 자극적이고 도발적인 태도에 군부의 유력자나 과학계의 친구들의 반응은 항상 어리둥절하였다. 때로는 다른 사람들에게 지나친 충고를 하기 때문에 제2차 세계대전 중 맨해튼계획을 이끌었던 그로브스 장군 등은 한때 그를 위험한 인물로 판단하고 투옥시키려고 할 정도였다. 그러나 그로브스의 이러한 계획은 육군 장관인 헨리 스팀슨에 의해 저지되었다.

전쟁이 끝날 무렵인 1945년, 질러드는 미국이 원폭을 만들 경우 옛 소련과 격렬한 핵 군비 확장경쟁이 일어날 것이라고 말하면서, 일본에 대한 원폭 사용을 공공연하게 반대하고 나섰다. 그는 미국의 전후 정책방향에 관해 언급함으로써 군부나 정부 당국을 매우 화나게 만들었다.

열렬한 평화주의자

미국의 원폭 실험장이 있는 아라모고도에 간 질러드는 미국의 트리니티 핵실험 이전에도 핵 물질을 모두 국제관리 하에 두자고 워싱턴에 청원한 일이 있었고, 세계대전이 끝난 직후에도, 그는 18년 동안 핵무기가 완전히 관리되는 세계를 만들기 위해 활동을 지속하였다. 원래 그는 쉴지 모르는 사람이지만 명랑하고 무엇인가 인류의 생존 조건을 변화시켜 보려고 노력한 사람이다. 그는 이상주의자로서 평화를 위해 활동했던 한 개인의 압력단체와 같았다. 만년에 질러드는 기회가 있을 때마다 세계정부, 전면군축, 군비관리와 같은 개념을 지지하였다. 실용주의자인 그는 일을 할 때마다 해결책을 내놓았다. 그 중에는 제한 핵전쟁이나 핵에 의한 도시의 상호파괴의 공식화가 들어 있다.

1950년대의 냉전시대에 질러드는 사회주의 진영과 서방측의 지도적인 과학자와 함께 핵무기가 가져오는 문제의 해결을 위해 '퍼그워시 운동'을 도우며 발전시켜 나갔다. 이 회의는 미국의 실업가인 사이더스 이튼의 재정적인 원조를 받아 그의 여름별장이 있는 캐나다의 한 동네인 퍼그워시라는 이름에서 유래된 것으로 1957년부터 시작되었다. 그는 줄곧 퍼그워시 운동의 헌신적인 회원으로 옛 소련과 서방측 과학자와 비공식 회합을 자주 열었고, 또한 보다 공개된 의견을 교환하는 것만이 세계의 평화를 위하는 길이라고 생각하였다.

질러드는 매우 높은 이상을 지니고 있었다. 조금 후에 기술하겠지만, 그는 1960년대 초에 옛 소련의 후르시초프 서기장과 직접 교섭할 것을 결심하였다. 당시 그는 크레믈린과 백악관 사이에 비상직통전화를 개설할 것과, '살기 좋은 세계를 만드는 협의회'를 설립할 것을 주장하였다. 또한, 핵 군비확장에 반대하는 로비활동을 펴는 한편, 그 목적을 지지하는 정치가들을 후원하였다.

기발한 아이디어 맨

질러드의 계획은 모두가 지적, 특히 자연과학적 엘리트주의라는 좋은 점을 지니고 있다. 그가 몇 번이고 되풀이해서 생각해낸 것은,

가장 총명한 사람들의 그룹을 만든 다음, 국가를 군비 경쟁에서 제외시키고 안정된 핵 균형상태를 유도하는 일을 그들에게 맡기는 일이었다. 과학자란 탁월한 지식인으로서 객관성을 지니고 문제를 파악할 수 있는 능력을 가지고 있으므로 높이 평가받을 수 있고, 동시에 자기 자신도 우수한 과학자의 한 사람이라고 믿고 있었다.

1939년 컬럼비아 대학 연구실에서 활동하고 있을 때에, 형광을 내쏘는 라듐처럼, 질러드는 새로운 많은 생각을 내놓았다. 그는 초기의 정보이론에 공헌했고 아인슈타인과 함께 액체금속 펌프를 사용한 냉장고를 설계하였다(후에 고속 증식로에서 같은 종류의 펌프가 사용됨). 놀랍게도 질러드는 사이클로트론이나 전자현미경을 생각해낸 최초의 사람이었다. 만일 그가 자신의 발명을 위해 한 곳에만 힘을 모았다면, 오늘날 그를 '20세기의 에디슨'이라 불렀을 것이라고, 노벨상 수상자이자 질러드의 오랜 친구인 헝가리의 물리학자 거보는 말하였다.

과학 연구에서 질러드는 불행하였다. 그는 단지 29편의 논문을 발표한 데 불과하였다. 그것은 오늘날 미국의 주요 대학의 종신 교수직을 취득하려는 조교수의 수준에도 미치지 못하였다. 그러나 그는 자신의 아이디어를 사람들에게 거침없이 나누어주었다. 마치 마우리족의 추장이 자신의 처를 그렇게 하듯이 라고 그의 친구가 말한 적이 있다.

질러드는 스스로를 가리켜 '아이디어 맨'이라고 불렀지만, 그 아이디어를 완성할 때까지 밀어붙이는 책임은 지지 않았다. 그는 다른 사람이 어떤 과제를 연구하기 시작한 것을 알게되면 자신의 생각을 버리기 일쑤였다. 어느 친구는 질러드를 냉장고에 잠자게 해둔 다음, 큰 아이디어가 필요할 때에 그를 꺼내어 쓰는 것이 좋다고 농담을 하였다. 또한 친구이자 노벨 물리학상 수상자인 위그너는 질러드를 가리켜 "내가 알고 있는 한 가장 착상이 풍부한 사람"

이라고 불렀고, 동시에 "그만큼 시대의 평가를 받은 사람도 없다"
고 말하였다.

질러드는 합리성에 확고한 신념을 두고 있었다. 그는 감정을 부
정하고 열정을 믿지 않으며, 국민성의 여러 요소인 습관이나 행동
양식의 대부분을 무시하였다. 아인슈타인은 1930년 당시 32세의 질
러드를 가리켜 "그는 인생에서 이성의 역할을 지나치게 평가하였
다"고 말하였다.

핵전쟁과 '가이드 라인'의 구상

1960년 5월 페르미는 위그너와 함께 각각 37,500달러의 상금이
딸린 '원자력 평화상'을 받았다. 두 사람은 옛 소련의 위협과 핵무
기 증강의 필요성에 관해서 오랫동안 의견을 달리했음에도 불구하
고, 핵실험 금지조약에 대해서는 의견을 같이하였다. 이에 공감한
질러드는 사찰 방법으로서 세계의 원자력 관련 과학자들을 한 자리
에 모아 놓고 탐지방법을 연구시키고, 위반 사실이 발견될 때는 1
백만 달러의 벌금을 물려야 한다는 것이다.

질러드는 1960년 초기까지 몇 번 고쳐 쓴 뒤, 『핵 폭탄과 함께
살아가려면』의 초기 구상을 수립하였다. 이것은 그의 구상을 가장
잘 묘사한 작품으로서 선견지명, 희망, 비관, 과도한 이성이 어우러
져 대단한 호기심을 불러 일으켰다. 그는 핵 시대의 상황 속에서
필요할 것으로 예견되는 몇 가지 규칙을 묘사하였다.

질러드는 한 가지 해결책으로 각 국가마다 '허용되는 위협'을 분
명히 예견하고, 핵전쟁을 제한하기 위한 '가이드 라인'을 정할 것을
요구하였다. 그는 그 시대의 많은 전략가들과 마찬가지로, 각 국가
의 지도자들은 위기를 맞이했을 때에 당황하지 말고 우발적인 사고
가 일어나지 않도록 해야 하며, 특히 통신망을 파괴하지 않도록 하

는 것을 전제하였다.

질러드는 이 작품의 내용을 『돌고래 방송』에서도 담고 있다. 이 이야기는 군비의 무용, 탄도탄 요격 미사일 방어시스템의 위험성, 핵 위협을 제한하고 동등손상(1도시 대 1도시)의 범위를 정하여 보복을 제한할 필요성, 동맹의 책임, 그리고 국가가 군비관리나 군축협상을 속이지 않도록 하는 여러 보조수단 등을 특히 강조하였다.

그 당시 질러드의 제안 속에는 매우 대담한 것이 들어 있었다. 예를 들면 탄도탄 요격 미사일 시스템(ABM)에 대한 위험성의 인식, 핵 군비 확장경쟁의 해결책이 없는데 대한 위험성의 예고, 이동식 대륙간 탄도탄 사용의 예측, 압도적인 대항 공격력의 보류 등 불안정 유발요인을 지적하면서 이를 피할 것을 강조하였다. 그의 생각은 창의로 가득 차 있었지만 그만큼 실질적인 역할은 하지 못하였다.

『돌고래 방송』

1964년 질러드가 죽기 전 5년 동안에 걸쳐 그는 모든 힘을 정치활동에 쏟았다. 그는 몇 년에 걸쳐 고쳐 쓴 『핵 폭탄과 함께 살아가려면』을 완성하고 1960년에 『원자과학자 보고』라는 잡지에 이를 처음으로 실었다. 그리고 1년 후 그의 걸작품인 『돌고래 방송』을 저술하여 호평을 받았다.

질러드는 이 소설에서 각 국은 무장을 해제하고 새로운 평화를 가져오기 위한 모금을 호소하고 있다. 이것은 그의 독특한 생각으로서 몇몇 사건을 세분하여 정성을 들여 연구한 결과를 이야기하고 있다. 하지만 애매한 부분도 많이 있다. 이 이야기는 희망의 표현일 뿐이지 하나의 길잡이로서의 청사진은 아니다.

이야기는 빈에 있는 미국과 옛 소련의 생물학 연구소의 돌고래 연구로부터 시작한다. 이야기 속에 나오는 돌고래는 과학자가 노벨상을 받도록 돕고 있으며, 과학자들의 연구는 수태능력을 제한하는 가치 있는 물질의 발견으로 이어지고 있다. 이렇게 해서 연구소는 급격한 인구증가의 문제를 해결한다. 이 피임약으로 연구소는 정치적 목적을 밝히기 위해 텔레비전 프로그램 후원자가 되고, 평화공세를 방해하는 정치가들을 매수할 것도 생각한다. 이는 기발한 생각과 희망을 이야기한 것이고, 또한 비극을 교묘하게 피해 가는 이야기다.

질러드는 이러한 글을 통해서 정치가를 풍자하고 과학자에 대해 커다란 신뢰를 실어주었다. 많은 과학자들이 워싱턴 시에서 활동하고 있지만 훌륭한 일을 수행하고 있지 못한 데 대해 그는 항상 불만스럽게 생각하고 있었다. 그는 정치적인 문제가 매우 복잡하다고 하지만, 과학상의 문제, 특히 20세기 전반기에 발달한 물리학의 여러 문제만큼 심각한 것은 아니라고 단언하였다.

또한 질러드는 농담조로 엘리트주의를 완벽하게 노출시켰다. "예를 들어 민주주의에서 한 사람의 바보는 한 사람의 천재와 동등하다 할지라도, 한 발 나아가 두 사람의 바보는 한 사람의 천재보다 가치가 있는가?"라고 물었다.

이 저서에 대한 대부분의 서평은 호의적이었지만, 그 자신은 『뉴욕타임스 북 리뷰』가 서평에 참여하지 않은 것을 불만스럽게 생각하였다. 오랜 친구들은 그에게 찬사를 보냈다. 헝가리에서 태어나 질러드와 1900년대 이후 서로 사귀어온 마이클 폴라니는 "대체적으로 … 당신의 과학에 대한 공헌이 익명의 도가니 속에서 녹아버린 후에도, 당신은 이 유쾌한 상상력으로 오래 동안 사람들의 기억 속에 멈추어 있을 것이다"라고 편지를 썼다.

옛 소련 수상 후르시초프와의 면담

질러드는 이 책 덕분에 유명해지고 돈도 조금 벌었다. 그리고 그의 생각을 실현하기 위한 새로운 무대가 열리었다. 그에게 더욱 즐거웠던 일은 이 책이 옛 소련에서 러시아어로 번역된 사실이었다. 그 자신은 1960년 10월, 후르시초프와 면담하는 동안에 이 책을 통해서 후르시초프의 관심을 끌었고 그 후 이 책을 그에게 증정하였다.

후르시초프와의 면담은 옛 소련의 지도자와의 관계를 열어 보려고 했던 1959년 이후의 질러드의 꾸준한 노력의 성과였다. 그 해 9월 그는 후르시초프에게 『핵 폭탄과 함께 살아가려면』의 신간 저서를 증정하였다. 1960년 여름 세계안전보장 문제를 토의하기 위한 옛 소련 사람과 미국 사람 사이의 회담에 관해서, 질러드는 주로 과학자를 중심으로 비공식회담을 열도록 후르시초프를 설득하려고 생각하였다. 후르시초프에게 보낸 편지에 메모리얼 병원의 자신의 전화번호와 호실을 알려주고, 그 해 가을 유엔총회 회기 중에 후르시초프가 자신을 방문해 주었으면 하는 희망을 전달하였다. 이어서 "미국과 러시아와의 전쟁을 피하기 위해 무엇이 필요한지, 이 문제에 대해서 지금도 여러 가지로 생각하고 있으며, … 다시 이 문제에 관해 재미있게 들어주실 줄로 생각합니다"라고 썼다.

후르시초프의 초청으로 10월 5일, 질러드는 병원을 뛰쳐나와 그와 2시간 동안 면담하였다. 질러드의 기록을 보면, 이 만남은 두 사람에게 우호적인 것이었다. 장난을 좋아하는 질러드는 후르시초프에게 안전 면도기를 선사하면서, "전쟁이 없는 한 갈아 끼울 면도날을 앞으로 계속 보낼 것입니다"라고 약속하였다. 이에 후르시초프는 "만일 전쟁이 일어난다면 누구나 수염을 깎을 시간이 없을 것이다"라고 대답했다고 한다.

후르시초프는 질러드의 아이디어에 관해 짧은 시간이었지만 진지하게 의논하였다. 그 아이디어는 유명한 미국 시민의 군비경쟁에 관한 의견을 취합하여 작성한 원고였다. 그는 후르시초프에게 이를 보낸 다음, 코멘트를 받아 '생생하고 재미있는 책'으로 출판하면 어떨까 하고 생각하였다. 더욱 중요한 것은 질러드는 베를린 분쟁의 해결책, 미·소 시민 사이의 회합에의 초대, 미·소 사이의 핫라인의 개설계획, 지역마다 국제 경찰대의 설치에 관한 자신의 구상에 대해 이야기를 나누었다. 후르시초프와의 회견은 질러드에게 용기를 주었고 그 안에는 미·소의 협조를 강렬하게 요구하는 그의 바램이 들어 있었다.

"지혜를 살 사람을 찾아" 워싱턴으로

1961년에 존 에프 케네디 행정부가 들어섰다. 질러드의 장난기 섞인 표현을 빌리자면, "지혜를 살 사람을 찾아" 워싱턴 시로 갔다. 그는 듀퐁 프라자호텔 2층 방에 부인과 함께 투숙하였다. 그의 방은 종이와 과일로 가득 차 있었다. 그는 호텔 로비에서 시간을 보내는 것이 습관이 되었다. "나는 로비에서 즐겁게 일할 수 있다.… 그러므로 지금까지 집을 갖지 못했고 지금도 그 필요성을 느끼지 않는다"고 항상 입버릇처럼 말하였다. 그는 로비에서 무엇인가를 쓰고 편지를 읽으며, 신문기자나 친구들과 만나고 전화를 걸기도 하였다.

질러드의 케네디 정부에 대한 그의 영향력은 적었다. 특히 그는 성공하지 못한 채 끝난 피그스만의 침공, 방어용 피난처의 건설운동 등의 정책에 대해 강렬하게 비판하였다. 그는 종래의 생각에 바탕을 두고서 상세한 전략을 제안하였다. 그는 비행기, 고정식 대륙간 탄도탄, 잠수함 탑재 미사일, 지상발사 이동식 미사일 등과 같은 각종 무기의 한계에 바탕을 두고 전력삭감을 측정하는 중간 단계의 필요성을 강조하였다. 그의 친구 대부분이 핵실험에 반대하고 있을 때, 그는 오히려 어떤 종류의 실험은 사람들의 공포를 감소시키고 군비 관리협정의 가능성을 증대시킬 것이라고 강조하였다. 또한 미국이 대륙간 탄도탄에서 거의 4대 1의 우위를 유지하고 있으면서도, 계속 이를 생산하는 것은 군비 관리협정 성립의 기회를 잃는 처사라고 경고하였다.

"최소한의 억지 전략"

질러드는 핵전쟁을 방지하는 방법을 계속해서 제안하였다. 그는 미사일 방어망 시스템은 결국 공격무기 시스템의 증가를 가져올 것이라고 경고하였다. 다른 사람들과 함께 그는 '최소한의 억지 전략'을 확립하도록 권고하였다. 최소한의 억지 전략이란 극단적으로 말하면, 상대국의 주요 도시 중에서 몇 개만을 파괴할 정도의 취약한 발사무기만을 인정하고, 그렇게 함으로써 어느 쪽에서나 자살행위를 의미하는 전면 핵전쟁을 불가능하게 하는 발상이었다. 이 시나리오에 의하면 미국의 핵심 도시를 파괴하는 데는 겨우 12개 정도의 옛 소련의 미사일이면 충분하고, 이에 상당하는 수의 옛 소련의 도시를 파괴하는데는 대개 40개의 미사일이 필요하다고 시사하였다.

질러드는 검증을 위해 사찰을 포함한 협정을 체결하는 것이 중요하다고 주장하였다. 옛 소련은 군비경쟁을 중지하고 안전보장을 확실하게 하기 위해서 필요하다면 사찰을 받아들여야 한다고 주장하였다. 또한 그는 군비관리를 달성하고 핵무기 확장경쟁에 종지부를 찍는 길을 생각하기 위해 가끔 옛 생각으로 돌아갔다. 그것은 '싱크 탱크'로서 기능을 할 수 있는 전문적 지식인의 작은 그룹의 결성을 생각해 낸 것이다. 이를 실현하기 위해 1961년 가을에 포드 재단과 교섭하였다. 그 목적은 정부도 참여하고 고급관리를 감화시키기 위한 '국립 펠로우 협회'를 설립하는 데 있었다. 이 계획의 실현에 즈음해서 당시 하버드 대학의 정치학 교수로서, 제한 핵전쟁의 지지자이며 이전에 뉴딜 정책의 지지자였던 조셉 라우의 후원을 요청하였다. 하지만 포드재단이 질러드의 제안을 받아들이지 않음으로써 이 계획은 사장되어 버렸다.

베를린 위기에 대한 해결의 꿈

그 무렵 질러드는 베를린 위기를 해결하려고 하였다. 1961년 8월, 옛 소련이 베를린에 장벽을 쌓음으로써 케네디가 예비군을 동원하자, 질러드는 자신을 민간사절로 옛 소련에 파견해줄 것을 백악관에 신청하였다. 그는 "비행기에 뛰어 올라타고 모스크바로 날아가 동독의 수도를 동베를린으로 옮기고, 서독은 서베를린을 자유도시로 만들어야 한다는 포괄적인 제안을 후르시초프에게 보겠다"고 하였다. "나는 1960년 10월에 이 점에 관해 후르시초프와 간신히 회담을 가졌다"고 질러드는 말하였다. 그러나 케네디 정부는 이 계획에 흥미를 보이지 않았다.

이러한 좌절에도 불구하고 질러드의 새로운 계획에 대한 정열은 식지 않았다. 1961년 봄과 가을에 하버드 대학을 위시해서 8개의 캠퍼스 강단에서, "우리들은 전쟁에 이르는 길을 걷고 있는가"라는 제목으로 강연하였다. 그는 "살기 좋은 세계를 만드는 협의회" 설립을 주장하였다. 당시 그의 이야기를 들은 사람들 중에는 그의 말에 충격을 받아 행동으로 참여한 사람도 있었다.

질러드는 많은 계획을 구상했지만, 어느 것 한 가지도 완벽하게 성사된 일이 없었다. 그는 희망과 절망으로 뒤범벅되었다. 그는 생물물리학 연구소의 솔크의 연구 회원으로서 과학자들에게 격려를 아끼지 않았다. 그러면서도 여전히 핵 폭탄을 관리하고 군축으로 향하는 길을 찾고 있었다.

질러드는 1964년 5월 30일 66세로 세상을 떠났다. 잠자는 사이에 심장발작이 일어났다. 미국의 수소폭탄 개발자인 텔러는 "나는 쉴 줄 모르는 어느 전설상의 인물, 파우스트 박사의 일을 생각하지 않을 수 없다. 그는 괴테의 비극 중에서 '최후로 나는 만족한다'고 말한 그 순간에 죽었다"라고 추도문을 읽었다.

아이디어와 패기로 가득했던 일생

질러드는 죽음에 이르기까지 평화를 위한 운동을 줄곧 벌여 왔다. 이성의 힘을 몸에 붙이고 항상 생기가 넘쳐흘렀으며, 무서운 힘과 풍부한 지혜를 바탕으로 평화운동을 전개하였다. 그는 원폭을 만들기 위해 그가 할 수 있는 모든 일을 다 했지만, 만년의 18년간은 군비관리와 군비축소, 그리고 세계평화의 연구로 세월을 보냈다. 이 과정에서 전후 미·소 사이의 대화의 창구를 열어 놓은 점에서 질러드는 보통 과학자와 다른 뛰어난 과학자였다.

하지만 실제로 핵 전략에 관한 그의 생각은 다른 사람보다 영향력이 없었다. 그것은 그가 정치권력의 중심부에 접근하여 일을 하지 않았기 때문이었다. 그런데도 국제정치를 바꾸려고 한 그의 실제적인 노력은 냉전시대의 눈을 녹이는 데 조금은 기여했을 지도 모른다.

질러드의 도덕심, 지적 대담성, 새로운 생각을 시도하고 낡은 방법을 버리는 진취적인 기상은 사람들의 마음을 흥분시켜 놓았다. 그는 창조적인 것을 좋아했고 앞을 내다볼 줄 알았다. 특히 미소관계를 개선하고 핵에 의한 절박한 위기 속에서 인류의 파멸을 구제하고자 하는 큰길을 스스로 걸어 왔다.

　맨해튼계획에서 그의 상사였던 물리학자 콤프톤은 "역사는 자네를 이렇게 평가할 것이다. 전쟁의 위험을 그대로 두지 않고, 우리 시대의 사람들이 점차 안전과 상호 신뢰를 갖도록 하는 상황으로 만들기 위해서 용감하게 일어서 활동한 사람이다"고 그를 평가하였다. 질러드는 완벽한 성공을 거두지 못했지만, 실패는 비극을 의미한다는 사실을 알고 있던 도덕적 영웅의 한 사람이었다.

　질러드의 창조적 재능과 도덕적 책임감을 간략하게 표현한 가장 기념될 만한 적절한 말은, 아마도 1961년 10월 브랜다이스 대학이 그에게 문학박사 학위를 수여할 때에 남긴 말이 아닌가 싶다.

　"원자력의 위협과 장래성을 직감한 최초의 한 사람, … 원자력 시대에 어떻게 하면 자기 자신, 그리고 자신들이 만든 것과 공존할 수 있을 가를 사람들에게 가르치기 위해 지치지 않고 활동하고 … 시대에 선행하는 예언자로서 격렬한 시대를 살아 온 사람, 시대의 질병에 쓰러진 사람이지만 그 질병의 극복을 통해 스스로 용기를 보인 사람."

3

조국의 과학계를 지킨 과학자들

독일 과학계의 지도자 막스 프랑크
독일의 원폭 개발을 저지한 하이젠베르그

독일 과학계의 지도자 막스 프랑크

교양을 두루 갖춘 소년

독일의 물리학자 막스 프랑크(Max Karl Ernest Ludwig Planck, 1858~1947)는 북부 독일의 항구도시인 킬에서 학자 및 성직자의 집안에서 태어났다. 그의 소년시절의 모습은 후에 수집된 관계자의 편지 속에서 어렴풋이 떠오르게 한다. 발트 지방의 여름 휴가 때 크로켓, 사격, 음악, 밤의 독서, 친구들과 함께 그 주간에 걸쳐 쓴 두툼한 감상문집, 오스트리아 여행, 마리(후에 결혼 상대자)와의 교제, 동 프러시아에서의 사냥, 빈의 방문 등 어떤 이야기도 헤르멘 헷세의 교양 소설에서 묘사된 소년들을 뚜렷하게 상기시킨다. 이처럼 가정이나 학교에서 다양한 교양 교육을 하는 전통은 지금 독일에서 멀어져가고 있다.

뮌헨의 막스 밀리안 김나지움 시절 프랑크의 성적은 상위권이었지만 한번도 수석을 차지한 적은 없었다. 그리고 장래의 희망을 확실히 결정하지 못하였다. 수학, 역사, 음악, 고어 등 어느 것이나 좋아하고 성실했지만 특출한 재능이나 적성을 찾지 못하였다. 그 대신 그는 목사, 학자. 법률가 집안의 출신답게 책임감이 강하고 보수적이었으며 어느 의미에서는 대기만성형이었다.

1874~75년 겨울 학기에 플랑크는 뮌헨대학 철학부에 등록하였다. 당시 프랑크의 지도교수였던 필립 폰 욜리는, 플랑크에게 열역학의 기본원리들이 모두 발견되어 이론물리학은 이제 거의 완성 상태에 도달하여 아마도 더 이상 연구할 것이 없으므로, 다른 전공을 택하는 편이 나을 것이라고 권유했다. 그러나 플랑크는 그에게 설득되지 않았다.

1878년부터 프랑크는 베를린 대학으로 옮겨 물리학자 헤르만 폰 헬름홀츠와 구스타프 키르히호프 밑에서 배웠고, 1879년 6월 "열역학 제2법칙에 관하여"라는 논문으로 뮌헨대학에서 박사학위를 받았다. 그 뒤 뮌헨대학에서 교수자격 논문심사에 통과하여 그곳에서 사강사로, 1885년에는 고향인 킬 대학 수리물리학 부교수, 1889년에는 키르히호프 후임으로 베를린 대학의 부교수가 되었다가, 마침내 1892년 베를린 대학 정교수로 자리를 잡게 되었다. 바로 이곳에서 플랑크는 자기 생애의 최대 업적인 흑체 복사의 이론을 완성하였다.

전통에 대한 공격-양자가설의 발표

프랑크는 물리학에 대한 뜻을 세웠지만 새로운 것에만 따르지 않고 내면의 요구에 따라 착실하게 연구하였다. 그는 스승이나 선배의 연구 성과를 정확하게 판단하여 연구할 것은 계속 연구하고, 불만스러운 것은 자신의 뜻대로 고쳐나가는 성향이 깊었다. 그의 이러한 성향은 인식론에서의 마하에 대한 접근과 이탈, 또 물리학 연구 방법론에서의 독일의 물리학자 볼쯔먼(통계적 연구 방법)에 대한 공격, 그리고 개종이라는 면에서도 잘 나타났다.

볼쯔만은 1906년 여름 피서지에서 자살하였다. 이 사건이 있었던 18개월 후, 프랑크는 라이든 대학에서 초청한 강연에서 오스트리아의 물리학자 마하(비 원자론자)를 강렬하게 비판하였다. 이상하리 만큼 공격적인데 대해 억측이 여러 갈래이지만, 마하를 곤경에 빠뜨림으로써 볼쯔만의 영전에 명복을 빌었다는 억측까지 나돌고 있다.

프랑크의 격렬한 공격은 독일의 물리학자 오스트발트(비 원자론자)에게도 향하였다. 핵심은 교육자로서 후배들에게 충고할 의무가 있다는 점에 두었다. 같은 주장이 그 후 마하 비판에서도 되풀이되었다. 그러나 어느 전기 작가는 이와 같은 프랑크의 행동은 그의 신변의 변화 때문이라고 해석하고 있다. 부인의 지병이나 노벨상의 도전 등으로 해석하고 있다.

1900년에 프랑크는 혁명적인 양자가설을 발표하였다. 그는 에너지를 한없이 적게 분할할 수 없다고 가정하고, 빛의 경우도 진동수에 따라서 각기 최저 단위의 에너지를 가지고 있다고 주장하였다. 물질의 경우와 마찬가지로 에너지도 '입자' 상태로 되어 있다고 말하고 이 입자를 '양자'라 불렀다. 여기서 양자 에너지는 진동수에 비례하고 이 에너지는 그 이하로 방출되지 않는다.($E = h\nu$, ν 진동수, h 프랑크 상수) 그러므로 양자론은 고전물리학 이론의 중심인 에너지의 연속성을 부정하고 에너지에도 불연속적인 기본 단위량이 있다는 사실을 밝혀냈다.

낭만파 음악과 등산의 애호가

프랑크는 낭만파 음악의 애호가였다. 여성 핵 물리학자 마이트너는 프랑크의 음악 애호를 한층 현장감 있는 필치로 썼다. 프랑크는 학생시절에 예술가 동아리에서 활동했고 극작가와 가까이 지내며 오페레터까지 썼다. 그리고 대학의 아카데미 합창단에서 부 지휘자로서 활약했고, 교회에서는 올갠을 연주하였다. 그는 학생시절 규칙적으로 피아노를 연습했고 전 생애를 통하여 피아노를 연주하면서 즐거운 휴식을 취하였다. 그는 화성학과 대위법을 배웠고 신판 헝거리 무곡을 편곡하여 매일 한 시간씩 계속해서 연주하였다. 세 손가락이 굳어버렸지만 매일 피아노 앞에서 한 때를 보냈다 한다.

프랑크가 작곡한 가곡이나 오페렛타 1편은 교수들의 사택에서 만찬회 때 연주되었다. 가끔 자택에서 아인슈타인 등과 트리오로 연주를 갖기도 하였다. 그는 친구들, 이웃 아이들, 그의 음악성을 이어 받은 쌍둥이 딸의 합창을 지휘하고 지도하였다. 이와 같은 그의 음악에 대한 애호는 기분 전환을 위한 것이 아니라 정신에 영감을 불어 넣어주는 유일한 수단이었다. 레파토리에는 모든 대 작곡가의 곡이 포함되어 있었다. 바흐보다 슈베르트나 브람스를 좋아했고 슈만을 더욱 찬미하였다.

음악과 함께 프랑크의 또 다른 취미는 등산이었다. 빈 대학에 있을 당시 음악과 티롤 등산으로 마음을 크게 달래였다. 72세 때 융프라우, 85세 때 4천 미터의 산에 올랐다. 등산에서 그는 "땀 흘리지 않고, 쉬지 않고"를 중얼거리며 걸었다고 한다.

여성 교육의 강조

김나지움 학생시절, 가끔 수학 교사를 대신해서 강의를 한 바 있는 프랑크는 '가르치는' 것, 특히 초심자를 지도하는데 희열을 느꼈다. 이 경험은 그 후 과학교육의 개혁에서 발언하는데 바탕이 되었다. 그는 긴 생애 중 대부분을 대학인으로 지냈는데도 그에게는 직접적인 제자가 그다지 많지 않았다. 소위 학파를 만들지 않았다. 물론 직접 제자 중에는 물리학자 라우에, 마이트너, 보데와 같은 뛰어난 과학자가 있다. 그가 학위 논문을 지도한 제자는 20여명인데, 그 중에서 라우에와 보데는 노벨상을 받았고, 이색적인 일로서 철학자 슈릭이 들어있다.

프랑크가 빈 대학을 떠나지 못한 까닭은 음악·등산 이외에 또한가지 이유가 있었다. 볼쯔만 문하의 여성 과학자 마이트너 때문이었지만 프랑크가 베를린에 머물게된 뒤에 그녀를 초청하여 화학연구소에서 연구하도록 하고, 1912년부터 자신의 조수로 채용하였다. 마이트너의 핵분열에 관한 연구는 사회에 대한 영향력이 너무 커서 널리 알려져 있었다. 유태계인 그녀는 나치의 박해를 견디지 못해 망명을 결심하였다.

프랑크에게 여성 문제를 질문했을 때, 그는 여성이 대학에서 배우는 권리는 일반론적으로 거부할 수 없다고 대답하였다. 그리고 몇몇 여성이 그의 강의에 출석하는 것을 허락하였다. 그것은 입센의 작품 『인형의 집』에서 묘사한 여성 노라에 대한 남성 사회의 구속의 한 장면이 프랑크의 정의감을 촉발시켰기 때문이었다. 20세기에 접어들어 여성의 교육을 인정하는 대학인의 수가 늘어갔다. 프랑크가 베를린 대학 총장직을 맡은 1913~14년에 독일의 여학생 점유율은 6%에 이르렀다.

독일 과학계의 지도자

독일의 물리학자 빈은, 프랑크가 갖가지 명예나 믿음을 상징하는 여러 위치에 있었다고 경의를 표명한 바 있는데, 실제로 갖가지 높은 명예가 동반하는 지위가 프랑크의 후반 생애를 장식하였다. 1895년 프랑크는 베를린 물리학회(1898년에 독일물리학회로 개칭)의 대표가 되었고, 이 학회가 발행하는 유력한 학술지 "물리·화학연보"를 물리학 전문지에 걸맞게 "물리학 연보"로 이름을 바꾸었다. 그리고 편집 책임자의 자리를 맡고 있었다. 이 일에서도 프랑크는 친구인 물리학자 빈(당시 남독일 뷔르쯔브르그 대학 교수)에게 협력을 요청하고 자주 연락을 취하였다. 물론 그는 공정한 편집자로서 지상에서의 무익한 논쟁을 가능한 한 피하도록 조정하였다.

그 당시는 아인슈타인의 상대론에 관련된 투고가 가장 많은 시기였다. 하지만 프랑크는 "모든 물리학적 문제는 미적 견지에서가 아니라 실험에 의해서 결정된다"는 기준을 설정함으로써, 수학적으로 증명되는 해석을 수용하지 않았고, 또한 새로운 것을 포함하고 있지 않는다는 이유로 게재를 거부하는 예가 결코 적지 않았다. 그의 이 같은 태도는 엄격한 문지기로 비유된다. 그러나 장래성이 있다고 생각되는 투고에 대해서는 격려를 아끼지 않았다.

프랑크의 요직은 1912년부터 프러시아 과학아카데미 수학·물리학 부문의 상임 간사였다. 독일 과학계에 영향력이 가장 큰 지위 중 하나인 이 간사 자리의 선거에서 20표 중 19표가 프랑크에게 던져졌다. 나머지 한 표는 물리학자 내른스트의 표였다.(자신이 찍었다는 말도 있다) 덧 붙쳐서 이 아카데미의 철학·역사학 부문의 상임 간사는 고대 과학 기술사의 대가인 딜즈였다.

간사가 된 프랑크는 아인슈타인을 아카데미 회원으로 가입시키는 운동에 앞장서 성공을 거두는 등 순조로운 출발을 하였다. 아카데미 간사는 집회·기획·재무 등에 대한 관계자를 순방하면서 지도를 받지만, 간행물 담당간사는 오히려 분주하였다. 그는 타이프라이터를 사용하지 않고 일을 처리하였다. 한가한 시간에는 호화로운 의자가 있는 방에서 학문과 정치를 이야기하였다. 프랑크는 항상 이성적이었다.

전시 체제에 협력

제 1차 세계 대전 전날 밤이었다. 독일이 전시 체제로 접어들면서 프랑크는 대학 총장이 되었다. 그리고 병역 의무를 가진 두 아들의 아버지였다. 조국을 사랑하는 마음 때문에 그는 어떤 호소에도 동참하였다. 그 호소문은 문화인 등의 이름을 빌려 독일군의 침략을 미화하는 문서였다. 당국은 프랑크를 위시한 많은 학자·예술가가 호소문의 내용을 보지 않고 동의할 예정자를 지명하고 서명하도록 강요하였다. 그러나 프랑크는 곧 바로 후회하였다.

그러나 독일 민족 통일을 위해 자신이 편승했다는 신념이 그를 위로했고 공인으로서 절도 있는 태도를 관철시켰다. 보다 소박한 국쇄주의자였던 친구 빈은 영국 학계에 대한 강경한 절연장을 준비했고, 솜머펠드, 스타르크를 비롯한 16명의 물리학자의 동의와 서명을 요구하였다. 하지만 프랑크는 빈의 유혹을 물리치고 오히려 독일에 머물러 있던 네덜란드의 로렌츠에 접근하면서 온건한 태도를 요구하였다. 로렌츠 앞으로 보낼 공개 서한이 신중하게 작성되고 그 복사본이 여러 국가의 학자들에게 보내졌다. 대외의 반응은 복잡했지만 보수개혁 세력이 점차 힘을 얻어 1918년 가을, 카이저는 퇴위하고 종전되었다.

이렇게 해서 프랑크는 자신도 모르게 정치와 외교의 장에 몸을 던지게 되었다. 그를 가리켜 "독일 과학의 스폰서로서의 막스 프랑크"라 불렀다. 그는 정치·외교의 장에서 강직했기 때문에 많은 역경과 대결하지 않으면 안되었다.

불행 속에서

전쟁이 일어나자 부인 마리가 병마에 시달리다 세상을 떠나고, 남은 다섯 가족에게 비극이 몰아 닥쳐왔다. 두 아들이 전선에 나갔고 쌍둥이 딸은 적십자에서 일하였다. 차남 에르윈은 프랑스군의 포로가 되어 오랜 동안 고초를 겪었고, 장남 칼은 부상의 악화로 목숨을 잃었다. 칼은 전부터 정서불안 때문에 아버지 프랑크의 걱정 꺼리었다. 그러나 젊은 생명이 사라질 것을 알고 있던 아버지 프랑크는 가까운 친구들에게 구구절절 하소연하였다. "전쟁이 없었다면 자식의 진가를 마음에 두지 않았을 것입니다. 지금 나는 비로소 대단한 것을 잃었다는 생각을 해냈습니다."

불행은 다시 계속되었다. 딸 그레티는 전쟁 말기에 출산을 하고 일주일 후에 죽었고. 쌍둥이 자매인 엠머가 유아를 데려다 길렀다. 전후에 엠머는 그레티의 남편과 결혼했지만 아이를 낳은 후에 죽었다. 그 직후 프랑크를 만난 아인슈타인은 "눈물을 참을 수 없었다. 그는 대단히 기고만장했지만, 한탄의 정이 그를 불행으로 몰아 넣은 것은 분명하다"고 물리학자 보른에게 편지를 보냈다. 할아버지가 된 프랑크는 손녀들(각기 어머니의 이름을 따서 크레티, 엠머라고 불렀다)을 키우는 재미로 위안을 받았다. 후에 엠머는 음악을 전공했고 크레타는 여의사가 되었다.

노벨상 수상의 영광

학계의 대변인이며 대부인 프랑크가 숱한 불행에 파묻혀 있을 무렵, 친구들은 그의 업적을 기리는 준비를 시작하였다. 1918년 독일 물리학회는 회장 아인슈타인의 도움으로 프랑크 탄신 60주년 기념 책자를 만들었다. 이러한 행사 때문에 촉발되었는지 모르지만, 양자론을 빼놓은 물리학은 이제 생각할 수 없게 되었고 프랑크에게 노벨 물리학상을 수여하지 않는 한 양자 물리학 이외의 다른 업적에 대해서는 노벨상을 줄 수 없다는 사태까지 벌어졌다. 한편 프랑크가 착상한 양자론은 시종 일관한 이론이 아니라는 소극론도 나왔다. 노벨상 위원회는 소극론을 무시하고 미결정된 1918년의 노벨 물리학상을 프랑크에게 주었다. 수상 이유는 "양자론에 의한 물리학의 진보에 대한 공헌"이었다.

제1차 세계대전 후 경제불안은 사람들의 생활을 위협하였다. 프

랑크도 예외는 아니었다. 아카데미 일로 여행 도중 마르크 화폐의
가치 하락으로 호텔비가 모자라 65세의 몸으로 역구내에서 하루 밤
을 지새기도 하였다.

1911년 카이저 빌헤름 협회와 프랑크의 인연은 1916년의 평의원
취임 이후부터 이미 오랜 세월을 이어 왔지만 1930년 7월 총재의
중책이 그에게 주어졌다. 한편 그가 이끌어온 베를린 대학 이론물
리연구실을 수제자 라우에게 물려주었다. 학부의 후임자가 된 슈뢰
딩거의 부임이 늦어진 탓으로 프랑크의 강의는 1930년말까지, 대학
행정에 대한 참여는 1932년까지 지속되었다. 그는 물리학회의 일이
나 연보의 편집 이외에 독일 박물관(뮌헨) 창설준비의 책임을 맡았
다.

1929년에 프랑크의 학위취득 50년 기념행사가 거행되었다. 물론
피아노나 등산의 즐거움은 여전했지만, 빈번하게 여러 공적인 회합
에 참석하였다. 대학과 연구회의 참가를 비롯하여 국내외 여러 곳
에서 강연하는 등 매우 분주하였다. 하지만 그의 일상생활은 시계
처럼 정확하였다. 재혼한 마르가는 사교에 능숙하여 남편과 요인들
을 접대하는데 큰 힘이 되었다.

한편 독일의 과학과 산업이 바로 잡혀지자 국립연구소의 모습이
바꾸어지기 시작하였다. 거대화된 산업은 응용연구에 대한 요구를
자주 호소해 왔다. 프랑크와 빈은 제국 물리공학연구소가 공공의
기준을 설정하기 위해서 지나치게 편중되어 있었고 또한 학문상의
우위를 잃었다고 판단하는 한편, 카이저 빌헬름 협회 산하의 연구
활동의 급속한 전개와 확대를 서둘렀다. 그는 정부에서 뿐만이 아
니라 기업이나 개인으로부터도 기금을 모금하기 시작하였다.

이와 같은 일 때문에 프랑크의 피로가 겹쳤지만 항상 성실하게
대응했고, 국제 학술교류에 대한 배려도 아낌없이 쏟았다. 그는 와
이마르 시대, 독일 물리학의 대변자임을 넘어서 독일 과학계의 원

로가 되었다. 제2차 세계대전이 끝나자 황폐한 '카이저 빌헤름 연구소'를 개편하고 1948년 그 이름을 "막스 프랑크 연구소"로 고쳤다. 오늘날 이 연구소는 독일의 과학과 그 응용 연구를 총체적으로 맡고 있는 대규모 기관으로 이미 발 돋음 하였다.

프랑크와 히틀러의 면담

1910년대 말기부터 정치에 관여하기 시작한 히틀러는 1923년의 봉기에 실패한 후, 1925년부터 합법적인, 그러나 과격한 활동을 반복하여 1933년에 정권을 손에 넣고 제 3제국의 수립을 선언하였다. 프랑크는 히틀러의 유태인 추방정책을 이미 알고 있었다. 그 결과 아인슈타인을 위시하여 물리학자 슈뢰딩거, 보른, 화학자 하버 등 20명의 노벨상 수상자가 독일에서 설 땅을 잃어버렸다. 여성 과학자 마이트너도 유태계였으므로 프랑크가 모처럼 마련한 베를린대학에서의 지위를 포기해야만 했고, 결국 그녀는 스웨덴으로 망명하였다.

이를 전후한 사건 중 가장 충격적이었던 것은 프랑크의 히틀러 방문이었다. 1933년 봄, 이미 절박해진 화학자 하버의 추방에 대해 조언하기 위해 프랑크는 카이저 빌헬름 협회 총재의 자격으로 히틀러 총통에게 면담을 요청하였다. 히틀러의 대답은 이러하였다. "유태인 그 자신에 대해서는 아무런 문제가 없지만, 그들은 모두 공산주의자들이므로 나의 적이다" 이에 대해 프랑크는 "그러나 유태인도 각각이므로 구별할 수 있습니다"라 대답하였다. 이어서 총통은 "유태인은 밤송이처럼 얽혀진 사람이다. 구별은 그들이 해야하는데 이를 하지 않으므로 나는 모든 유태인에 대해서 단호한 조치를 취한다"고 말하였다. 이에 대해 프랑크는 "학술진흥에 필요한 유태인을 추방하면 국가에 이익이 되지 않을 것입니다"라고 말하였다. 그러나 히틀러는 대답을 회피하고 화제를 돌려 "내가 신경쇠약에 걸렸다고 거짓 이야기하는 사람이 많지만 그것은 중상모략이다. 나는 강철과 같은 신경을 가진 사람이다"고 말을 점차 빨라하면서 흥분하였다. 프랑크는 입을 다물었다.

이 회견은 오랜 동안 발표되지 않았지만 항간에는 이런 풍문이 떠돌아 다녔다. 나치 친위대의 기관지 '흑군단'은 자유주의 사상을 지닌 학자들을 눈의 가시로 여겼다. 그러나 그 주된 표적은 이제 프랑크가 아니고 다음 세대의 물리학자 하이젠베르그였다. 그러나 '검정색'과 프랑크의 인연은 아직 남아 있었다. 원래 양자가설을 탄생시킨 것은 '검은 방사체' 의 이론이다. 방사론의 교과서 중에 "검은"이라는 용어의 정의와 설명은 매우 엄밀하고 상세하다. 프랑크는 은사 헤름홀쯔가 죽은 1894년을 독일 물리학의 '암흑의 해'라 불렀다. 그리고 헤르쯔, 쿤트가 이어서 죽은 해였다. 전기서의 사진에 보이는 프랑크의 복장, 종교활동이나 의식의 장면, 서재, 강단, 회의실, 피아노, 알스프 산 등은 대체로 검다.

종교 활동-과학과 종교의 조합

이제 프랑크는 80세에 가까워졌다. 공개 강연을 사양할 당연한 나이었다. 그러나 그는 최후의 삶을 순회 전도의 일에 쏟았다. 원래 그는 실천적인 루터파의 종교 환경에서 자랐고 식탁 앞에서는 반드시 기도를 올렸으며, 조직적인 종교 활동에 대해 의문을 지닌 적은 한번도 없었다. 1920년부터 죽을 때까지 베를린 그루네월트의 교회의 장로였다. 그는 바이마르 시대부터 과학과 종교의 조화 가능성을 설명하였다. 자신의 사상을 마음 속부터 펴낸 최초의 걸작이 『종교와 자연과학』이다. 발트 지방에서의 강연에 바탕을 둔 이 저서는 여러 판을 거듭했고 신문에서 화제 거리가 되었다.

슈바이처와 친교를 통해서 동양 사상에 접한 프랑크는 인도의 부정적이고 관조적인 세계관보다도 중국의 긍정적이고 현세적인 사상에 친근감을 가졌다. 그러나 전시에 나온 최후의 저서『정밀 과학의 의의와 한계』(1941년)에서는 체념의 색깔이 짙게 나타나 있다. 그는 핵 분열의 발견으로 풍부한 에너지 자원의 개발에 대해 낙천적인 의견을 말하는 한편, 우라늄 동력 기계는 결코 유토피아만을 약속하는 것이 아니고, 우리들의 혹성(지구)을 재앙으로 이끄는 비밀 보따리라고 충고하였다.

프랑크의 전도 행각은 발트 3국, 동구, 스위스, 로마, 스웨덴까지 미쳤다. 하지만 전쟁은 용서 없이 그의 신변에게까지 다가섰다. 공습 때문에 강연이 중단되고 지옥과 같은 폐허를 눈으로 보면서 방공호에서 밤을 세웠다.

나치와의 관계는 점점 미묘함을 더해가고, 이미 미국으로 건너간 유태인 학자 아인슈타인의 이름을 입밖에 내는 것이 어려워져 드디어 상대론도 추방되었다. 이와 같은 상황에 놓여지면서 프랑크는 기회가 있을 때마다 자신의 신념을 토로하였다.

전쟁 속에서

1942년 봄, 제2차 세계대전 중 프랑크는 베를린에서 서쪽으로 100킬로미터 가량 떨어진 엘베 강변의 로렛쯔라는 마을로 피난을 갔다. 베를린의 집이 폭격을 맞았는데도 수리할 사람이 없었기 때문이었다. 아카데미의 업무는 1944년 6월까지 지속되었지만 대학의 연구회의에 얼굴을 내미는 즐거움도 사라졌다. 피난 생활에서도 그는 낙천적인 태도를 잃지 않았지만 파국은 드디어 들어 닥쳤다.

1944년 2월 15일 밤의 격렬한 공습으로 그의 집이 부서지고 장서, 일기, 편지가 모두 불에 탔다. 손녀 앤머의 자살 미수, 처남 엘

빈의 처형(히틀러 암살계획에 연루된 의심을 받고)을 전해들은 뒤부터 프랑크는 점차 건강이 악화되었다.

피난지 로렛쯔도 전쟁터로 바뀌었다. 부인과 함께 숲을 헤매면서 풀을 베개 삼아 밤을 지새웠다. 그 때 옛 소련군이 가까이 진격해 왔기 때문에 87세의 노부부는 걸어서 피난하지 않으면 안 되는 지경에 이르렀다. 간신히 마그데부르그 근처의 친구의 농장에서 보호를 받았다. 그런데 그후 이 지역이 옛 소련 관할 지역(동독)으로 편입되어 프랑크 부부는 다시 그 곳을 떠나야만 하였다. 난민과 함께 피난하는 도중, 유명한 과학자라는 사실이 미군에게 알려져 무사히 괴팅겐까지 왔다. 괴팅겐에 있는 조카 집은 프랑크가 죽을 때까지 2년 반 동안의 거처였다. 병원치료가 길어졌지만 프랑크는 런던 왕립학회의 뉴턴 탄신 300주년 기념에 참석하는 기력은 아직 남아 있었다.

막스 프랑크 연구소의 창립

독일의 '카이저 빌헤름 협회'의 많은 연구시설은 전쟁으로 큰 피해를 입었고 스텝은 사방으로 흩어졌다. 전쟁 말기에 이 연구소는 베를린에서 괴팅겐으로 옮겼다. 한편 1946년 1월에 영국에 억류되어 있던 10명의 독일인 과학자가 귀국하자, 독일 과학계의 재건을 위하여 프랑크가 명예 총재직을 마지막으로 맡았고, 4월 1일 오토한이 프랑크를 대신하여 총재의 임무를 맡았다.

점령군 중 영국은 협회의 존속을 허락했지만, 미군은 협회가 나치에 협력했다는 이유로 해체를 요구하였다. 영국 측이 그의 존속을 강력하게 주장함으로써 1946년 9월 11일에 『막스 프랑크 학술진흥협회』가 발족하였다. 드디어 미군 당국도 이를 양해하고 1948년 7월에 영국과 미국의 점령군이 함께 새로운 협회를 승인하였다.

총재에 오토 한, 사무국장에 라우에, 물리 연구소장에 하이젠베르그가 취임하였다.

프랑크는 오랜 생애 중 많은 역경 속에서도 잔머리를 굴린다던가 학파를 만들지 않고 소박하게 살아 왔다. 하지만 그가 나치시대에 공직에 있었던 것이 최선의 길이었는가? 이에 대해서 여러 의문을 제기하고 있다. 그러나 그의 생애 동안 그가 항상 간직하고 있었던 것은 순박함이었다. 그것이 그를 그 공직에 오랫동안 머물러 있게 한 것이 아닐까? 그에게 순박한 생활이 가능했던 것은 그가 법학, 신학의 집안에서 태어났기 때문이 아닌가 싶다. 다시 말해서 그는 설득력이나 실무 능력을 겸비하고 있었다. 법학자 풍이라 할지라도 준엄한 검찰관과 같은 그런 것은 아니고 예의를 지키는 조정관과 같았다. 또 신학자 풍이라 할지라도 준엄한 추기경과 같은 것이 아니라 성경 전도사와 같은 소박함이 그에게 감돌고 있었다. 프랑크는 1947년 10월 4일 89세로 타계하였다.

독일의 원폭 개발을 저지한 하이젠베르그

27세의 라이프치히 대학 교수-불확정성 원리의 발표

세계적인 독일의 물리학자 베르너 칼 하이젠베르그(Werner Karl Heisenberg 1901~76)는 독일 뷰르쯔부르그에서 태어났다. 아버지는 뮌헨 대학의 교수로 중세 및 고대 그리스어를 강의하였다. 그는 김나지움에서 모든 분야에 걸쳐 재능을 발휘했고, 대학 시절에는 특히 물리개념의 기초가 되는 수학을 전공하였다. 그러다가 물리학자 좀머펠트 밑에서 공부하면서 점차 이론 물리학 쪽으로 전향하였다. 여기서 물리학자 파우리를 만나 평생 친구로서 인연을 맺게 되었다. 1922년 여름, 겟팅겐에서 열린 보아의 물질 구조에 관한 연속 강의 장(보아 축제)에서 덴마크의 물리학자 보아는 하이젠베르그의 재능에 강한 인상을 받았다.

하이젠베르그는 1923년 뮌헨 대학에서 박사학위를 받고, 이어서 물리학자 보른의 조수가 되었다가, 다음 해 록펠러 재단의 기금으로 코펜하겐에 있는 보아 밑에서 연구했고, 1926년 코펜하겐에서 강사로 지냈다. 1927년 불확정성원리를 발표하고 동시에 보아가 상보성원리를 발표함으로써 양자역학의 코펜하겐해석이 탄생하였다.

그는 겨우 27세의 나이로 라이프치히 대학의 교수가 되었다.

하이젠베르그는 전쟁 중에 원자력만을 연구한 것은 아니다. 순수 물리학 분야에서도 뛰어난 연구를 하였다. 당시 입자를 인공적으로 가속시키는 입자가속기가 개발되지 않은 상황이었으므로 빛에 필적할 만한 속도로 날아오는 우주선 입자는 핵물리학 연구에서 불가결한 것이었다. 그 때문에 그는 우주선의 연구에 힘을 쏟았다. 1943년 베를린의 아렘 연구소에서 우주선에 관한 연구회를 열고, "우주선"이라는 논문집을 편집하였다.

'우라늄 클럽'

하이젠베르그는 1936년과 1938년 두 차례에 걸쳐 2개월씩 소집되는 병역을 치렀다. 그는 병역을 면제받으려고 노력할 정도의 약삭빠른 사람은 아니었다. 전쟁이 일어나자 소집영장을 받았는데 다행히 기록된 부대는 산악저격병 부대가 아니고 베를린에 있는 육군 병기창이었다. 그는 그곳에서 제자들을 비롯한 물리학자와 함께 원자력 문제를 연구하도록 지시를 받았다.

자칭 '우라늄 클럽'이라 부르는 일단의 물리학자들은 어느 정도의 의지와 열의를 가지고 원자력 연구에 종사했는지 자세히 알 수 없다. 독일을 사랑하지만 일찍부터 나치가 무너지기를 바랬던 하이젠베르그로서 히틀러를 위해 목숨을 걸 정도로 핵무기를 열성적으로 개발하려고 했다고 생각되지 않는다. 우라늄 클럽은 감속된 중성자가 우라늄에 충돌하면 연쇄반응이 일어날 수 있다는 결론에 도달하고, 감속제로 중수와 탄소에 주목했다가 그후 감속제로서 중수를 선택하였다. 또 이 클럽은 우라늄-235에만 눈을 돌리고 있었으므로 원폭의 다른 원료인 플루토늄-239의 이용에 관해서는 전혀 관심을 쏟지 않았다.

하이젠베르그는 1942년 6월 4일 우라늄에 관한 회의에서 천연우라늄과 중수를 이용한 원자로의 개발에 관해서 보고하였고, 또한 우라늄을 폭탄으로 사용하기 위해서는 너무 많은 비용과 이를 완성하는 데 많은 시일이 걸리며, 기술상의 여러 어려움이 있다고 보고하였다. 그러나 이 때 플루토늄의 이용 가능성에 관해서 전혀 언급하지 않았다. 전후에 그는 그 이유를 "우리는 일을 가능한 적게 벌이려 했기 때문이다"라고 말한 것으로 전해지고 있다. 그러나 나치에 적대적인 네덜란드 과학자 하우스슈미트는 양친을 가스실에서 잃은 사람으로서, 그것은 변명에 불과하다고 말하였다.

한편 우라늄 클럽은 나치의 원폭개발을 묶어두고 장차 잠수함의 에너지원으로 연구할 필요성을 제기하는 데 성공하였다. 당시 각료의 한 사람이었던 알버트 슈펠은 회상록에서 "완성기간에 대한 나의 질문에 하이젠베르그는 3~4년 안으로는 불가능하다고 설명하였다. 물리학자의 제안으로 우리들은 1942년 가을 원폭의 개발을 단념하였다.… 그 대신 나는 해군 사령부가 흥미를 가지고 있던 잠수함용 우라늄 동력의 연구를 허가하였다"고 기록하고 있다.

하이젠베르그와 보어

한 가지 수수께끼가 남아 있다. 그것은 1941년 7월 하이젠베르그의 코펜하겐 방문이다. 그에게 코펜하겐은 고향과 같았고 가장 존경하는 보어에게 포근하게 안기고 싶은 곳이었다. 그러나 덴마크는 1940년이래 독일의 점령 아래 있었고, 유태인 사냥은 이 곳에서도 시행되고 있었다. 어머니 쪽에 유태인 피가 섞인 보어도 결코 안심할 수 없었으므로 사실상 1943년 본국을 탈출하여 영국으로 망명하였다. 보어 역시 반 나치주의자였고 나치의 압정을 피하여 연합국 쪽으로 탈출하려는 과학자들을 돕는 데 힘을 기울여 왔다.

하이젠베르그는 보어의 자택을 방문했지만, 비밀스러운 대화를 할 때에는 그의 집 근처를 산보하면서 이야기할 정도로 감시나 도청에 신경을 곤두세웠다. 자유스러운 이야기는 실내에서 할 수 없었다. 그는 보어에게 원폭개발 가능성을 원리적으로 주의 깊게 암시하면서, 이를 개발하기 위해서는 커다란 기술적 장애가 있다고 이야기하였다. 또한 막대한 비용이 소요된다는 점을 강조하면서, 독일에서는 원폭을 개발할 수 없다는 뜻을 보어에게 전했다고 한다. 그러나 보어 자신은 원폭을 만들 수 없다는 말을 그대로 받아들이지 않았다. 보어를 안심시키려 했던 하이젠베르그의 방문은 완전히 역효과를 가져오고 말았다. 하지만 그는 보어로부터 무엇인가 조언을 기대했을 지도 모른다.

1943년 9월에 보어는 한 밤중에 보트로 해협을 건너 덴마크를 탈출했는데, 이를 도와준 물리학자 벳길드는 적과 공모했다는 이유로 나치 친위대에 체포되었고 동시에 연구소도 폐쇄되었다. 하이젠베르그는 다시 코펜하겐을 방문하여 강력한 교섭으로 벳길드를 석방시키고 연구소를 다시 열게 하였다. 그러나 보어와 하이젠베르그 사이의 우정은 멀어지고 전후 이를 개선하려고 오랫동안 노력했지만 완전히 회복되지 못하였다. 하이젠베르그는 죽을 때까지 괴로워했다고 그의 부인은 회고하였다.

카이저 빌헬름 연구소 소장으로

당시 베를린에 있는 카이저 빌헬름 연구소의 육군 병기창에서 핵무기 연구가 시도되고 있었다. 1927년에 하이젠베르그가 츄리히가 아니고 라이프찌히 대학을 선택한 것은 물리학자 디바이와 공동 연구가 가능했기 때문이었다. 그런데 디바이가 1935년 라이프찌히 대학에서 베를린의 카이저 빌헬름 연구소장으로 전출되었다. 전쟁이 시작되자 네덜란드 사람인 디바이는 독일 국적을 취득하든지 아니면 독일을 떠나든지 양자택일을 해야만 하였다. 결국 그는 미국으로 떠났다. 그후 소장 자리는 임시로 바이젝커가 맡았지만, 대다수 사람들이 달갑게 생각하지 않았으므로 하이젠베르그를 소장으로 유치하려는 공작이 벌어졌다.

하이젠베르그는 1941년부터 베를린대학 교수를 겸하게 되어 베를린에 자주 올 기회가 있었다. 그리고 카이저 빌헬름 연구소의 소장에 앉을 만한 교수가 없는 데다가, 더욱이 하이젠베르그가 이 연구소의 자문위원을 맡은 바 있었기 때문에, 결국 그는 1941년 당국의 요청을 받아들여 그해 7월 1일 소장 자리에 앉았다. 그러나 그가 소장 자리에 앉게된 데에 대해서 여러 가지 억측을 자아내고 있다. 그가 악명 높은 나치 체제에 적극 협력하기 위함이었는지, 아니면 단순한 공명심 때문이었는지, 아니면 전쟁 후 독일의 과학계의 부활을 위해서였는지 분명하지 않다.

독일의 원폭 개발 계획에 대한 두려움

한편 당시 독일의 원폭 개발은 막대한 비용과 긴 세월이 필요하다는 이유로 중단되었지만, 오로지 동력원으로서 개발을 목표로 카이저 빌헬름 연구소에서 이를 연구하기 시작하였다. 전황이 독일에 불리해지고 도시에 공습이 심해진 1943년 여름, 연구소는 슈바벤 지방의 헷힝겐이라는 작은 도시 근처의 그림처럼 아름다운 산동네 하이거롯호의 암굴로 옮겨졌다.

이미 기술한 바와 같이, 하이젠베르그의 연구 그룹은 감속제로서 탄소는 적절하지 않다고 판단하고, 그 대신 중수를 사용하려고 계획한 바 있었다. 그러나 영국 특공대의 과감한 공격으로 독일 군이 점령하고 있던 노르웨이의 중수 공장이 파괴되었기 때문에 계획이 크게 빗나갔다. 잘못된 판단으로 중수를 감속제로 선정한 것을 그는 죽도록 후회하였다 한다. 결국 전쟁이 끝날 직전까지 독일은 겨우 초기 단계의 원자로 개발에 머물고 있었다.

그러나 연합국 측은 독일의 원폭연구가 상당히 진행되었을 지도 모른다는 두려움에 떨고 있었다. 그것은 1938년에 원자핵 분열을 처음 발견한 사람은 독일 물리학자 오토 한이고, 핵분열 연쇄반응의 이론을 처음 논문으로 쓴 사람 역시 독일 사람이었기 때문이었다. 더욱이 당시 독일은 이론물리학과 기타 과학 분야에서 그 연구가 눈부셨다. 유태인 추방으로 과학 발전에 큰 손실이 있었음에도 세상 사람들은 독일 과학의 수준을 높이 평가하고 있었으므로, 독일의 핵분열 반응의 성공 가능성을 충분히 예상하고 세계 과학자들은 그의 두려움이 한층 더해 갔다.

미국의 맨해튼 계획과 알사스 부대

따라서 일부 과학자들은 독일보다 먼저 핵무기를 완성하고 히틀러를 굴복시키지 않으면 안 된다고 생각한 나머지, 아인슈타인을 설득하여 루즈벨트 대통령에게 편지를 쓰게 한 이야기는 너무나도 유명하다. 이렇게 해서 미국의 원폭개발 계획인 '맨해튼 계획'은 당시 부통령이었던 트루먼도 알지 못할 만큼 엄중한 비밀 속에서, 막대한 예산과 인적자원이 동원된 가운데 진행되었다. 그런데 최초로 원폭이 만들어졌을 때는 독일은 이미 항복하고 히틀러는 자살한 뒤였다. 그래서 히틀러를 굴복시키기 위한 원폭은 아직 저항하고 있던 일본의 히로시마와 나가사끼에 투하되어 많은 인명을 앗아갔다.

이처럼 연합국 측은 원폭을 개발하면서, 한편으로는 독일의 원폭개발이 어디까지 진전되고 있는가를 매우 조심스럽게 지켜보고 있었다. 그리고 미국의 원폭 개발의 한 책임자인 그로브스 소장의 요청으로 육군성은 조사단을 유럽으로 파견하였다. 이 조사단을 '알사스 부대'라 부르는데, 그 책임자는 네덜란드에서 미국으로 건너간 물리학자 하우스슈미트였다. 그는 네덜란드의 라이든 대학을 방문한 바 있었던 하이젠베르그를 만난 적이 있었고, 또한 하이젠베르그가 마지막으로 미국을 방문했을 때에 자기 집에 머물게 했던 사람이다. 그러나 유태인인 양친이 나치에게 살해되었을 때 그에게 독일은 용서할 수 없는 적이 되었다.

후퇴하는 독일 군을 바짝 뒤따른 알사스 부대는 때로는 실전부대 보다 앞설 만큼 강행군으로 독일의 점령지역, 특히 독일 영내에 진입하여 연구소나 대학 등을 수색하고 물리학자들을 억류하였다. 1945년 4월 중순경, 독일 군 패잔병은 헷힝겐을 통해서 동쪽으로 후퇴하고 프랑스군은 그곳을 점령하였다. 독일 군이 저항 없이 후퇴함으로써 다행히 그 연구소는 무사하였다.

이때 하이젠베르그는 자전거로 가족이 머물고 있는 웰펠트 산장으로 향하였다. 전투는 산발적으로 계속되는 가운데에 저공 비행하는 비행기의 기관총 사격을 피하기 위해 밤에만 주로 이동하였다. 사흘 밤을 꼬박 세워 가족과 만났지만, 부근에는 패잔병과 나치 친위대의 잔당이 아직 남아 있었으므로 불안한 날이 일주일 동안 계속되었다.

5월 4일 알사스 부대는 하이거롯호에 있는 원자로를 발견하고 이를 해체했고 우라늄과 중수도 압수하였다. 그리고 독일의 거물급 과학자인 라우에, 바이젝커를 위시하여 몇몇 과학자들을 연행하였다. 그러나 가장 중요한 표적이었던 하이젠베르그가 그곳에 없었기 때문에 파슈 대령의 일행은 그의 행방을 찾아 웰펠트 산장의 하이젠베르그 집으로 들어 닥쳤다. 그것은 헷힝겐에 이미 도착했던 알사스 부대에 의해서 하이젠베르그의 행방이 알려졌기 때문이었다.

알사스 부대에 관해서는 1947년에 출판된 하우스슈미트가 쓴

144

『나치와 원폭』에 상세하게 기록되어 있다. 하우스슈미트의 독일에 대한 적의는 대단했고 하이젠베르그에 대해서도 상당한 편견을 가지고 있었다. 하이젠베르그는 이 때부터 약 8개월간 다른 9명의 독일 과학자들과 함께 억류생활로 접어들었다. 어째서 억류되었는지에 관해서는 분명하지 않다. 연합국 측이 두려워했던 원자력 개발은 동력용 원자로가 겨우 가동할 정도로서 원폭개발과는 거리가 너무 멀었다. 그러므로 원폭개발이 옛 소련에 전해지지 않도록 억류했다는 이유는 성립되지 않는다.

조국을 버릴 수 없었던 하이젠베르그

하이젠베르그는 처음에 하이델베르그에 연행되어 그곳에서 하우스슈미트의 심문을 받았다. 이 때 하우스슈미트는 "지금 당장 미국에 와서 우리와 함께 일하지 않겠습니까?"라고 유혹했지만, 그는 독일이 자신을 필요로 하고 있다는 이유로 거절하였다. 나치가 괴멸되어 황폐한 조국을 버릴 수 없었던 것이 그의 심정이었을 것이다. 그러나 하우스슈미트는 그러한 심정을 헤아리지 못하여 하이젠베르그는 그의 미움을 사게 되었다.

억류된 독일 과학자 10명은 그후 파리, 벨기에 등지를 전전하다가 영국의 케임브리지 근처의 낡고 큰 저택에 연금되었다. 대우가 좋았다. 라디오, 신문, 피아노, 테니스까지 허용되었다. 그러나 도청장치가 곳곳에 가설되어 있었다. 나치의 도청행위에 이미 익숙해 있던 이들은 도청 가능성을 충분히 예견하고 이를 점검해 보기도 하였다. 하이젠베르그는 "전통적이고 선량한 영국이 마치 독일 비밀경찰과 같은 방식을 취한다고 상상한다면 실례되는 일이지요"라고 의로 말하면서, 영국과 미국 사람을 은근히 희롱하였다.

10명의 독일 과학자들에게 커다란 충격을 안겨 준 것은 바로 히

로시마에 원폭이 투하되었다는 8월 6일자 뉴스였다. 하우스슈미트
는 독일 과학자들이 우라늄 폭탄의 가능성에 관해서는 알고 있었지
만, 플루토늄 폭탄(나가사끼에 투하된 폭탄)에 관해서는 생각하지 못
하고 있던 점을 조롱하였다. "전 세계가 지금 플루토늄에 관해서
알고 있는 즈음에 독일 과학자들은 이를 알고 있지 못했다"고 은근
히 뽐내면서 비웃듯 말하였다.

하이젠베르그의 자서전에서도 그가 이 뉴스를 믿지 않으려 했다
고 적혀 있다. 그것은 막대한 경비가 필요하고 미국의 물리학자들
이 그러한 계획에 전력을 투구할 것으로 생각하지 못했기 때문이었
다. 그가 느낀 것은 자신이 25년간 심혈을 기울여 온 핵물리학의
진보가 10만을 훨씬 넘는 사람들을 죽음으로 몰고 온 원인이 되었
다는 냉엄한 사실이었다. 자서전에는 플루토늄에 관해서는 한마디
의 언급도 없었다.

하이젠베르그의 자서전에 의하면, 함께 억류되어 있던 10명 중
원폭 문제를 너무 심각하게 생각한 나머지 자살할지도 모를 것이라
고 주위 사람들이 염려할 정도로 고민했던 과학자가 있었다. 이 사
람은 바로 핵분열의 발견자인 오토 한이었다. 그는 하이젠베르그의
우라늄 클럽의 회원은 아니었다. 하우스슈미트에 의하면 열 사람
중 시종 냉담했던 사람은 폰 라우에였다고 한다. 그는 원자력에 관
해서 시종 방관한 사람으로 물리학자의 꿈인 원폭에는 한번도 관여
해 본적이 없다고 말하였다. 억류생활은 1946년 1월에 끝나고 10명
의 과학자는 독일로 송환 된 즉시 석방되었다.

패전후 연구소의 재건

1945년 5월 23일 독일의 중앙권력이 사라지고, 통치권은 미국,
영국, 프랑스, 옛 소련 등 네 전승국에 이관되었다. 이들 4개국 최

고사령관은 관리 이사회라는 기구를 설치하여 독일 전체에 관계되는 모든 문제를 공동으로 결의하였다. 독일 및 베를린은 네 지역으로 분할되고 각 지역마다 점령국이 각각 독립적으로 관리하였다. 대부분의 도시가 파괴되고 국토는 황폐화되었다. 식량도 부족하고 자동차가 약간 굴러다녔지만 휘발유가 부족하여 목탄으로 달렸다.

한편 미군 지역인 웰펠트에 남아 있던 하이젠베르그의 가족도 큰 일이었다. 1945년 11월 무렵 생활비도 바닥났고, 부인은 유리창 없는 만원 열차를 타고 굶주리며 헷힝겐(프랑스 관할 지역)에 도착하였다. 영국에 억류 중이던 하이젠베르그도 귀국하여 식량난을 겪고 있는 독일에서 혼자서 생활했기 때문에 피로가 겹쳐 있었다. 그럼에도 불구하고 그는 미국행의 유혹을 뿌리쳤다. 그는 지금이야말로 독일 과학의 재건에 전력을 쏟을 때가 왔다고 생각했기 때문이었다.

하이젠베르그도 가족과 상봉하고 드디어 괴팅겐으로 이사하여 서서히 생활의 안정을 되찾았다. 주택은 물리학자 프랑크와 이웃하였으므로 울타리를 사이에 두고 이야기를 나눌 정도였다. 밤에는 실내음악을 함께 즐겼다. 프랑크도 하이젠베르그처럼 음악을 좋아했고 피아노의 연주 솜씨가 뛰어 났다. 패전 후 물질적으로는 풍요롭지 않았지만, 이전과 결정적으로 다른 점은 희망이 엿보였고 미래가 밝았다는 점이다. 하이젠베르그는 "연구소에서 가장 단순한 장치를 만들기 위해서 많은 노력을 하지 않으면 안 된다. 그러나 그것은 행복한 시대였다"고 술회하고 있다. 오랜 압박과 전쟁으로부터 해방의 기쁨은 패전의 슬픔보다 더욱 컸다.

과학행정에 참여-자연과학적 방법의 반영

국가의 재건, 독일 과학의 부흥에 기여하고자 했던 하이젠베르그의 한 가지 꿈은 자연과학적 사고방식을 행정에 적극 반영시켜 보려는 생각이었다. 따라서 그는 엄선되고 책임감 있는 과학자로 구성된 한 위원회를 만들어 정부에 대해서 권고하거나 비판할 것을 강력하게 주장하였다. 1957년 3월에 '연구 협의회'가 창설되고 그가 회장이 되어 임무가 순조로이 진행되는 듯 싶었다.

그러나 과학자의 행정 개입에 반발하는 관료, 정치와 학문을 분리하는 것이 바람직하다는 복고적 의견 때문에 그 이상 진전할 수 없었다. 연구 협의회는 해산되고 옛날의 조직에 가까운 '학술연구 진흥회'를 부활시키자는 결론에 도달하였다. 그후 정부에 '과학 연구성'이 설립되었을 때, 자문위원회를 설치한다는 명분으로 하이젠베르그의 꿈이 일부 실현되었지만 실패로 겪은 좌절감은 매우 컸다.

전쟁 중에 과학연구의 중심은 유럽에서 미국으로 옮겨졌으나, 소립자의 연구에 필요한 대형 입자가속기를 국가 단독으로 설치하는 데는 무리가 있었으므로, 유럽 여러 국가가 공동으로 '유럽 공동원자력 연구소'(CERN)를 스위스의 제네바에 설치하였다. 하이젠베르그는 독일 수석 대표로 이에 참석하였다. 연구소가 완성되었을 때, 그는 5년 임기의 소장 자리를 보장받았지만 사양하였다. 그것은 연구시간의 확보와 독일 물리학의 부흥이라는 강한 신념이 머리에서 떠나지 않았기 때문이었다.

독일 정부는 하이젠베르그에게 조직의 대표와 책임자의 역할, 그리고 행정적 수완을 기대하였다. 그는 막스 프랑크 연구소의 소장, 괴킹겐 아카데미 3백년 기념축제를 치를 총재로 추천 받았다. 또한 1953년 '알렉산더 폰 훔볼트 재단'이 조직되었을 때에 그는 총재직을 수락하였다. 특히 이 재단은 외국의 연구자를 초청하고 외국에 연구자를 파견하여 연구의 교류에 크게 기여하는 중요한 조직이다. 그는 그 지위의 명의 만으로서가 아니라 실제적으로 크게 공헌하였다. 부인이 그의 추억의 표제를 "비정한 인간의 정치적 생애"라 붙인 것은 이 같은 남편의 악전고투가 숨어 있었기 때문이다.

괴팅겐 선언-독일 원자력 정책에 대한 비판

1949년 5월 8일, 독일 연방공화국의 기본법이 만들어지면서 연방 공화국이 발족하였다. 그리고 같은 해 10월 7일에 옛 소련 지역에 독일 민주주의 공화국(동독)이 출범하였다. 이 냉전 체제는 1990년 의 독일 통일까지 41년간 지속되었다. 연방 공화국은 국민의 기본 권을 충실하게 보장하고, 언론, 정보, 출판의 자유를 무엇보다도 중 요하게 여기는 민주적인 연방국가였다. 대통령은 원수이지만 실권 은 수상이 가지고 있었다. 초대 수상은 콘라드 아데나워(재임기간 : 1949~63)였다. 그러나 처음 6년간은 점령규약의 지배하에 있었다. 1955년에 독일조약이 발효되는 가운데 5월 5일 아데나워 수상은 "점령 행정은 이것으로 종료한다. 독일 연방공화국은 주권을 가진 다"고 선언하였다.

이 무렵 하이젠베르그는 아데나워 정부의 원자력 정책에 관여하 였다. 원자력성이 생기고 재군비가 진전되어 1957년에 이르러서는 핵무장 이야기까지 나왔다. NATO의 요청이 있고 독일의 방위에 이익이 될 것으로 생각한 독일 정부는 이 정책을 강행하려고 하였 다. 원자력 위원회(위원장은 수상)의 속해 있는 물리학자들은 정부에 항의했으나 정부는 생각을 고치지 않았다. 과학자들은 여론에 호소 하고 그해 4월, 18명의 과학자가 서명한 선언문이 발표되었다. 이 것이 세계적인 반응을 불러일으킨 '괴팅겐 선언'이다. 물리학자 오 토 한, 라우에, 바이젝커 등 쟁쟁한 과학자들이 포함되어 있었고, 이로써 아데나워 정부는 큰 타격을 받았다.

하이젠베르그는 여러 사람들을 불러들여 토론했지만 괴팅겐 선언 에는 불참하였다. 건강상의 이유라고는 하지만, 논의나 선언문의 기초 등으로 그는 고통스러운 일이 이어져 심리적으로 지쳐버리지 않았나 싶다. 자서전에서 그는 "나는 분명히 그 때 협력했지만, 당초 나는 그 같은 성명을 발표하는 것을 싫어하였다. 평화를 위함이고, 원폭에 반대하기 위한 일인데 이를 공적으로 서명하는 것은 오히려 어리석고 쓸데없는 일이라 생각하였다. 왜냐하면 건전한 오감을 지닌 사람이라면 누구나 평화에 찬성하고 원폭에 반대한다는 것을 알고 있으므로 그에 관해서 과학자의 서명이 필요 없다"고 생각했기 때문이라고 말하고 있다. 또한 그는 정치적인 것과 학문적인 것은 양립할 수 없으므로 학문만의 세계로 되돌아오고 싶다고 말하였다.

1955년 하이젠베르그는 독일의 핵 연구에 관해서 방송 해설을 맡았다. 그때 아데나워 수상이 압력을 가했으므로 그는 도중 하차하였다. 그것은 하이젠베르그와 같은 영향력이 큰 사람이 대중매체를 통해 핵의 공포를 설명하는 것은 곤란하다고 생각했기 때문이었다. 오토 한이 대신해서 라디오 방송을 통해 핵 전쟁의 공포에 관해서 거침없이 해설하는 것을 들은 하이젠베르그는 머리를 갸우뚱했다고 한다.

하이젠베르그는 독일의 물리학자로서 양자역학의 기초를 쌓았고 불확정성원리를 발표하였다. 이러한 업적으로 1932년도 노벨 물리학상을 받았다. 그리고 양자 전기학, 원자핵 구조의 연구 등 현대 물리학에 큰 공헌을 하였다.

4 가난과 역경을 무너뜨린 과학자들

전기 문명을 열어준 페러데이
러시아 과학계를 바로 세운 로마노소프
러시아 화학회 설립의 주역 멘델레프

전기 문명을 열어준 페러데이

가난한 집에서

영국의 과학자 마이클 페러데이(Michael Faraday, 1791~1867)는 런던 교외의 작은 마을에서 태어났다. 그가 태어난 해는 영국에서 산업혁명이 줄기차게 진행 중인 때였고 유럽 대륙에서는 프랑스 혁명이 절정에 이른 때였다. 그의 아버지는 스코트랜드 교회의 일파인 샌디먼파의 신도로서 대장간에서 일을 하였다. 원래 페러데이의 선조는 욕서 지방 출신으로 그의 아버지는 산업혁명의 진행 속에서 생활이 어려워지자, 페러데이가 태어나기 조금 전에 일을 구하러 런던 교외로 나와 마차간 이층에서 살았다.

페러데이의 형제는 열 명이나 되어 생계가 매우 어려웠다. 그래서 그는 어려서부터 스스로 생활비를 벌어야만 했으므로 열 세 살이 되면서부터 책방의 심부름꾼으로 일하였다. 하는 일은 신문 배달이었다. 그 무렵 신문배달은 구독자에게 돈을 받고. 한 집에 신문을 배달해 주고 손님이 다 읽을 때까지 1시간 기다렸다가 신문을 거두어 다른 손님에게 배달하였다. 그는 이 일을 매일 되풀이하였다. 이처럼 어렵게 살았지만 집안은 신앙심이 두터워 웃음이 끊이지 않았다.

1년 후 페러데이는 라보라의 제본소 견습공으로 들어갔다. 이 일은 그의 장래에 커다란 영향을 미쳤다. 그는 제본소에서 제본 기술을 닦았을 뿐 아니라 제본하는 과정에서 많은 책과 접하였으므로 이를 읽을 수밖에 없었다. 특히 그의 흥미를 끈 것은 마셋트 부인의 『화학의 회화』라는 책이었다. 이 책을 읽고 감동한 그는 아주 적은 돈을 모아 실험도구를 구입하고 여러 가지 실험을 하였다.

더욱 다행스러운 일은 주인인 라보라가 그를 귀엽게 생각한 나머지 테담의 자택에서 열고 있는 과학 강연을 듣도록 도와주었다. 여기서 그는 전기와 기계의 새로운 지식을 얻었고 단지 이야기를 듣는데 그치지 않고 이를 기록하고 그림을 삽입하여 조그만 4절판 386쪽 분량의 예쁜 책을 만들었다. 이렇게 만들어진 책이 우연히 주인에게 보여지고, 또한 왕립연구소 직원인 댄스의 눈에도 띠었다. 이를 보고 감탄한 댄스는 격려하는 뜻으로 당시 런던에서 인기가 매우 높았던 화학자 데이비경의 연속강연을 들을 수 있는 입장권을 페러데이에게 주었다. 데이비경의 강연회에 몇 번 출석하는 사이에 페러데이의 과학에 대한 동경심이 한층 깊어지고, 과학 연구를 자신의 전 생애의 일로 삼을 것을 결심하였다.

왕립연구소의 조수로

20세 때에 페러데이는 아무리 낮은 자리도 좋으니 무엇인가 과학이라는 직업에 직접 종사하고 싶다는 의사를 대담하게 왕립학회 회장 앞으로 편지를 보냈다. 이에 대한 답장은 없었지만 댄스의 자문을 받아 이번에는 데이비경에게 직접 편지를 쓰고, 또한 편지와 함께 데이비경의 강연을 정리한 노트를 보냈다. 데이비경이 이 편지를 받은 것은 1812년의 크리스마스 직전이었다. 그는 마침 찾아온 친구에게 이 편지를 보이면서 이렇게 말하였다. "자, 이를 어쩐다? 패러데이라는 청년으로부터 편지가 왔어. 그는 나의 강연에 출석했었네. 그리고 왕립연구소에서 일하게 해 달라는 거야. 내가 무엇을 할 수 있겠나?" 그 친구는 대답하였다. "그 녀석에게 병이나 닦게 하지. 그가 어딘가 쓸모가 있는 젊은이라면 그 일을 반겨 할 것이고, 싫다고 한다면 아무런 쓸모도 없어. 좀더 그를 시험해 봐야 해."

한편 페러데이의 노트에서 그의 비범함을 발견한 데이비경은 답장을 보냈다. "페러데이군, 군의 노트를 보고서 매우 감탄했네. 이것만으로도 자네가 열성적이고 이해력과 주의력이 뛰어난 것을 잘 알 수 있네.… 1월 말경에 다시 이야기해 보세. 나로서 도움이 된다면 무엇이든 힘이 되어줄 것으로 생각하네." 그러나 당시로서는 적당한 빈자리가 없었으므로 제본소에 머물러 주기를 당부하였다.

그로부터 3개월 후, 아무도 예측할 수 없었던 사건으로 페러데이에게 때마침 좋은 기회가 찾아 왔다. 1813년 초, 왕립연구소의 실험실 사환인 윌리엄 페인은 기구 제작자인 뉴우먼씨의 일을 거들고 있었다. 원래 그의 주요 임무는 장치의 청소와 수리였다. 그런데 페인과 뉴우먼은 사소한 일로 좋지 않은 사이었다. 어느 날 밤, 관리자는 강의실에서 흘러나오는 요란한 소리를 들었다. 급히 방으로 뛰어가 보니 두 사람이 심한 말다툼을 하고 있었다. 뉴우먼이 페인에게 태만하다고 나무라자, 그 분풀로 페인은 뉴우먼에게 한 대 먹였다. 관리자는 싸움을 말리고 이 일을 왕립연구소의 이사들에게 보고하였다. 그 결과 페인이 쫓겨나게 되었다. 그래서 데이비경은 젊은 패러데이에게 그 일을 맡게 하도록 결정을 내렸다. 페러데이는 뜻밖에 데이비경의 조수로 왕립연구소에 채용되었다. 1813년 3월 1일, 22세 때였다.

스승과 제자의 밀월시대

페러데이에게 또 한번의 좋은 기회가 찾아 왔다. 프랑스의 과학 아카데미는 데이비경의 전기화학의 업적에 대해 상을 주기 위해 파리로 초청하였다. 이 기회에 데이비경은 돈 많은 미망인 젠 아프리스와 신혼여행을 겸해서 대륙여행을 떠나기로 결정하였다. 페러데이도 동행하였다. 그에게는 더 이상 행운일 수 없었다. 그러나 데이비경은 신혼여행 때에도 실험기구를 휴대하는 것을 잊지 않았다. 그가 실험을 계속하는 과정에서 페러데이는 과학훈련을 받을 기회를 얻었다. 소위 '과학의 도제수업'이었다. 데이비경은 파리에서 프랑스를 대표하는 과학자들과 교류한 후, 이탈리아로 여행을 계속하고 일행이 귀국한 것은 1815년이었다.

이 여행에서 페러데이는 과학에 관한 상당한 지식을 몸에 익혔고, 또한 데이비경도 페러데이의 재능을 인정했기 때문에 두 사람은 지도교수와 대학원생과 같은 관계로 변하였다. 그 후 수년간 그들의 관계는 밀월시대와 같았다. 그러나 이 여행이 페러데이에게 모두 유쾌한 것만은 아니었다. 기고만장한 데이비경의 부인은 페러데이를 마치 하인처럼 다루었고, 데이비경은 이를 방관하였다. 하지만 페러데이는 이를 잘 참아냈다.

왕립연구소의 화학 교수로

제본사였던 페러데이가 1825년 왕립연구소의 실험실 주임이 되었다가 1833년에는 화학교수로 임명되었다. 드디어 페러데이의 위상은 그의 스승 데이비경과 어깨를 나란히 하였다. 사실상 그는 실험실 안에서 실험을 위해 살았고, 그 후에도 조수 없이 혼자서 실험을 계속하였다. 데이비경은 자신이 가르친 제자의 위상이 높아지자 그를 냉혹하게 대하기 시작하였다. 특히 데이비경 자신이 발명한 안전등의 결점을 페러데이가 지적한 뒤부터 더욱 사이가 나빠졌다.

뛰어난 수많은 업적을 올린 페러데이는 48세를 넘어서면서 피로와 관절염으로 시달리었다. 하루 종일 아무 일도 하지 못하고 의자에 앉아 바다와 하늘을 바라보곤 하였다. 그것은 그가 젊은 시절에 다루었던 화약약품으로 만성적인 약물중독 때문이었다. 수년 후인 1841년 병세가 더욱 악화되어 그해 여름 의사의 권유로 스위스의 휴양지로 떠났다. 그에게는 휴식이 절대로 필요하였다.

페러데이는 34살에 왕립연구소의 실험실 주임이 된 이래, 스승인 데이비경의 뒤를 이어 매주 1회에 걸쳐 대중을 상대로 과학 강연회를 가졌다. 특히 크리스마스에 소년 소녀를 상대로 크리스마스 강연회를 열어 과학을 좋아하는 아이들을 즐겁게 해주었고, 만년이 되어서도 이 아이들을 위한 강연만은 그치지 않았다. 특히 1860년 69세에 시행한 연속 강연을 『촛불의 과학』이라는 책으로 정리했는데 지금도 많은 사람들에게 읽혀지고 있다.

스승과의 불화와 홀로 서기

페러데이의 홀로 서기는 매우 어려웠다. 페러데이가 발표한 논문 가운데에 데이비경의 업적에 대한 언급이 적은 데에 대해 데이비경은 불만을 터트렸고, 더욱이 페러데이는 과학의 선취권 등에 관해서는 매우 신경질적이었다. 그래서 데이비경의 그에 대한 태도는 점차 냉담해져 갔다. 처음으로 확실하게 표출된 것은 1821년 페러데이가 전류가 흐르는 도선 주위에서 자침을 회전시키는 실험 결과를 발표한 때부터였다. 데이비경과 그의 친구인 화학자 워라스톤은 페러데이가 발표한 내용이 자신들이 생각했던 아이디어의 도용이

158

아닌가 하는 의심을 가졌다. 이 사건을 둘러싸고 데이비경과 페러데이는 결렬하게 말다툼까지 하였다. 페러데이와 워라스톤의 관계는 잘 풀렸지만 데이비경과의 관계는 굳어져버렸다. 워라스톤은 페러데이의 왕립학회 회원 가입에 즈음해서 추천인의 역할을 하였다.

당시 왕립학회의 회원 가입은 우선 회원의 추천이 있어야 하고, 다음으로 평의회에 가입 신청서를 제출한 뒤에 의결됨으로써 이루어졌다. 1823년 페러데이가 추천되었을 때, 데이비경은 페러데이에게 이를 사퇴할 것을 강요했고, 동시에 추천인들에게 추천을 철회하도록 설득공작을 폈다. 왕립학회 회장인 뱅크스경의 시대에는 실질적으로 회장의 거부권이 인정되었지만, 데이비경 시대에 들어와서는 거부권이 인정되지 않았다. 이러한 추세가 왕립학회 회장인 데이비경의 자존심을 크게 손상시켰다. 1824년 드디어 페러데이의 회원승인을 둘러싸고 무기명투표가 실시되었다. 반대표는 단 한 표뿐이었다. 이 한 표가 누구의 것인가는 말할 필요가 없다. 결국 페러데이는 이렇게 해서 왕립학회 회원으로 정식 선출되었다. 그후 1829년 데이비경이 죽을 때까지 두 사람의 관계는 회복되지는 않았다.

원래 데이비경은 개성이 강하였다. 반면에 많은 사람들로부터 친절하고 온화한 사람으로 알려진 페러데이도 사실은 화산과 같은 격렬한 기질을 지니고 있었다. 데이비경과 페러데이의 관계는 억압적인 어버이와 그에 반항하는 아들의 관계로 비유하는 것이 적절하다. 두 강렬한 개성이 충돌할 수밖에 없는 상황에 도달해 버린 불행한 에피소드이다.

전기 문명의 아버지

19세기 20년대 초기에 전자기학이 활기를 띠고서 연구되었지만,

전기와 자기의 상호작용의 이해가 완전하지 못하였다. 그런데 페러데이가 40세가 되던 1831년에 '전자기 유도'의 현상을 발견하였다. 이 발견은 그가 깊이 생각하고 계획된 실험 결과로서 전기와 자기의 관계는 동적인 것으로서 정적인 것은 아니라고 그는 생각하였다. 다시 말해서 그의 실험은 기계적 동작으로 전기가 발생한다는 것(발전기의 원리)과, 반대로 전류로 기계적 작동을 할 수 있다는 것(전동기)을 증명한 것으로, 매우 실용성 있는 의미를 지니고 있다. 본질적으로 전기 산업 전체가 페러데이의 발견 속에서 이룩되었다고 평가할 수 있다.

페러데이는 전기와 자기의 상호 변환으로 여러 현상을 무난하게 설명하였다. 그는 빛과 전기, 자기적인 힘 사이에는 직접적인 관련이 있다는 사실을 처음으로 확인하였다. 그러므로 그는 갈릴레이나 뉴튼과 어깨를 나란히 할 수 있는 과학자이다. 그의 전자기 유도의 발견은 1824년부터 수년 사이에 걸친 실험의 누적으로 출발했지만, 1831년에 큰 성과로 마무리되어 전기 문명의 문을 열어 놓았다. 이것은 신비한 전기의 힘을 인간이 동력으로 사용할 수 있는 전기 문명의 시작을 알리는 종소리와 같았다.

"숭고한 정신과 순진한 마음"의 소유자

페러데이는 죽을 때까지 샌디먼파의 열성적인 신도였으므로 사치를 싫어하고 명예로운 자리에 앉는 것을 멀리하였다. 1857년 명예스러운 왕립학회 회장에 추천되었지만 이를 사양했고, 그후 그의 과학에 대한 공적으로 '기사'의 칭호가 수여되었을 때도 이를 사양하였다. 그가 친구인 화학자 틴달에게 "나는 마지막까지 오직 마이클 페러데이다"고 한 말은 유명하며 우리들에게 커다란 감명을 준다.

어느 날 교회에 가야할 일요일에 엘리자베스 여왕으로부터 만찬에 초대받았다. 어찌하면 좋을지 고민하고 있을 때, 여왕의 명령에 따르는 것이 좋을 듯 싶어 교회에 나가지 않았다. 그 때문에 제명회의에 걸렸고 죄의 대가를 받을 때까지 취소되지 않았다. 그러나 종교적인 신앙 때문에 페러데이는 현재 과학자를 괴롭히고 있는 문제, 즉 인간의 이상과 국가의 요구라는 디레마에 빠지는 일이 없었다. 1856년의 크리미아 전쟁(영국과 러시아의 싸움)의 절정기에, 페러데이는 영국 정부로부터 전쟁에서 사용할 수 있는 '독가스'의 대량생산의 가능성과, 그의 계획이 가능할 경우 계획의 추진자로서 연구하겠느냐는 질문을 받았다. 그 즉시 그 계획은 분명히 가능하지만 자신은 절대로 관여하지 않겠다고 대답하였다.

페러데이는 결혼 이 후에 줄곧 왕립연구소의 2층에서 살았지만, 그의 팬의 한 사람인 알버트공의 노력으로 1858년 빅토리아 여왕으로부터 국가에 공헌한 사람에 대한 은전으로 저택을 선물로 받아 계속 그곳에서 살았다. 그리고 이곳에 이사온 9년 후인 1867년 8월 25일 67세로 생애를 마감하였다. 화학자 틴달은 "그의 위대함의 일부는 그의 과학 속에 나타나 있다. 그러나 과학 속에 나타나 있지 않은 것 바로 그것은, 그의 숭고한 정신과 순진한 마음이었다"고 그를 높이 평가하였다.

러시아 과학계를 바로 세운 로마노소프

어부 집안의 천재

우리들에게 잘 알려져 잊지 않은 과학자 미카일 바실리빗치 로마노소프(Mikhail Vasielievich Lomonosov : 1711~1765)는 러시아 데니소후카에서 여유있는 어부 집안의 아들로 태어났다. 계모 밑에서 벗어나기를 원했던 그는 17살 때 가출하여 모스코바로 갔다. 거리를 걸으면서 그의 눈길을 끈 것은 '스퍼스키 중등학교'라 씌어있는 간판이 달린 큰 건물이었다. 그는 17세인 자신의 나이가 입학하기에 조금 늦은 감이 있다고 스스로 생각한 끝에 입학을 포기하고 그곳을 지나갔다. 이어서 또 하나의 간판이 눈에 띄었다. '국립 귀족학교'였다. 교장과 면접했지만 귀족이 아니라는 이유로 보기 좋게 거절당하고, 하는 수 없이 다시 스퍼스키 중등학교로 되돌아와 이 학교에 입학하였다.

로마노소프는 슬라브어·그리스어·라틴어 수업을 무난하게 받았지만 생활은 결코 수월하지 않았다. 외국인 교사 대부분은 학생들을 난폭하게 다루고 그의 부모는 아들을 미워한 나머지 학비를 보내지 않았으므로, 그는 빵 한 조각과 차 한잔으로 한끼를 때워야 할 정도로 어렵게 생활하였다.

162

이 학교는 많은 장서를 보유하고 있었으므로 로마노소프는 많은 책을 마음껏 읽을 수 있었다. 수년 동안 그는 라틴어, 러시아어, 수학을 익혔고 다른 우수한 학생들을 따라잡을 수 있었다. 그는 교사들의 눈에 띄었다. 그의 지식의 깊이와 다양성은 교사들을 놀라게 하기에 충분하였다. 하지만 그가 귀족이라고 속이고 입학한 사실이 들통나 버렸다.

어떻게 하면 좋을까? 어부집안 출신의 젊은 로마노소프가 이 학교에서 공부를 계속하는 것이 허락되지 않았다. 하지만 그의 근면성은 이를 극복할 수 있을 만큼 모범적이었다. 결국 교사들은 법의 테두리를 벗어나 그가 이 학교를 수료할 때까지 공부를 계속할 수 있도록 결정하였다. 그는 한층 공부에 열중하였다.

행운이 찾아오다

로마노소프가 이 학교와 이별할 때가 왔다. 그 동안 그는 순수한 학문에만 머물러 있어서는 결코 안 된다고 느꼈다. 그의 친구들은 신학을 공부하기 위해 학교에서 학업을 계속하기로 마음을 굳혔다. 그러나 로마노소프는 신학에 특별한 관심이 없었다. 그의 머리를 채우고 있는 것은 실제적인 학문, 사람들에게 유익한 지식이었다.

그 무렵 가을 어느 날, 로마노소프는 나무 그늘이 짙은 공원의 오솔길을 걸으며 장래의 일을 생각하였다. 고뇌로 가득 차 있었다. 어디로 가서 무엇을 해야 하나? 그의 마음은 불안으로 짓눌리고 있었다. 그러나 해답은 없었다. 그 때 교장선생과 마주쳤다. 교장선생은 "아! 미카일 로마노소프"라고 반갑게 불렀다. "자네를 만나고 싶었네. 이 벤치에 앉자고. 오늘 페테르부르그로부터 편지를 받았네. 페테르부르그 학사원 총장 코르프 남작에게서 말이야. 이를 자네에게 읽어주고 싶었네"라고 말하면서 한 장의 편지를 보여 주었다.

편지 내용은 "대학과 페테르부르그 학사원이 통합된 것은 이미 알고 있을 거라 생각합니다. 지금 연구와 교육문제가 동시에 해결될 것 같습니다. 특히 내 주장에 따라 교양과 재능이 있는 학생을 러시아의 모든 중등학교에서 선발하여 대학에 입학시키기로 결정되었습니다. 귀하의 지도하에 있는 학교에 적격자가 있다면 즉시 추천해 주시기 바랍니다"이었다. 그리고 교장선생은 "자네를 보내고 싶네. 로마노소프, 어떤가?"라고 말을 이었다.

로마노소프는 기꺼이 받아들였다. 뜻밖의 행운을 잡았다. 학교생활의 마지막 몇 개월은 페테스부르그에 관한 공상으로 시간을 보냈다. 이 행운으로 가난했던 생활에 종지부를 찍고 1736년 1월 그는 대학생이 되었다.

1736년 봄, 로마노소프는 함브르크로 유학 길에 나섰다. 그곳에서 자연철학자 볼프 교수를 처음 만났다. 그는 유학시절 자연과학에만 열중하지 않았다. 문학과 역사, 그리고 지리학 강의도 들었다. 탐구심으로 가득한 그의 지성은 항상 새로운 것, 실제로 유용한 것을 찾았다. 그는 독일 문법이나 문학, 그리고 시에 관한 강의를 들으면서 러시아의 문법과 시에 대해서 많은 관심을 쏟았다. 그는 다른 국가의 문법에 비해서 조국의 문법이 어딘가 불완전하다고 생각하고 개혁의 시기가 왔다고 판단하였다. 그는 러시아 시인들이 사용하고 있는 음절수에 의한 작시법은 너무 단조로워 표현에 부족함이 있으므로 엑센트에 의한 작시법을 도입하지 않으면 안 된다고 생각하였다. 그는 시를 쓰기 시작했고 뛰어난 각본 등 문학작품을 남겼다. 1760년에는 최초의 『러시아 역사』도 썼다.

외국인 학자와 맞대결

로마노소프는 페테르부르그 대학의 물리학 조교로 임명되었다.

1742년 1월, 페테르부르그 학사원의 분위기는 극도로 긴장되어 있었다. 그것은 학사원이 두 진영으로 나뉘어져 있었으므로 과학자들 사이의 적의와 반목이 극도에 이르고 있었기 때문이었다. 한 쪽은 '외국인들'의 진영으로 총장 슈마하가 밀어주고 있었고, 또 한 쪽은 '러시아 사람들'의 진영으로 극소수에 불과하였다. 결국 학사원은 외국인들의 영향을 강하게 받고 있었다. 외국인은 주로 독일 사람이었고, 그들은 모든 힘을 다해서 지배적인 입장을 유지하려 하였다. 특히 그들은 러시아 과학자를 거의 인정하지 않았다.

처음에 로마노소프는 어느 편에도 속하지 않았다. 하지만 대다수 외국인들이 러시아에 온 이유가 단지 많은 봉급과 여러 특권 때문이라는 사실을 알고서, 그는 러시아 과학자들의 선봉에 나섰다. 그는 국가가 필요로 하는 학문은 당시 러시아의 지성을 발전시키는 데 있다고 강하게 믿고 있었다. 슈마하가 힘을 다해서 그의 활동을 저지하고 있었으므로 거의 학문에 전념할 수 없었다. 이러한 분위기 속에서도 로마노소프는 『수리 화학입문』을 출간하였다.

로마노소프는 많은 탐험을 통해서 학사원으로 가져온 광석이나 금속 화합물을 분석할 수 없었다. 그것은 실험실이 없기 때문이었다. 그는 실험실을 만들기 위해서 슈마하나 기타 측근과 싸워야만 하였다. 학사원 교수회의는 때로는 전쟁을 방불케 하였다. 독일인 과학자들은 로마노소프의 제안에 무조건 반대했고, 러시아 사람은 독일인의 학술발표를 강하게 비판하였다.

한가지 예로서, 당시 화학 세계에서 격렬하게 논쟁을 벌이고 있던 플로지스톤 이론을 들어보면, 독일 사람들은 독일의 화학자 슈탈이나 베허의 플로지스톤이론을 지지하는 반면에, 로마노소프는 이를 강렬하게 비판하였다. 이 과정에서 독일인 과학자와 로마노소프는 정면으로 대결하고 급기야 인신공격의 지경에까지 이르렀다. 로마노소프는 과격한 목소리로 이에 응수하여 독일인들을 공포의 함정으로 몰아 넣었다. 이전에 없었던 일이었다. 독일 사람들의 증오는 커졌지만 누구도 러시아의 천재 로마노소프를 반박하지 못하였다.

러시아 과학계의 건설

계속해서 많은 중상모략과 권모술수가 로마노소프 주변에 난무했지만, 1745년 8월 그는 학사원 회원으로 선출되었다. 이것은 대학의 화학교수가 되었다는 것을 말한다. 그는 화학 실험실의 건설을 위해 어려운 교섭을 계속하였다. 스스로 설계도를 만들고 마침내 필요한 자금이 할당되어 실험실의 건설을 시작하였다.

페테르부르그 대학의 화학교수로 임명된 이후, 1740년대와 1750년대에 그는 플로지스톤 이론에 반대했고, 프랑스 화학자 라부이지에보다 17년 앞서 질량보존의 법칙을 주장하였다. 또한 원자론적 견해를 지지하고 있었지만 너무 혁명적이었기 때문에 발표를 보류하였다. 열에 관해서는 미국계 영국인 럼퍼드와 마찬가지로 '열소설' 대신 한 '열 운동 이론'을 주장했고, 빛에 관해서는 영국의 물리학자 영처럼 파동설을 지지하였다. 어떤 경우에도 당시의 수준을 훨씬 넘어서는 뛰어난 생각들이었다. 그는 처음으로 수은의 응고를 기록하고(수은의 빙점이 -40℃로서 러시아의 겨울이 아니면 이러한 현상을 볼 수 없었다) 또한 친구와 둘이서 프랭클린의 연의 실험을 반복하다가 불행하게도 친구는 죽고 로마노소프는 간신히 살아났다.

1748년 가을에 화학 실험실이 당당히 완성되었다. 로마노소프는 그 이상 행복할 수 없었다. 이 자리에서 자연의 위대함을 노래 부르고, 산업발전에서 밑거름이 되는 과학 지식을 찬양하는 축시를 썼다. 그는 실험실 건설의 완성이라는 대승리를 수학자 오일러에게 편지로 보냈다. 이 편지를 쓰는데 수 주일이나 걸렸다고 한다. 이것은 글이 마음에 들지 않아서가 아니라, 자신의 견해를 상세하게 전하려 했기 때문이었다.

모스크바 대학 창립의 주역

로마노소프는 평소부터 중요한 관심사 하나를 마음 속 깊이 간직하고 있었다. 이것은 다시 학사원 회원들과의 분쟁에 그를 휘말리게 하였다. 러시아에는 많은 연구자가 필요했지만 이들을 양성하는데 페테르부르그 대학 하나로는 역부족이었다. 그래서 그는 강연여행에서 새로운 대학의 필요성을 역설했고 교육프로그램도 만들었다. 이것은 처음 있는 일이었지만 그 프로그램 속에 신학이 빠져있었다. 그것은 "누구에게도 필요 없으며, 거기에서는 아무런 이익도 얻을 수 없다"는 그의 생각 때문이었다.

1755년 로마노소프의 노력과 그의 직접적인 참여로 모스코바에처음으로 대학강좌의 문이 열렸다. 모스코바 대학의 제도는 당시페테르부르그 대학에 비해서 훨씬 민주적이었다. 그러나 대학 개설후 로마노소프는 더욱 많은 적이 생겼다. 그의 명성이 화근이었다. 로마노소프의 반대자들은 여러 술책으로 대학설립을 방해했고 때로는 그들의 책략이 성공하기도 하였다.

또 다른 시련이 로마노소프를 기다리고 있었다. 그가 학사원의고문으로 임명되었음에도 불구하고 실험실 사용이 금지되었다. 그래서 자택에 개인용 실험실을 만들지 않으면 안되었다. 집을 황급히 개조하고 이 개조가 순조롭게 진행되어 1년 후에는 새로운 실험실에서 연구를 시작할 수 있었다.

고생 끝에 영광

로마노소프는 스웨덴 학사원의 명예회원으로 선출되었다. 그의 업적이 외국 과학계로부터 인정받은 셈이다. 그는 집안을 서성거리며 "나의 업적을 인정해 주었다. 하지만 그것은 이 곳 사람들이 아니라 스웨덴 사람들이다!"라고 외쳤다. 이어서 "러시아에 있는 외국인들은 언제까지 우리들을 문화적으로 얕볼 것인가. 페테르부르그에서 제멋대로 굴러먹고 있는 젊은 외국인들이 언제까지 우리들을 깔볼 것인가"라고 또 한번 외쳤다. 그는 "내일을 말하고 있는 게 아니다. 러시아의 학자들이나 러시아의 학문이 문제이다. 러시아 국민들은 얼마나 많은 위대한 지성을 세상에 보내고 있는가. 러시아 국민은 후계자를 양성하지 않으면 안 된다. 러시아의 천재는 결코 유럽의 천재에 뒤지지 않는다. 이런 사실을 우선 이 나라의 위정자들이 이해해야 한다"고 외쳤다.

로마소노프가 스웨덴 학사원의 명예회원이 된지 3년 후에 페테르부르그 예술 학사원 명예회원으로 선출되었고, 그로부터 다시 1년 후에 이탈리아로부터 보로냐 학사원 명예박사로 그를 추천한다는 통지서가 전해졌다.

로마노소프는 어려운 환경 속에서 끊임없이 연구하고 정력을 소모한 탓으로 건강을 많이 해쳤다. 1756년 4월 4일 그는 세상을 떠났다. 그의 죽음은 러시아 과학계의 큰 손실이었다. 그의 천재적인 재능은 인간 지식의 모든 분야에 과감하게 도전하였다. 그는 문학자, 시인, 언어학자, 역사가, 지리학자, 야금학자, 물리학자, 화학자, 예술가였다. 화학이 학문으로서 탄생할 무렵에 살고 있던 그는 플로지스톤 이론에 반대했고 물리학이나 화학의 기초를 수립하였다. 물질과 에너지의 보존법칙을 공식화하여 많은 과학자들이 걸어가야 할 길을 처음으로 그가 개척한 것이다.

새롭게 알려진 로마노소프

만일 로마노소프가 서유럽에서 태어났더라면 그는 과학의 위대한 개척자로서 세상에 널리 알려졌을 것이 틀림없다. 지금도 그는 서유럽 사람들에게 잘 알려져 있지 않지만, 러시아에서는 그의 명예가 충분히 회복되었다. 그의 탄생지는 1948년 '로마노소프'로 개명되었고, 1960년 옛 소련의 인공위성이 달의 뒷면을 촬영했을 때, 한 분화구에 '로마노소프'라는 이름을 붙이었다.

옛 소련의 뛰어난 작가, 사회평론가, 학자, 정치가들은 그 동안 로마노소프를 많이 연구해 왔다. 그 중에서도 옛 소련의 물리학자 멘슈토킹은 조직적이고 치밀하게 로마노소프를 연구하여 그를 새롭게 태어나게 하였다. 그는 로마노소프의 몇몇 활동에 관해서 비판을 가하기도 했지만, 예외 없이 그를 깊이 존경했으며, 언어, 문학, 교육, 기술, 과학 등 러시아 문화에 기여한 점을 정식으로 인정하였다. 국가는 그의 위대한 진보적 활동을 인정하여 혁명 이전부터 그의 탄생일과 사망일에 성대한 기념행사를 거행하였다. 이러한 축전은 지금 점차 전 국민적인 규모로 되어가고 있다.

로마노소프의 최초의 기념비는 그의 고향에 건립되었다. 그것은 러시아의 위대한 조각가 마라토스의 작품이다. 그의 동상의 건립은 4년 지연되었지만 1825년 제막되었다. 그가 죽은 100년이 되는 1865년에 러시아 아카데미는 그를 기념하여 부상 1,000루불이 수여되는 '로마노소프 상'을 제정하였다. 이 상은 인문과학과 자연과학 분야에 매년 교대로 수여되며 지금도 계속되고 있다.

'로마노소프 전집'은 최근에 이르러서야 출판되었다. 러시아의 학자나 사회활동가 중에서 로마노소프 만큼 풍부한 전기적, 역사적 자료를 많이 남기고 있는 사람도 드물다. 그러나 유감스럽게도 로마노소프의 초상화는 남아 있지 않다. 현재 남아 있는 초상화는 대개가 복사된 것이다. 이것은 이름도 재능도 없는 화가에 의해서 로마노소프가 죽은 뒤에 그려진 한 장의 원본(판화)으로부터 복사된 반신상이다. 아마도 이 원본은 로마노소프를 개인적으로 알고 있던 친구가 생생한 영감을 통해서 그려진 듯 싶다.

과학자 사회에서 고립된 과학자

로마노소프의 연구 업적은 외국에 널리 알려져 있지 않으며, 앞서 말한 멘슈토킹의 저서가 나올 때까지 러시아에서도 거의 알려져 있지 않았다. 어째서 이와 같은 일이 생겼는가? 로마노소프 자신은 발견의 선취권을 중요시하지 않았지만 그 보다 더욱 중요한 원인은 그가 국내는 물론 외국의 학계와 거의 연락이 없었던 때문이다.

17세기부터 각국에는 과학자 집단(대학, 아카데미, 연구소 등)이 출현하고 과학자들은 그 곳을 통해서 학술정보를 교환하고 서로 연락함으로써 학계의 동향을 살필 수 있었다. 그러나 과학자 집단 밖의 과학자의 연구는 인정받지 못하는 것이 일반적이었다. 어느 과학자나 그의 연구성과가 국내외적으로 발표되고 다른 과학자 집단으로부터 인정받거나 증명되지 않으면 안 된다. 하지만 이런 일은 개인적인 접촉을 통해서는 성공할 수 없다. 사람을 만나고 그의 연구실을 방문함으로써 그 사람의 연구에 대한 신뢰와 그 사람과 협력하고 싶은 의욕이 생긴다.

오늘날 과학자 사이의 개인적인 접촉의 필요성은 당연하지만, 지금은 개인적인 접촉보다도 보통 국제 회의나 학회와 접촉하는 경향이 늘어가고 있다. 그러나 로마노소프를 위시하여 러시아 과학자들의 연구는 세계의 과학계로부터 고립되어 있었다. 그것은 러시아 과학자들이 정치적으로나 경제적인 이유로 자유로이 외국에 여행할 수 없었던 때문이었다.

러시아 화학회 설립의 주역 멘델레프

교양 있는 어머니 밑에서

러시아의 화학자 드미트리 이바노비치 멘델레프(Dmitri Ivanovitch Mendeleev, 1834~1907)는 시베리아의 드블스크에서 14번째의 막내둥이로 태어났다. 아버지는 드블스크의 김나지움 교장으로 매우 신망이 두터웠고, 어머니는 이 지방의 토박이 집안의 출신으로, 여성이 고등교육을 받을 수 없었던 현실에 분개하여 독학으로 남자에 뒤지지 않는 지식을 몸에 익힌 사람이다. 일찍부터 "육신을 위해 살아가는 것은 재미없다. 비록 적을지라도 혼이나 마음을 위해 하루 중에 자유로움이 있어야 한다"고 그녀는 입버릇처럼 말하였다. 이처럼 교양 있는 양친 때문에 멘델레프의 집은 동네 문화의 등불로서 동네 사람들의 정신생활의 중심지였다. 유명한 사람이나 형을 치른 사람이나 신분을 따지지 않고 모두 이 집에 모였다 한다.

그러나 아버지는 멘델레프를 낳자마자 눈병을 앓고 결국은 실명하여 직장을 그만 두었다. 그래서 어머니가 이 대가족의 기둥이 되었다. 어머니는 친정 아버지가 오랫동안 폐쇄했던 유리공장을 양도받아 이를 부흥시키려고 몇몇 공원을 고용하여 일을 시작했지만 경제적으로 매우 어려웠다. 이처럼 어려움 속에서도 멘델레프의 집은 이전과 마찬가지로 마을 문화의 중심지 구실을 하였다. 어머니는 아이들에게 신을 받들 것과 노동의 즐거움을 가르쳤다. 그의 어머니는 공장 안에 교회를 세우고 일요일에는 고용인들을 모이게 하여 예배를 치렀고, 평일에는 마을 아이들을 모아 놓고 책을 읽도록 하였다.

멘델레프는 7살 때 드볼스크의 김나지움에 들어갔다. 그가 좋아하는 과목은 수학, 자연과학, 역사이고, 프랑스어에 뛰어났다. 어느 날, 그는 라틴어를 싫어하는 학생끼리 교외의 동산에 모여 각자의 라틴어 교과서를 불태우면서 서로 라틴어 졸업을 축하했다고 한다.

어머니와 함께 모스크바로

아버지의 불행한 죽음, 그 뒤를 이어 누나의 타계, 그리고 유리 공장의 화재라는 불행이 이 집에 연이어 찾아 왔다. 이미 57세를 넘은 어머니는 고향을 버리고 15세의 멘델레프와 바로 위 누나와 함께 모스크바로 떠났다. 우랄산맥을 넘고 볼가강을 건너 눈보라를 헤치는 고생스러운 행군을 계속하였다. 고통스러운 행군을 하면서도 어머니는 아들 멘델레프를 오로지 모스크바 대학에 입학시키려 하는 마음뿐이었다.

멘델레프는 드볼스크의 김나지움을 썩 좋은 성적으로 졸업하지 못했기 때문에 모스크바 대학에 입학할 수 없었다. 이 때 어머니의 낙담한 모습은 멘델레프의 머리 속에서 평생 떠나지 않았다고 한다. 어머니는 멘델레프의 아버지의 모교인 페테르부르그 대학의 의학부에 그를 우선 입학시켰다. 그러나 시체 해부현장을 보고 놀라 정신을 잃을 뻔했던 멘델레프는 의사가 될 자격이 없었다. 그래서 아버지처럼 교육학부를 지원하였다. 그러나 공교롭게 그 해에 일어난 학생소동 때문에 신입생 모집이 중단되었다. 어머니는 학부 장에게 사정을 말하려 면회를 신청하였다. 다행히 학부 장은 아버지와 동창생이었고 어머니의 필사적인 간청으로 예외로 수리학과에 장학생으로 입학하였다.

어머니는 이 무렵 정신적으로나 육체적으로 지칠 대로 지쳐 누운지 몇 일만에 영원히 잠들었다. 그녀는 아들 멘델레프에게 다음과 같은 유서를 남겼다. "학문에서 경험을 하지 않고 추론에 의지하는 경향이 있는데 여기에서 과감히 탈피해야 하며, 삶에 있어서는 말보다도 행동이 우선해야 한다."

후년에 멘델레프는 한 저서의 머리말에서 "나는 어머니 아리아 드미트리 에프타 멘델레프를 생각하기 위해"라고 헌사를 썼다. 어머니를 잃은 16세의 멘델레프는 어머니의 얼굴을 머리에 그리면서 대학 기숙사를 제2의 가정으로 삼고 열심히 공부하였다. 시베리아의 김나지움에서처럼 평범하게 공부하던 소년이 아니고 이제 뛰어나고 열성적인 우등생으로 변신하였다.

장학생으로 유럽에 유학

학급에서 수석으로 졸업한 멘델레프는 이전에 폐를 앓아 각혈한 적이 있었으므로 기후가 좋은 크리미아 지방의 김나지움 교사로 근무하였다. 그러나 크리미아 전쟁으로 오뎃사의 김나지움으로 옮겼다가, 그 후 페테르부르그의 모교로 돌아와 강사로서 근무하였다.

1859년부터 2년간 멘델레프는 문무성 장학생으로 프랑스, 독일에 유학하였다. 이 때 그는 독일 칼스로에서 개최된 국제화학자회의(1860년)에 참석하는 기회를 얻어 이탈리아의 화학자 카닛짜로의 강연을 듣고 감탄하였다. 그는 이 회의에서 매우 유익한 일들을 많이 하였다. 그는 자진해서 준비위원으로 활약하였다. 미래의 화학 발전을 위한 이 회의에서 그는 개인 자격으로 열정을 지니고 활동하였다.

멘델레프는 여러 대학들을 돌면서 유명한 학자들과 친분을 맺고 연구실을 살펴보며 연구에 필요한 실험기구들을 구입하였다. 파리를 왕래하고 있던 러시아 화학자 베케토프는 멘델레프에게 프랑스의 유명한 화학자 베르톨레를 소개시켜 주었다. 멘델레프는 베르톨레의 평범함과 사물에 대한 원초적인 시각, 그리고 박식함에 매력을 느꼈다. 1년 후에 다시 파리를 방문한 멘델레프는 프랑스에서 가장 유명한 화학자인 뒤마와 뷔르츠 등과 친분을 맺었다. 또한 하이델베르크에서는 유명한 화학자 분젠과 키르히호프도 만났다.

『유기화학』 및 『화학의 기초』 저술

귀국 후 멘델레프는 페테르부르그 대학에서 유기화학 강의를 맡았고, 몇 주일밖에 되지 않은 짧은 기간에 완성한 저서 『유기화학』은 그의 연구 업적 중에서 가장 빛나는 결실이었다. 화학자 찌미랴제프는 이 책에 대한 서평에서 "저서 『유기화학』의 간단하고 명료함은 유럽의 어떤 교재에서도 찾아볼 수 없으며, 이 책은 가까운 미래에 러시아 화학을 최고의 수준으로 끌어올려 주는 초석이 될 것임을 확신한다"고 썼다. 이 책은 콩쿠르에서 최우수상을 받았고 부상으로 1428루불을 받아 빚을 청산하였다.

또한 1868년과 70년 사이에 멘델레프는 대학 부속의 화학실험실에서 강의와 연구를 통해서 얻은 경험을 바탕으로, 교과서 『화학의 기초』를 저술하였다. 이는 러시아에서 출판된 화학 교과서로는 가장 뛰어난 것으로 어디에 내놓아도 손색이 없었다. 무수한 각주는 본문과 같은 분량이었고 곧 영어로 번역되었다. 이 연구를 통해서 유명한 '주기율표'가 완성되었다. 이 책은 그의 활동 중에서 가장 중요한 업적중 하나이다.

1865년 31세에 학위를 받은 멘델레프는 그 해에 공업화학 교수, 2년 후에는 무기화학 담당 교수가 되었다. 그는 항상 "화학이란 폐쇄주의를 탈피하고 논문을 잘 읽고 맛을 잘 보아야만 이해할 수 있는 것이다"고 학생들에게 강조하였다. 그의 한 제자는 "1868년에 멘델레프 교수로부터 유기화학을 배웠다. 그 전 해에 무기화학 교수로부터 배운 내용은 비밀처방의 집적과 같은 것으로 기억하고 있는데 너무 어려웠다. 그러나 멘델레프 교수의 강의를 듣고 화학이야말로 진짜 과학의 하나임을 처음으로 알았다"고 그때를 추억하였다.

여기서 집고 넘어갈 것은 멘델레프는 과학을 연구하는 연구자로서, 또한 강의를 하는 교육자로서, 모든 일들을 조화롭게 진행했을 뿐만 아니라, 공동 연구에서도 협동심을 발휘했다는 점이다. 이것은 부분적으로 말해서 러시아 화학회의 태동을 알리는 신호와 같았다.

러시아 화학회 설립의 주역

러시아 화학자가 단결해야 할 필요성을 강조한 글이 1862년 8월 17일자 「러시아 장애인」 신문에 처음 게재되었다. 이 글은 화학회 구성의 가능성에 대한 기사였다. 거기에 멘델레프도 중진 화학자의 한 사람으로 명단에 올라 있었다. 화학회 설립에 즈음해서 화학자인 지닌의 역할과 다른 기성세대의 러시아 화학자들의 활약은 매우 컸다. 물론 연구실에서 함께 연구한 젊은 화학자들도 제몫을 해냈다. 특히 1868년 한 해 동안에 멘델레프를 중심으로 한 화학자들의 협력은 화학회의 설립의 직접적인 계기가 되었다. 화학회의 정관은 그 해 10월 26일에 채택되고, 첫 회의는 1868년 11월 6일에 열렸다. 그리고 멘델레프가 이 회의를 주관하였다. 이 학회의 의장으로 과학 아카데미 회원인 지닌이 선출되었으나 화학회를 실질적으로

운영한 중심 사람은 멘델레프였다.

석유화학의 개척자

멘델레프는 여러 화학 물질의 원료인 석유를 매우 중요시하였다. 그는 석유가 연료 이외에 사용될 가능성이 많이 있다고 믿었다. 그가 쓴 경제 관련 글을 보면 석유의 채취방법, 석유의 출처, 석유의 가공법 등에 대한 문제점을 많이 제시해 놓고 있다. 특히 석유를 연속적으로 증류할 수 있는 장치들을 제작하기 위해서 계획을 수립하고, 송유관 설치 방법에 관해서도 연구를 계속하였다. 또한 유조선의 건조와 석유 저장탱크의 개발 등에 몰두했고, 동시에 정유소의 위치를 선정하기도 하였다.

멘델레프는 공업화학 분야에서 많은 연구 업적을 이루어 놓았으므로 1867년 파리 국제박람회에 러시아 기술 전문가로 발탁되어 대표로 참석하였다. 그가 이 박람회에 참가한 이후에 발간한 책이 있다. 이 책의 제목은『1867년 국제 박람회에 관하여, 화학제품의 신기술을 러시아에 응용하려면』이다.

또한 멘델레프는 미합중국 탄생 100주년을 기념하는 국제박람회에 참석하기 위해 미국을 방문하였다. 그는 펜실베니아주에서 석유산업에 종사하는 전문가들과 교류하면서 미국의 석유 전문가들을 매우 높게 평가하였다. 미국을 돌아본 그는 1877년에『북미 펜실베니아주와 러시아 카프카스의 석유산업』이란 견문록을 출판하였다. 이 책으로 석유산업 전반에 관련된 전무가로서 권위를 인정받았고 정부로부터 호평을 받았다.

멘델레프의 활동 중에서 특이한 것은 1887년 멜델레프가 프랑스의 화학자 게이 뤼삭처럼 기구를 타고 하늘 높이 올라가 일식을 촬영한 일이다. 그는 기구의 운전을 전혀 못했지만 한 사람밖에 탈

176

수 없었으므로 하는 수 없이 혼자서 탔다. 기구 안에 서 있는 그의 모습은 왕자처럼 의젓했고, 그의 긴 머리와 턱수염은 마치 예수처럼 보였다 한다.

철저한 자유주의자

멘델레프의 강의 노트를 보면, 그는 점진적인 개혁논자들의 입장을 지지하고 있다. 즉 혁명에 반대하고 점진적 개혁론에 동참함으로써 모든 산업과 교육이 점진적으로 개혁된다고 주장하였다. 점진적인 개혁과 관련하여 그는 이전에 이룩해 놓은 과학자들의 업적을 토대로 변화가 이루어져야 한다고 주장하였다. 그러나 그의 강의나 논문, 저서에서는 매우 혁신적인 성향을 엿볼 수 있고, 실질적인 결정을 내릴 때에는 항상 공익이 우선하였다.

어느 날 교수회의가 진행되고 있을 때, 페테르부르그 주지사가 총장에게 즉시 올 것을 명령하였다. 이 때 멘델레프는 총장에게 동행할 것을 제의하였다. 총장과 멘델레프 앞에서 주지사는 큰 소리로 협박하였다. 잠자코 듣고만 있던 멘델레프는 분개하여 반격에 나섰다. "감히 당신이 어떻게 우리를 위협할 수 있단 말이요. 당신은 도대체 누구요. 당신은 군인 이외에 그 이상도 그 이하도 아니지 않소. 무례한 당신은 내가 누구인지 알고 있소. 멘델레프는 과학사에 영원히 남을 이름이란 말이오. 나는 '원소 주기율표'를 만들어 화학에서 개혁을 이룩한 사람이라는 것을 당신은 아시오. 주기율이란 무엇인지 대답해 보시오" 주지사가 주기율을 알리 없었다. 그는 당황했다고 한다.

멘델레프는 철저한 자유주의자로서 정부로부터 여러 번 경고를 받았지만 두려워하지 않고 학생에 대한 정부의 탄압을 비판하였다. 평민을 사랑하고 여행할 때는 항상 3등 열차에 탔다(독일의 물리학자 맥스웰도 같은 습성이 있었다). 그러면서도 1904년 노일전쟁 때는 국가를 사랑하는 마음에서 전쟁에 협력하였다.

한 표 차이로 노벨상을 놓침

1874년 10월에 아카데미 회원인 화학자 지닌을 비롯하여 세 사람은 멘델레프를 과학 아카데미의 예비회원으로 임명할 것을 제안하였다. 그러나 11명의 심사원 중에서 8명이 반대하여 취소되고 말았다. 이어 1876년 11월에는 18명의 심사위원 중에서 2명만이 반대하여 과학 아카데미의 준회원이 되었다. 그러나 화학 분야의 회원이 아닌 물리학 분야에서였다. 결국 그는 과학 아카데미 정회원으로 선출되지 못하였다. 하지만 그는 외국의 과학 아카데미 회원으로 이미 선출되었다. 과학 아카데미의 집행 위원들은 왕실의 고위 관료들에 의해서 임명되고, 이들은 자유로운 사고방식을 지닌 멘델레프를 과학 아카데미 회원으로 추천되는 것을 꺼렸다. 더욱이 1890년대에 일어난 학생 소요 때에 멘델레프는 학생을 옹호하고 문교부 장관에게 항의함으로써 대학에서 쫓겨났다.

1906년 그가 죽기 수개월 전, 노벨상을 받을 것으로 거의 확실히 예상되었는데, 한 표 차이로 프랑스 화학자 모앗쌍에게 빼앗겼다. 1907년 감기로 폐렴을 앓다가 73세로 타계하였다. 정부는 5일장으로 성대하게 장례식을 치렀다. 크게 만들어진 '원소 주기율 표'가 학생에 의해서 장례 행열 선두에서 운반되었다. 그는 어머니가 묻힌 바로 곁에 안장되었다. 1955년에 원자번호 101번 원소가 발견되자 그 원소의 이름을 멘델레프의 이름을 붙여 '멘델레비움'이라 부르기로 결정하였다.

멘델레프가 과학에 공헌한 업적을 기리면서 프라우다지는 다음과 같은 기사를 실었다. "위대하고 숭고하며, 화학의 개척자인 멘델레

프는 그 시대의 과학 발전에서 탁월한 추진력과 통찰력을 발휘하였
다. 지금 러시아는 멘델레프와 같은 사람을 필요로 하고 있다."

5

전통적 과학교육방법을 무너뜨린 과학자들

교수 전용 실험실을 개방한 화학자 리비히
창조성과 개성을 중시한 핵물리학자 러더퍼드

교수 전용 실험실을 개방한 화학자 리비히

화학에 대한 열정

독일의 화학자 유스터스 폰 리비히(Justus von Liebig : 1803~73)
는 중앙 독일 헷슨주의 다름스탯트에서 태어났다. 아버지는 의약품
이나 염료를 제조판매 하면서 생계를 꾸려나가는 한편, 화학실험을
좋아하여 기회가 있을 때마다 실험을 하였다. 이것이 리비히를 화
학자로 만든 계기가 되었다.

리비히는 어릴 적부터 염료나 약제를 만드는 아버지의 일에 흥
미를 가지고 아버지를 돕는 한편, 아버지의 친구가 궁정 도서관에
근무하고 있었으므로 화학 책을 빌리고, 그 책에 실려있는 실험을
직접 해보기도 하였다. 그는 후년 그 무렵을 회상하면서, "…무엇인
가 새로운 사실이 발견될 때까지 나는 몇 번이고 반복하여 실험을
하고, 어떤 것이 어떤 외관을 하고 있는지 머리 속에서 번뜩이고
있었다. 또한 비슷한 점이나 다른 점을 등을 찾아내는 것이 그 후
효과가 있었다"고 말하였다.

그러나 지나치게 화학에 열중한 나머지 다른 학과가 뒤져 성적
은 학급에서 최하위를 맴돌고 있었다. 지나치게 성적이 떨어지는
리비히에게 화를 낸 선생이 "자네는 커서 무엇이 되겠는가"라고 질

책을 하자, 그는 서슴없이 "화학자가 되겠습니다"라고 대답하여 학급 학생의 웃음을 샀다고 한다.

당시 이 마을에서 화학자라면 '약종상의 도제'라던가 염직업의 직인 정도로 생각하였다. 하지만 리비히는 단지 약품을 만지작거리고 있는 것만은 아니었다. 13·4살 무렵 어느 날 동네에서 시장이 열렸다. 그는 그곳에서 기폭제로 사용되는 뇌관이 수은과 질산과 알코올로 되었음을 알고서, 여러 실험을 거쳐 거의 비슷한 것을 만들어냈다. 그리고 이를 아버지의 점포에서 판매했다고 한다.

15살 때에 가까운 동네의 약종상의 심부름꾼으로 들어갔지만, 약초를 잘게 자른다든지, 환약을 만드는 단순한 일이 그다지 재미없는 데다가, 실험을 하는 도중 실수로 폭발하여 이층 일부를 태워버렸다. 그 때문에 1년도 채 못되어 그만두었고 집에 돌아온 그는 아버지의 일을 돕거나 궁정 도서관에서 책을 빌려 읽었다.

약국 종업원의 대학 진학

화학을 좋아하는 리비히의 학구열이 주 정부에 전해져 국비생으로 선발되어 17살 때에 본 대학에 입학하게 되었다. 그러나 본 대학이나 그 후에 옮긴 에르랑겐 대학도 그를 만족시키지 못하였다. 당시 이러한 대학에는 '독일 자연철학'의 영향이 짙게 깔려 있었다. 자연철학에서는 실험연구를 하지 않고 추상적인 사변만으로 자연현상을 설명하는 것이 본질적인 연구였다. 그러므로 실험적이 무시되는 풍조가 짙었다.

게다가 에르랑겐에서 리비히에게 좋지 않은 일이 일어났다. 그는 학생신문을 만들고 있었는데, 1821년 어느 날 우연히 시민과 학생 사이에 패싸움이 벌어졌고, 그는 이에 말려들어 치안을 문란하게 한 주모자의 한 사람으로 체포되었다.

　이러한 일로 독일 대학에 실망한 리비히는 일단 고향으로 돌아
왔다가, 다시 정신을 가다듬고 이번에는 프랑스의 소르본느 대학에
입학하였다. 과연 이곳에는 독일 화학자들과 달리 게이 루삭이나
듀머 등 뛰어난 화학 교수가 활동하고 있었으므로 이론이 정연한
강의가 진행되고, 더욱이 그 밑에서 풍부하게 실험을 할 수 있었다.
그는 이곳에서 처음으로 사실과 이론이 일치하는 화학강의를 듣고
파리에 온 것을 기쁘게 생각하였다. 그는 파리에서 독일의 언어학
자 훔볼트로부터 인정받고, 그의 소개로 게이 뤼삭의 연구실에 들
어가게 되었다. 그가 19살 때였다.

　리비히의 프랑스 유학과 독일 화학의 발전과 관련하여 집고 넘
어갈 것은 프랑스에 와 있던 독일 사람 훔볼트의 활동이다. 1840년
무렵까지 독일은 여전히 자연철학의 흐름이 강하게 이어지고 있었
다. 리비히는 이 흐름을 19세기의 '흑사병'이라 불렀다. 그것은 독일
의 낭만주의와 자연철학이 실험과학을 억압하고 있었기 때문이었
다. 이런 상황을 본 훔볼트는 실험과학을 장려하면서 '손을 적시지
않는 화학자'에 대해서 경고하였다. 리비히가 파리에 유학한 것도,
귀국 후 21세의 젊은 나이로 기슨 대학의 교수로 임명된 것도 모
두가 훔볼트의 후원이었다.

화학자 뵈라와의 우정

　리비히는 독일 화학자 뵈라와 공동연구를 많이 하였다. 그들 사
이의 우정은 처음 만난 이래 45년간 조금도 변함이 없었다. 리비히
는 후년 이렇게 회상하고 있다. "나는 같은 취미와 같은 목적을 지
닌 친구를 가져 행운을 얻었다. 오랜 세월 동안 두 사람은 따뜻한
우정으로 맺어가며 살았다. 나의 장점은 물질이나 그 화합물의 성
질의 유사점을 발견하는 일이었지만, 친구인 뵈라는 틀린 점을 찾

아내는데 뛰어난 재능이 있었다. 그에게는 관찰의 예민함, 누구에게
도 지지 않는 성격을 지니고 있었다.… 우리들은 손을 마주 잡고
우리들의 길을 헤쳐 나갔다."

두 사람은 서로 많은 편지를 주고받았고, 그 수는 모두 1,500통
에 이르렀다 한다. 두 사람의 우정이 얼마나 두터웠는지 잘 말해주
고 있다. 그중 한 통은 결혼하자마자 부인를 잃은 뵈라를 위로하기
위해서 보낸 편지이다. 그들 두 사람은 줄곧 '우정의 표본'이 되었
다. 독일에서는 과학자의 우정으로 리비히와 뵈라, 문학자의 우정으
로 '괴테와 실러'의 경우를 흔히 예로 들고 있다.

리비히의 성격은 대단하여 사나울 정도였지만, 불상한 사람들에
게는 한없이 동정심을 폈다. 친구인 화학자 호프먼과 함께 티롤산
을 여행하던 어느 날, 한 노인을 만났다. 그 노인은 패잔병으로 쓸
어질듯 길을 걷고 있었다. 마음에서 동정심이 울어난 두 사람은 그
에게 약간의 돈을 주었다. 노인보다 앞서간 두 사람이 음식점에서
점심을 먹고 있을 때, 마침 그 노인이 들어 왔다. 세 사람은 점심
을 같이 하였다. 그 노인은 마라리아에 걸려 떨고 있었다. 호프먼이
잠시 낮잠을 자고 있는 사이에 리비히는 근처 동네 약국에서 약을
구하여 그 노인에게 건네주었다. 이런 인정스러운 면도 리비히에게
있었다.

1871년 보불전쟁이 프러시아의 승리로 끝났을 때에 리비히의 태
도는 매우 훌륭하였다. "반 세기 전에 우리들은 프랑스로부터 참지
못할 만큼 쓴잔을 들었다. 그러나 지금 그들이 쓴잔을 들고 있다.
하지만 이러한 싸움이 반복되어서는 안 된다. 더욱이 독일의 과학
은 프랑스로부터 큰 혜택을 받았다. 나 자신도 게이 뤼삭 선생으로
부터 받았던 은혜를 잊지 않고 있다. 지금 독일의 과학은 프랑스
과학과 나란히 걷고 있다. 우리 과학자가 앞에 나서 프랑스에 대한
화해의 손을 내밀지 않겠는가"라고 설명하면서 정부를 설득하였다

한다.

기슨 대학의 화학 실험실

리비히는 뛰어난 연구자임과 동시에 참된 교육자였다. 21세에 기슨 대학의 교수가 된 그는 학생들에게 많은 실험을 할 수 있도록 배려했고, 그들에게 자주독립의 정신을 심어줄 수 있도록 화학 실험실을 개방하였다. 그는 "이 곳의 학생들은 스스로 연구하면서 배우고 익힌다. 나는 문제를 주고 연구의 경과를 감독하는데 그치며 결코 간섭하지 않는다. 나는 학기마다 한 사람, 한 사람의 학생으로부터 각자가 전날에 연구한 결과를 듣거나, 이제부터 할 일에 대해서 의견을 듣는다. 그리고 나는 그것에 찬성하거나 반대하거나 한다. 각자는 스스로 연구를 해나갈 의무가 있다"고 말하였다.

기슨 대학의 화학교실의 평판은 곧 국내외에 널리 알려져 독일뿐만이 아니라 영국, 러시아, 멀리서는 미국, 멕시코 등지에서 많은 학생들이 몰려 왔다. 이 대학의 화학교실을 거쳐간 화학자는 대단히 많다. 호프먼, 케큐레, 우르쯔, 레즈할프, 윌리엄, 프랑크랜드, 에르렌마이어, 페링 등 유명한 화학자가 배출되었다. 또한 호프먼과 케큐레의 제자 중에서 노벨 화학상을 받은 화학자는 어림잡아 30여 명이 된다.

1824년부터 리비히는 기슨 대학에서 27년간 근무하였다. 그 사이에 다른 대학에서 화려한 조건을 내걸고 초청하려 했지만, 헷슨 정부의 호의에 항상 감사하고 쉽게 받아들이지 않았다. 그러나 1852년 바이에른 국왕의 후한 초대에 대해서는 거절하지 못하고 곧 뮌헨 대학으로 옮겼다. 여기서는 실험지도는 하지 않고 학생에 대한 강의 이외에 대중에게 특별강의를 많이 하였다.

또한 『농예화학의 원리』, 『농업의 이론과 실제』 등 농업 관계의 저서를 몇 권 발간하였다. 그는 화학비료의 사용을 적극 권장하였다. 따라서 과학영농을 하는 국가에서는 식량의 증산이 뒤따랐을 뿐 아니라 퇴비의 사용이 폐지됨으로써 전염병의 발병이 줄어들었다.

이곳에서 20여 년의 세월이 흘렀다. 1873년 4월 초 따스한 봄날 오후, 정원의 안락 의자에서 잠시 잠을 자다가 감기에 걸렸다. 그리고 기관지염이 심해져 폐렴으로 돌아 10여일 후에 영원히 잠들었다. 1845년 리비히는 세습남작이 되었다. 그는 뛰어난 문장력을 바탕으로 많은 저서를 남겼을 뿐 아니라, 리비히 단독으로 발표된 논문만도 300편 이상이나 된다.

창조성과 개성을 중시한 핵물리학자 러더퍼드

뉴질랜드 출신의 농사꾼

영국의 물리학자 어네스트 러더퍼드(Ernest Rutherford, 1st Baron of Nelson, 1871~1937)경의 아버지는 수레 제작을 부업으로 삼고 있던 농부였다. 그는 아버지를 도와 농장에서 일했지만, 학교성적이 매우 뛰어나서 장학금을 받아가면서 뉴질랜드 대학을 졸업하였다. 그는 대학시절에 물리학에 흥미를 가졌다. 그는 자기 전파탐지를 개발했지만 그의 실용화에는 전혀 관심이 없었고, 무선전신에 관한 전문가로서의 증언을 거부할 정도였다. 만일 이 일에 관여했다면 상아탑으로부터 쫓겨났을 것이다.

1895년에 러더퍼드에게 케임브리지 대학 장학금을 신청할 수 있는 기회가 찾아 왔다. 이것은 러더퍼드 자신을 위해서나, 세계 사람을 위해서도 매우 다행스러운 일이었다. 그것은 러더퍼드의 성적이 두 번째이므로 관례로 보아서 장학금이 나오지 않았을 텐데, 일등으로 졸업한 학생이 가정 사정으로 이를 양보했기 때문에 러더퍼드에게 장학금이 돌아 왔다. 또한 케임브리지 대학에서는 그 때까지 다른 대학의 졸업생을 입학시키지 않았는데, 이 무렵 마침 학칙이 바뀌어져 러더퍼드에게 개정된 새로운 규칙이 맨 먼저 적용되었다.

이처럼 행운이 담긴 편지가 그의 농장에 도착했을 때 그는 감자를 캐고 있었다. 그의 운명이 크게 바뀌었다. 그는 케임브리지 대학에서 물리학자 톰슨의 지도를 받았고, 카나다의 몬트리올 대학에 잠시 있다가 뉴질랜드로 돌아와 결혼하고, 다시 영국으로 돌아갔다.

훌륭한 과학자, 참된 스승

영국의 유명한 캐빈디쉬 연구소의 제4대 소장으로 취임한 러더퍼드는 방사능에 관한 현대적인 학문을 창조하였다. 특히 그는 방사능은 방사성 원소의 원자가 자연스럽게 붕괴하는 과정이라고 이해한 최초의 사람으로, 질소 원자에 알파 입자를 인공적으로 충돌시켜 산소 원자와 수소 원자로 변환시키는데 최초로 성공하였다(인공 핵변환). 또한 원자가 혹성계와 같은 구조를 하고 있다는 것을 처음으로 밝힌 것도 러더퍼드였다. 이와 같은 업적만 보더라도 그가 위대한 핵물리학자인 것만은 분명하다.

알고 있는 바와 같이, 오늘날 방사능의 연구로부터 '핵물리학'이라 부르는 독립된 학문이 탄생하였다. 지금도 원자핵의 여러 현상에 관한 연구는 물리학 분야에서 발표된 전체 연구논문의 5분의 1에 이르고 있다. 지금도 핵물리학과 그의 응용은 꾸준히 발전하고 있다. 그러므로 러더퍼드나 그의 학파 사람들의 연구로부터 핵물리학이 어떻게 해서 이처럼 발전했는가를 밝히는 것은 매우 흥미 깊고 교훈적이라 생각한다.

러더퍼드는 훌륭한 과학자였을 뿐 아니라 참된 스승인 것으로도 유명하다. 그 당시에 러더퍼드만큼 우수한 물리학자를 많이 배출한 사람도 그렇게 흔치 않다. 위대한 과학자가 반드시 훌륭한 인간은 아니지만, 참된 스승은 항상 훌륭한 인간임을 과학의 역사는 잘 보여주고 있다.

현대의 페러데이 −창조성과 대담성

과학자로서의 러더퍼드에 관한 책들은 이미 많이 쏟아져 나왔다. 이런 책들을 통해서 보면 그의 사고의 간결함과 명쾌함, 예리한 직관력, 격렬한 열정, 풍성한 창조력 등에서 그의 개성을 찾을 수 있다. 또한 그의 연구실적을 통해서 그의 사고의 두드러진 특징을 찾아보면 창조성과 대담성이라는 결론에 이른다.

과학사를 통해서 보면, 기본적인 새로운 개념의 일정한 발전 단계에서는 박학한 것이 문제를 해결시켜 주는 주요한 요인은 아니고, 그 보다 중요한 것은 창조성과 대담성이다. 러더퍼드는 창조성과 대담성을 지니고 있었던 점으로 미루어 보아, 그를 '현대의 페러데이'라 불러도 무방하다.

20세기 초기 러더퍼드가 방사능의 연구를 시작할 때, 이 현상은 이미 자연의 근본적인 법칙, 즉 에너지보존의 법칙에 모순된다는 것이 실험적으로 밝혀졌다. 그에 의해서 처음으로 이룩된 방사능에 대한 설명, 즉 원자핵까지도 붕괴된다는 그의 설명은 이러한 현상을 이해하는 열쇠를 곧 바로 주었고, 그 후의 연구에 올바른 방향을 잡아 주었다. 또 원자의 혹성계 모형이 그에 의해서 구상되었을 때도 같은 일이 일어났다. 이 모형은 고전적인 전기역학과 근본적으로 모순되었다. 그것은 전자가 혹성처럼 궤도를 운동할 때는 끊임없는 복사에 의해서 그의 운동에너지를 잃고 있기 때문이다.

많은 물리학자들, 특히 이론 물리학자들은 학술논쟁을 좋아한다. 그들에게는 논쟁의 과정이 곧 사고 방법이다. 그러나 러더퍼드는 논쟁을 하는 일이 거의 없었다고 한다. 그것은 그가 매우 간결하고 극도로 명쾌함과 구체성을 가지고 항상 토론해냈기 때문이다. 만일 그에게 반박하면 그는 흥미 깊게 반대 의견을 귀담아 들으며 토론은 그것으로 끝난다.

모두 아는 바와 같이, 러더퍼드의 실험이 더욱 매력적인 것은 문제설정의 명쾌함, 그 해결에 대한 접근방법의 간결함과 직선적인 태도이다. 실험물리학을 경험한 사람들이 그를 높게 평가하는 것은 그가 실험에 즈음해서 간결한 해결책을 찾아내는 타고난 능력을 지니고 있기 때문이라는 것이다. 누군가가 러더퍼드에게 "단순함이야말로 최고 지혜이다"라고 격찬했다고 한다. 우리에게는 거의 알려지지 않은 우크라이나의 철학자 스코보로더는 "단순한 것은 모두 진실이고 복잡한 것은 모두 진실이 아닌 것처럼, 세계를 창조한 신에게 우리들은 감사하지 않으면 안 된다"고 말한 바 있다.

학생에 대한 능력 평가-독창성, 적극성, 개성

스승으로서의 러더퍼드의 더욱 특출한 자질은 그가 연구 방향을 제시하고 후배 과학자들에게 힘을 실어주거나 성과를 바르게 평가하는 능력이다. 제자들의 능력을 평가하는데 그가 가장 높게 둔 것은 '독자성, 적극성, 개성'이다. 그리고 각각의 개성을 찾아내기 위해 그는 최선을 다 했다고 한다. 그는 제자들의 사고의 독자성, 창조성을 기르기 위해 많은 것을 기꺼이 희생하였다. 그리고 제자에게 그것이 나타나면 무엇인가 관심을 쏟으면서 그 사람의 연구를 격려하였다.

러더퍼드가 제자들의 연구를 어떻게 지도했는 한 예를 들어보면 물리학자 모슬리의 발굴이다. 모슬리는 맨체스터 시절에 러더퍼드와 함께 연구하였다. 그 무렵 그는 젊었지만 러더퍼드는 그를 우수한 제자라고 말하였다. 모슬리의 이름을 세계적으로 알리게 된 연구는 원자의 X선 파장과 주기율표에서 전자의 위치가 함수관계에 있다는 고전적인 연구였다. 러더퍼드는 이 테마가 중요하다고 생각하고 연구하고 있던 모슬리를 격려하였다. 러더퍼드는 적중하였다.

그 연구가 중요하다는 사실은 후년에 판명되었다. 그러나 러더퍼드는 이 아이디어가 모슬리의 착상이었다는 것을 항상 강조하였다. 모슬리는 제1차 세계대전 당시 영국 공병 장교로 참전했다가 전사하였다. 가장 값비싼 전쟁의 희생자였다. 그는 노벨상 후보자감이었다.

러더퍼드는 아이디어가 누구의 것인가를 확실하게 하는데 항상 마음을 썼다. 그 자신은 항상 이 사실을 강의나 논문 속에서 실행하고 있었다. 만일 누군가가 논문을 발표할 즈음에 그 아이디어가 그 사람의 것이 아니라는 사실을 알아내면 러더퍼드는 그 자리에서 주의를 주었다.

러더퍼드는 초심자에게는 기술적으로 어려운 연구를 맡기지 않는 것이 좋다고 생각하였다. 예를 들어 연구를 시작한 사람에게는 반드시 성공이 필요하다는 것이다. 그것은 자신의 무능에 실망하여 좌절하기 때문이다. 그는 초심자가 성공할 경우에 그것을 공평하게 평가하고 칭찬할 필요가 있다고 항상 생각하고 있었다. 그는 동료들이게 "스승이 되어서 해야 할 큰 일은 자신의 제자의 성공을 놓치지 않도록 하는 것을 몸에 익히는 것으로, 이것은 해를 거듭할수록 어렵게 되는 걸세"라고 말하였다.

또한 스승의 주된 자질은 관대함이다. 확실히 러더퍼드는 관대하였다. 그가 연구소에서 그토록 우수한 과학자를 많이 양성해낸 것은 항상 자유롭고 능률적인 분위기 속에서 연구를 지도했기 때문이었다.

"제자들은 나를 나이먹지 않게 한다"

러더퍼드는 자신에게서 제자의 존재가 얼마나 중요한가를 잘 보여주고 있다. 그는 연구자들의 생산성만을 강조하지 않았다. 그는

"제자들은 나를 나이먹지 않게 한다"고 심심지 않게 말하였다. 여기에도 깊은 진리가 숨겨져 있다. 제자들이 현실에서 뒤지거나 새로운 과학상의 생각을 부정하는 태도를 스승인 그는 절대로 허락하지 않았다. 흔히 있는 일이지만 과학자들은 나이를 먹게 되면 새로운 이론에 반대하기 쉽고, 학문의 새로운 방향의 의의를 과소평가하게 된다.

그런데 러더퍼드는 새로운 물리학 이론을 따뜻하고 쉽게 받아들였다. 당시 같은 세대의 몇몇 대과학자들은 파동역학이나 양자역학에 대해 확실한 근거도 없이 회의적인 태도를 취하고 있었다. 이것은 지도가 소홀하여 제자를 가까이 두고 있지 않는 고독한 과학자들에게는 흔히 나타나는 것이 보통이다.

러더퍼드는, 매우 사교성이 좋아서 방문해 오는 많은 과학자들과 환담하기를 좋아하였다. 그는 다른 사람의 연구에 대해서 항상 신중한 태도를 취했고 항상 농담을 좋아하며 자신도 흔히 재롱을 부리고 잘 웃었다. 그가 마음속으로부터 큰 소리로 웃으면 주위 사람들도 따라서 웃어버렸다. 그는 항상 표정이 풍부하므로 그것으로 그가 어떤 생각을 지니고 있는지 곧 알 수 있다. 그가 상대에게 의미가 없는 웃음을 던질 때 사람은 모두 기분 좋아하였다.

러시아의 한 과학자가 캐빈디쉬 연구소에서 연구를 시작하는 첫날, 러더퍼드는 연구소에서는 공산주의를 선전을 하는 것을 허락하지 않는다고 선언하였다. 전혀 생각하지도 않았던 이 선언에 러시아의 과학자는 깜짝 놀랐고 충격을 받았다. 그리고 화까지 치밀었다. 그것은 당시 긴박한 국제정세 때문이었다. 영국에 오기 이전에 러시아 과학자는 유럽에서 일어나는 일에 관해서 어두웠고, 당시 일어나고 있던 정치적 사건을 전혀 이해하지 못할 정도로 연구에만 몰두하고 있었다.

훗날 이 러시아 과학자가 연구를 마치고 논문을 발표했을 때, 그는 별쇄본을 러더퍼드에게 보냈다. 그리고 그는 자신이 연구소에 온 것은 연구 때문이지 공산주의를 선전하기 위해서 온 것은 아니라는 뜻을 별쇄본 한 구석에 적었다. 러더퍼드는 화를 내고 그에게 별쇄본을 돌려주었지만 그는 러시아 과학자의 뜻을 받아들여 사건은 곧 무사히 끝났다. 성질이 급하지만 곧 바로 웃어버리는 것이 러더퍼드의 특징이다. 가끔 이 연구소 동료들은 정치적 테마, 특히 유럽에서 팽창하고 있던 파시즘에 대해 불안해 했지만 러더퍼드는 낙천적이었다. 모두가 편견으로 가득 차 있다고 그는 생각하였다.

파시즘에 대한 증오

러더퍼드는 프랑스의 물리학자 랑즈뱅과 매우 친숙한 사이였다. 러더퍼드는 젊은 시절에 캐빈디쉬 연구소에서 랑즈뱅과 건물을 같이 하여 연구한 시절이 있었고, 그들은 아예 처음부터 친교를 맺었다. 그는 랑즈뱅의 빼어난 두뇌와 정신적 자질에 우정을 느끼지 않을 수 없었다. 그런데 파리에서 랑즈뱅의 한 제자가 캐빈디쉬 연구소의 한 동료에게 분개하면서 이야기하였다. 프랑스에서 최고의 물리학자인 랑즈뱅이 좌익 이념을 지니고 있기 때문에 프랑스 아카데미 회원으로 선출되지 못했다고 거침없이 털어놓았다.

이것은 랑즈뱅이 좌익조직에 공공연히 참여하고 인권옹호연맹의 창시자로서 드레휴스 사건, 기타 재판에서 유대인 배척주의자와 싸웠기 때문이다. 이 이야기를 들은 캐빈디쉬 연구소원은 이를 러더퍼드에게 이야기하면서, 랑즈뱅과 같은 좌익 사상가를 영국의 왕립학회에 외국인 회원으로 가입할 수 있습니까 하고 러더퍼드에게 물었다. 러더퍼드는 처음에 입을 다물고 있다가 드디어 랑즈뱅이 얼마나 훌륭한 인물인가를 말하기 시작하였다. 랑즈뱅이 대전 중에 영국과 협력하여 수중초음파 통신의 개발에 적극적으로 참여했던

194

이야기를 그들에게 들려주었다. 그 때 이야기는 그것으로 끝났지만 얼마 후인 1928년의 선거에서 랑즈뱅은 왕립학회의 외국인 회원으로 선출되었다. 이것은 그가 프랑스 아카데미 회원으로 선출되기 훨씬 이전의 일이었다.

학술 구제위원회 회장

나치즘이 대두할 무렵에 있었던 일이다. 유대인 배척운동이 점차 강화되는 가운데에 세계 과학자를 불안하게 만들었다. 그 무렵 러더퍼드에게 물리학자 질러드가 찾아와 독일로부터 과학자를 어떻게 구출해야만 좋을지 그와 의논하였다. 그는 기뻐하면서 질러드의 손을 잡았다.

러더퍼드는 '학술구제 위원회' 회장으로 추대되었다. 이 위원회는 학문의 자유를 지키기 위해서 국적, 종교, 인종, 정치적 견해를 떠나 자기 나라에서 연구하는데 방해받고 있는 과학자를 돕기 위해 활동을 시작하였다. 과학자들 대부분은 정기적으로 일정한 비율(1~3%)로 급료에서 공제하여 이들을 돕고, 또한 망명해 오는 과학자를 위해 일자리를 만들어 주었다. 1938년 11월까지 36개국에 걸쳐 항구적인 직장에 524명, 임시직으로 306명, 미국에만 161명을 알선하였다. 이 숫자만 보더라도 이 단체가 공헌한 점을 짐작할 수 있다. 특히 이 조직은 주로 젊은 과학자를 원조하였다. 원조를 받을 수 있는 자격은 지식인 망명자로서 명성이나 지위에 관계하지 않았다.

인간에 대한 평가

러더퍼드는 여러 부류의 인간에 관심을 가지고 있었지만 특히 개성이 특출한 사람을 좋아하였다. 그가 왕립학회 회장이 되었을 때, 재계나 정계의 유명한 사람들과 저녁을 같이할 기회가 많았다. 그 때마다 이야기를 통해서 그들의 성격 묘사를 멋지게 했다고 한다. 그의 인간에 대한 이해와 관심, 그리고 따뜻함은 그를 둘러싼 사람들을 크게 감동시켰다. 물론 인간에 대한 러더퍼드의 올바른 평가는 그가 인간에 관심을 지니고서 그들을 충분히 이해 해온 결과였다. 그의 인물 평가는 매우 솔직하고 거짓이 없었다. 학문상에서 그러했듯이, 그의 인물묘사는 항시 간결하고 매우 감동적이었다. 또한 그의 인간에 대한 접근방법은 무의식적이고 직관적이라 말할 수 있다.

러시아로 귀국한 캐빈디쉬 연구소의 한 제자에게 러더퍼드는 1935년 11월 21일에 다음과 같은 내용의 편지를 보냈다. "…필요 없는 이야기일지 모르지만, 자네에게 조금 조언하고 싶네. 자네에게 가장 중요한 것은 가능한 빨리 자네의 연구소 설비로 연구를 시작하고, 자네의 조수들을 유익하게 가르치도록 노력하는 일이라 생각하네. 다시 연구를 시작하게 되면 불쾌한 것 모두가 사라져버린다고 생각하네. 자네가 연구소를 개설하기 위해 목숨을 걸고 뛴다는 것을 당국이 이해하게 되면, 자네와 당국의 관계도 호전될 것으로 확신하네. 내가 정세를 이해하고 있지 못한다고 자네는 말할지 모르지만, 지금부터의 자네의 행운은 연구소에서 얼마만큼 열심히 연구하는가에 달려 있다고 나는 굳게 믿네."

그의 죽음 - 과학의 한 세대의 마감

러더퍼드의 죽음은 단지 스승과 동료를 잃은 것만이 아니고, 많은 과학자가 그러했듯이, 과학에서 한 시대를 마감하였다. 이 수 년 간이야말로 20세기 과학기술 혁명이라 부르는 인류 문화사에서 한 시대의 출발점이라 볼 수 있다. 이 혁명의 주요 요인의 하나는 인류에 의한 핵에너지의 이용이었다. 그는 핵물리학을 개척했음에도 불구하고 핵분열을 연구한 독일의 오토 한을 그토록 미워하였다. 이 혁명의 결과로서 나타난 사태가 그에게는 매우 충격적인 것으로, 그것이 인류를 파멸시킬지도 모른다는 사실을 러더퍼드는 잘 알고 있었다.

우리는 인류의 행복을 위하여 올바른 길로 향하는 지혜가 인간에게 있다고 기대하고 있지만, 그렇다 해도 전운이 감돌았던 그 당시에 행복하고 자유스러운 연구는 러더퍼드의 죽음과 함께 그 모습을 감추고 말았다. 과학은 자유를 잃었고, 과학은 생산력의 도구로 전락해버렸다. 과학은 부자가 되었으나 생산의 노예로 전락하고, 그의 일부는 베일에 감춰지고 말았다.

6 질병의 세계를 무너뜨린 과학자들

천연두의 공포를 몰아낸 제너
산욕열을 정복한 의사 젬멜바이스
광견병 왁진을 개발한 파스퇴르

천연두의 공포를 몰아낸 제너

무서운 전염병

영국의 의사 에드워드 제너(Edward Jenner, 1749~1823)는 목사의 아들로 태어나 학교를 졸업한 후 외과의사의 제자로 들어갔다. 그는 의학뿐만이 아니라 음악, 시, 박물학 등에 관심을 가졌고, 박물학에 뛰어난 능력을 지니고 있었으므로 영국의 항해가 쿡크 선장이 제1회 태평양 항해로부터 가지고 돌아온 동물의 표본을 만들 정도였다. 그리고 제2회 항해에 박물학자로서 참가를 희망했지만, 의사의 일에 매력을 더욱 느껴 이를 포기하였다.

제너는 당시 가장 무서웠던 질병인 천연두에 관심을 가졌다. 천연두는 무서운 전염병으로 그 당시 이 병에 걸리면 세 사람 중 한 사람이 죽었고, 다행이 살아남는다 해도 피부, 특히 얼굴에 구멍이 생기고 상처가 남아 '곰보'가 된다. 심한 경우에는 인간의 얼굴로서 상상할 수 없을 정도로 흉악하게 보이므로 죽음보다 더 무서워하였다. 그 자신도 1751년 천연두에 걸렸다. 다행히 죽음을 면했지만 얼굴이 말이 아니었다. 1774년에 루이 15세가 이 병에 걸려 죽었고, 미국의 루즈벨트 대통령은 보기가 민망스러울 정도로 얼굴이 이그러졌다.

그러나 이 병을 가볍게 치른 경우에는 면역이 생겨 다시 걸리는 일이 없었다. 터키나 중국에서는 가볍게 치른 사람으로부터 이 병을 일부러 옮겨 받도록 시도했고, 때로는 병을 앓고 있는 환자의 물집으로부터 이 병을 일부러 옮겨 병을 일으키는 일도 있었다. 그러나 이러한 일은 위험한 도박과도 같았다. 그럼에도 불구하고 이 방법이 서유럽에 전해지고 프랑스의 사상가 디드로는 이를 열심히 연구하였다. 18세기 초기 영국에서도 '터키식' 감염방법이 전해왔지만 일반적으로 이용되지 않았다.

종두법의 연구와 그 보급

1775년 제너는 이 예방법에 관심을 두었다. 그의 고향에서는 예로부터 우두(천연두와 비슷한 소의 가벼운 질병)에 일단 걸린 사람은 면역이 생겨 우두 뿐 만이 아니라 천연두에도 걸리지 않는다는 이야기가 전해 왔는데, 그는 이 이야기가 정말일지 모른다고 생각하였다. 그는 말굽에 물집이 생기는 질병을 관찰하는 한편, 마구간이나 그 근처에서 일하는 사람들이 천연두에 거의 걸리지 않다는 점에 주의를 깊이 하였다.

제너는 이를 실험해 볼 필요가 있었지만 매우 두려웠다. 1796년 5월 14일, 그는 우두에 걸린 젖 짜는 부인의 손에 생긴 물집에서 채취한 액을 한 소년에게 주사한 다음, 2개월 후에 그 소년에게 천연두를 일부러 접종시켜 보았다. 사실상 매우 위험한 실험이었다. 만일 그 소년이 죽거나, 천연두에 심하게 걸릴 경우에 제너는 죄인이 될 수도 있다. 하지만 다행히 그 소년은 천연두에도 걸리지 않고 건강한 모습이었다. 그는 실험에 성공한 2년 후인 1798년에 다시 실험을 하였다. 이번에는 우두에 걸린 사람을 대상으로 실험하여 성공을 거두었다.

제너의 연구는 이것으로 끝나지 않았다. 그는 질병을 고치는 일보다도 그 예방법을 연구했고 이 방법을 최초로 완수한 사람이다. 그는 인체 자체에서 면역이 생기도록 하는 방법을 이용함으로써 '면역학'을 창시하였다.

제너의 종두법이 발견되지 않았더라면 전 인구의 4분의 1이 이에 감염되었을 것이고, 완치된 후에도 상처 때문에 곰보가 되거나 사망했을 것이다. 천연두는 어린이들에게 대체로 많이 걸리는 질병인데, 제너에 의해 예방법이 발견되지 않았던들 20명중 한 사람이 곰보가 되었을 것이다.

천연두에 대한 공포가 확산되자 종두법은 전 유럽에 널리 보급되었다. 영국의 왕실에서도 실시되고 인색하기로 유명한 영국 의회도 1802년에 1만 파운드(1807년에는 2만 파운드)의 상금을 제너에게 주었다. 1803년에는 종두법을 보급하기 위해 제너를 회장으로 한 '제너 협회'가 설립되었다. 겨우 18개월 사이에 천연두에 의한 사망자는 3분의 1로 감소하였다. 독일의 여러 지방에서는 제너의 탄생일을 '경축 일'로 정하고, 1807년 바바리아 지방에서는 종두를 의무화하였다. 러시아에서도 이를 도입하고 최초로 종두를 받은 어린이를 '박시노프'라 불렀다. 그리고 그의 교육비를 국가가 일체 부담하였다.

제너와 나폴레옹

제너의 명성은 전쟁 중에 적대감정도 풀어놓았다. 영국이 나폴레옹군과 싸움을 재개했을 때에 포로가 된 영국의 시민이 석방된 일이 있었다. 그것은 석방 탄원서에 제너의 이름이 들어 있었기 때문에 나폴레옹의 명령에 따른 것이다. 나폴레옹은 외국과의 전쟁에서 여러 번 승리를 했지만, 제너는 이 연구로 나폴레옹 이상으로 인류의 운명을 바꿔 놓았다.

나폴레옹은 의학에 깊은 관심을 지니고 있었다. 국민의 건강을 개선할 수 있는 새로운 발견이 있을 때마다 항상 세심하게 주의를 기울였다. 그 두드러진 태도의 한 예로서, 제너의 종두법이 발견되자 나폴레옹은 이것이 곧 국민에게 커다란 가치가 있을 것으로 판단하였다. 그는 자신의 어린 자식들에게 종두를 실시하여 이 새로운 방법에 대한 신뢰를 시민들에게 분명히 보였고, 1809년에는 종두를 의무화하는 칙령을 내렸다.

영국과의 전쟁이 시작 된지 1년 후인 1804년에 나폴레옹 훈장 중에서 가장 아름다운 훈장이 만들어졌다. 그것은 황제가 종두의 가치를 인정한 사실을 기념하고, 동시에 제너에 대한 개인적인 경의를 나타내는 뜻을 보이기 위해였다. 나폴레옹이 제너를 존경한 한 예로서, 그 당시 두 영국인이 프랑스에서 인턴으로 공부하다가 억류되었다. 이 사실을 전해들은 제너는 그들의 사면을 탄원하였다. 나폴레옹은 그 탄원을 거절하려고 했지만, 황후 조세핀이 제너의 이름을 입에 올렸다고 한다. 황제는 순간 말이 없다가 "제너 말인가. 음, 그 사나이의 부탁이라면 우리는 무엇 하나도 거절할 수가 없지"라고 중얼거리면서 두 사람을 석방해 주었다 한다.

제너와 의학계의 반응

하지만 영국의 의학계는 제너의 공적을 인정하는데 인색하였다. 1813년에 제너가 런던 의과대학 교수로 추천되었을 때, 대학 측은 히포크라테스와 갈레누스의 고전에 관한 연구가 결여되었다는 이유로 제너는 교수가 되지 못하였다. 그의 발견은 실험을 통해서 얻어진 것이지만 그 자신은 물론, 다른 사람들도 종두의 원인이나 원리를 밝히지 못하였다.

1808년 '국립 왁진 협회'가 설립되자 제너는 초대 회장에 취임하고 후에는 고문으로 남아 활동하였다. 그의 위대한 발견과 그에 따른 업적이 인정받게 되는 데는 많은 세월이 걸렸다. 1810년 그의 장남이 사망함으로써 야기된 정신적인 충격과 쉴새없이 계속된 연구로 그의 건강이 몹시 악화되었다. 1813년 옥스퍼드대학은 제너에게 명예의학 박사 학위를 수여함으로써 그의 인류에 대한 봉사와 많은 업적을 인정받았다.

산욕열을 정복한 의사 젬멜바이스

병원과 청결

최근 병원 안에서 감염에 의한 피해가 세상의 관심을 불러일으키고 있다. 뇌경색으로 입원한 환자가 폐렴에 걸리거나 골절치료를 받은 환자가 척추염에 걸리는 예가 보도되고 있다. 병원도 오염되어 있는 곳이 아닌가 하는 의문이 마음속 한 구석에 자리잡고 있다.

그 주역은 한 종류의 내성 황색 포도구균이다. 감염증을 쉽게 예방하려고 불필요한 항생제를 반복하여 투여하고 있는 사이에, 항생제의 효과가 없어지고 황색 포도 구균의 변이가 병원 안에서 생겨버린 것이다. 내성균이 환자에게 감염되어 사망자까지 나오고 있다.

크레졸 비눗물 냄새가 물씬 풍기는 병실을 하얀 가운을 입고 다니는 의사나 간호사, 흰색으로 칠해진 병원을 보기만 해도 분명히 깨끗하게 보인다. 그러나 병원은 옛날이나 지금이나 위생학적인 입장에서 보면 매우 오염된 장소로서 변함이 없다. 적어도 서 유럽에서 환자에게 치료의 혜택을 주는 병원의 기원은 부랑자나 정신병자의 수용소였다. 결과적으로 병원은 청결을 지키기 위해서 많은 노력을 하지 않으면 안된다.

젬멜바이스의 스승들

많은 입원환자가 병원 안에서 다른 질병에 감염되었다는 사건 보도와 함께 환자나 시민은 불안을 느낀다. 이와 비슷한 사건이 지금부터 약 150년 전 당시 오스트리아·헝가리 제국의 수도였던 빈에서 일어났다. 그 때 해고된 의사의 이름은 이그나쯔 필립 젬멜바이스(Ignaz Philipp Semmelweiss : 1818~1865)라는 비극의 주인공이다. 프랑스의 작가 루이 페르난도 세리느는 이 산부인과 의사의 생애를 엮어 의학부의 학위논문으로 제출할 정도로 그에게 흠뻑 빠져 있었다.

젬멜바이스는 부다페스트에서 독일계 상인의 다섯째 아들로 태어났다. 그의 출생지는 그에게 헝가리어나 독일어에 자신이 없는 열등의식을 심어주었다. 이 '언어 장벽' 때문에 평생을 통해서 구두발표를 기피하는 성격으로 연결되었고, 만년에 이르러서 비극을 낳는 원인이 되었다. 1837년에 빈 대학에 입학했는데, 그것은 정계에 아들을 보내고 싶어했던 아버지의 희망 때문이었다. 그러나 젬멜바이스의 관심은 의학 쪽으로 기울어졌고 1844년에는 약용식물에 관한 논문으로 학위를 취득하였다.

젬멜바이스는 당시 서유럽 의학의 중심지의 하나인 빈을 대표하는 두 의사로부터 교육을 받았다. 한 사람은 병리 해부학 교수인 칼 폰 로키단스커로이다. 그는 기관이나 조직에서의 변화가 외부에 나타나는 임상적 증상이 된다는 그 당시로서는 아직 주류가 되지 못했던 학설의 주창자였다. 임상의가 시체 해부를 스스로 하지 않았던 시대임에도 불구하고, 그는 한 평생 3만 번 이상 검시해부를 했다고 한다. 그의 질병 분류와 체계화는 치밀하고 광범위하였으므로 세포병리학의 아버지격인 루돌프 비르효가 "병리 해부학의 린네"라 부를 정도였다.

또 한 사람은 타진법의 연구로 유명한 임상가 요셉 스코다이다. 그는 진단과 예방에 중점을 둔 사람이다. 임상적 추론을 내세워 그 것을 예방에 응용하는 위생학적 조치를 장려하는 그의 의료이론은 젊은 젬멜바이스에게 깊은 영향을 주었다. 두 사람의 지도를 바탕으로 의학적 수련을 쌓은 젬멜바이스가 처음으로 잡은 직업은 산부인과의 조수였고 1846년의 일이었다.

산부인과의 지도교수는 무능하다고 소문난 요한 크라인이었다. 어느 경우나 악역을 맡고 있는 보스 교수가 있는 법이지만, 크라인은 최후까지 젬멜바이스의 연구성과를 인정하지 않았다. 의학사상 빛나는 큰 발견이었음에도 불구하고 크라인과 같은 일부 편협한 정신의 소유자와 젬멜바이스와 같은 성격 때문에 어두운 도랑에 던져지는 경우가 흔히 있었다.

산욕열의 원인

젬멜바이스는 여성이 출산 할 때에 고열을 내면서 죽어 가는 '산욕열'이라는 질병에 주목하였다. 당시 귀족이나 유복한 사람들은 자택에서 출산하였다. 그러나 부친이 누구인지 알 수 없는 불의의 어린이를 갖는 축복받지 못한 산모는 주로 병원에서 출산하거나, 아니면 길가나 공원에서 아이를 낳았다. 흥미가 있는 것은, 산욕열은 출산할 때에 출혈 때문에 일어난다고 믿어져 왔던 그 당시에, 산욕열에 걸려 죽는 사람은 병원에서 출산하는 경우에만 있었다. 그리고 길모퉁이에서 출산하는 임산부는 산욕열에 걸리는 경우가 없었다.

젬멜바이스는 어째서 병원에서만 이 산욕열이 만연하는가에 대한 원인을 밝히기 위해서 죽은 사람을 상세하게 관찰, 기록하고 이를 통계적으로 분석하기 시작하였다. 그 결과 이상한 경향이 밝혀졌다. 어느 달의 사망률을 보면, 제 1산부인과에서는 13.1%인데 비해서,

제 2산부인과에서는 불과 2.0%에 지나지 않았다. 그는 여러 해를 소급하여 조사를 계속해 본 결과, 이 경향이 보편적이라는 사실로 정리되었다.

자신의 생명과 관계가 있는 환자들도 이 사실에 관심을 점차 갖게 되었다. 그러나 산기가 있는 임산부는 산부인과 병동을 자유롭게 선택할 수 없었다. 요일에 따라서 양 산부인과가 번갈아 환자를 받기 때문이었다. 제 1산부인과가 열리는 날에 출산 일을 지정받은 임산부 중에서, 만원이 되어 그 날 입원을 거절당한 산모나 자택에서 출산하는 산모 또는 병동 밖에서 출산한 산모는 거의 산욕열에 걸리지 않았다.

원인 탐구에 대한 집념

젬멜바이스는 산욕열 환자가 제 1산부인과에서만 발생하고 제 2산부인과에서는 발생하지 않는다는 사실을 집중적으로 탐구하였다. 그는 이 질병의 원인으로 바람이 부는 방향, 환자의 출신지, 직업, 연령, 식사, 종교 등 모든 요인에 관해서 철저하게 조사하였다. 사망자의 거주지는 적절하게 분산되어 있었으므로 우선 풍토병의 가능성은 배제되었다.

그런데 제 1산부인과는 의사를 양성하는 학교를, 제 2산부인과는 조산원을 양성하는 학교를 운영하고 있었으므로 그는 산부인과 의사와 조사원의 상위에도 주목하였다. 또한 태아의 출산형태에도 주목한 그는 동료에게 부탁하여 조사했지만 결과는 실패였다. 이에 관계없이 제 1산부인과에서는 4배 이상의 사망률이 나타났다.

젬멜바이스의 집념은 대단하였다. 보통 인간으로서는 생각할 수 없는 데까지 조사하였다. 예를 들어 방울이 달린 주석 지팡이를 휴대하고 환자를 방문하는 승려는 제 1산부인과뿐이었다. 재빨리 방울이 달린 주석지팡이를 밖에 놓아두고 환자를 방문하도록 했지만 뚜렷한 차이가 없었다.

이처럼 시행착오를 거듭하는 동안 법병리학의 스승인 야코브 코레츄카가 산욕열로 사망한 환자를 부검하기 위해 수술칼을 대는 순간, 학생의 실수로 코레츄카가 팔에 찰과상을 입고 그것이 원인이 되어 죽고 말았다. 존경하고 사랑했던 코레츄카의 죽음은 젬멜바이스에게 대단한 충격을 주었으나, 이 사건은 산욕열의 수수께끼를 해결해 주는 실마리를 그에게 안겨 주었다.

결과는 이러하였다. 사망한 코레츄카에 대한 검시결과는 쇠약한 여성과 같았다. 산욕열은 때와 장소에 따라서 남자에게도 침범하는 질병이라는 사실이 밝혀졌다. 그것은 코레츄카와 같은 상황이 병상에서 반복하고 있기 때문이다.

제 1산부인과에 소속된 의학교의 수련의들은 산욕열로 죽은 환자를 해부한 다음, 바로 그 손으로 건강한 임산부를 진찰하였다. 그러나 간호사들은 해부실습을 하지 않기 때문에 영안실에 들어가는 일이 없었다. 실제로 이런 상황이 제 1산부인과에는 있었지만 제 2산부인과에는 없었다.

젬멜바이스는 수련의가 산욕열 환자의 시체로부터 건강한 다른 산모에게 독소를 옮긴다고 결론을 내렸다. 이것은 세균이 부패의 원인임을 루이 파스퇴르가 발견하기 9년 전의 일이었고, 상처감염은 세균이 원인이므로 의사의 손으로부터 전염할 가능성이 있다고 죠셉 리스터가 주장한 1867년보다 20년 전 일이었다.

양손에 대한 소독 실시

젬멜바이스는 동료나 학생들에게 병실에 들어가기 전에 염소수로 양손을 반드시 씻도록 강조하였다. 이 소독법 실시 바로 전 달의 사망률은 12.24%이었지만 시행 후에는 2.38%로 떨어졌다. 그의 저서 『산욕열의 원인, 개념 및 예방법』에 그의 소독법의 효과를 보여주는 표가 기재되어 있다. 이 책의 전반부에는 염소수로 소독하기 이전 6년 동안의 사망률이 정리되어 있다. 제 1산부인과에서는 20,042명의 임산부 중 9.9%가 사망한데 비해서, 제 2산부인과에서는 17,791명 중 3.3%의 희생자만이 생겼을 따름이었다.

또한 이 저서의 후반부에는 소독을 실시한 때부터 12년 동안의 통계가 나와 있다. 제 1산부인과의 사망률은 3.7%로서 제 2산부인과의 3.06%에 접근하고 있다.(물론 양 산부인과도 현대의 수치의 100배 가까운 사망률을 기록하고 있으며, 감염증의 원인에 관한 병리학적인 해명이 수립될 때까지 병원 안의 감염은 없어지지 않았던 것이 실상이었지만)

그렇지만 이 시점에서 젬멜바이스의 성공은 누가 보아도 분명하였다. 이미 기술한 바와 같이 그의 업적과 당시의 사회 상황이 이 발견을 계기로 의사 젬멜바이스를 영웅으로 만들었다. 그러나 그는 현미경에 의한 병리학적인 뒷받침을 미처 준비하지 못하였다. 단지 염소수 소독은 사망률 감소에 효과가 있다는 사실을 보여주었을 뿐이었다. 이론적인 뒷받침이나 메카니즘의 설명을 결여하고 있었다.

공개토론과 그 결과

1849년 3월 젬멜바이스의 임기가 만료되었다는 이유로 크라인은 그를 해고하였다. 주변의 교수들의 지지를 받으면서 다음 해 5월, 빈의 의학협회의 공개토론에서 그는 자신의 발견을 발표하였다. 의장은 반대자의 비판에도 불구하고 젬멜바이스의 주장이 설득력이 있다는 취지를 보고하였다. 만약 이 때 젬멜바이스가 자신의 학설을 '활자화'할 수 있었다면 아무런 저항 없이 '병원내감염'의 사실이

210

의학계에 받아들여졌을 지도 모른다. 그러나 그의 괴팍한 성격과 흥분하기 쉬운 성격이 사태를 악화시켜 놓았다.

첫째로, 젬멜바이스는 공개 토론회의 성과를 인쇄하여 발표하지 않았다. 그가 독일어에 익숙하지 못했다는 사연도 있었지만, 반대파는 토론회의 석상에서는 패배했지만 계절변환의 존재를 이유로 들어 시체 감염을 부정하는 의견을 활자화하였다. 이로써 형세는 급변하여 반대파에게 유리하게 전개되었다.

둘째로, 친구나 은사의 열렬한 격려에도 불구하고 젬멜바이스는 갑자기 귀향해 버렸다. 자존심이 상하고 열등의식으로 고민하다 실의 속에 빠져 빈을 떠났다. 고향에 돌아온 그는 등급이 낮은 그곳 병원의 산부인과에 근무하면서 염소수 소독에 관한 실험을 계속하였다.

젬멜바이스는 고향에 있는 산부인과에서 저서 『산욕열의 병인, 개념 및 예방법』을 출판되었다. 산욕열 원인의 발견으로부터 14년이나 지나버린 1861년이었다. 이 고전적 저서 안에는 중복이 많고 어려운 독일어로 쓰여져 있을 뿐 아니라, 곳곳에 당시 의사에 대한 가혹한 비판과 모욕적인 문장이 들어있고, 반대파 의사들을 살인자로 심하게 몰아 붙였다.

젬멜바이스의 정신질환은 이 때에 나타났다고 한다. 그는 1846년에 발병하여 빈 병원의 정신과에 수용되어 2주 후에 세상을 떠났다. 그의 나이 47세였다. 그의 죽음의 원인에 대해서는 세 가지 이야기가 있다. 하나는 전통적인 것으로 코페츄카처럼 산욕열에 감염되어 그것이 뇌에까지 이르러 정신장애를 몰고 왔다는 것. 또하나는 매독이라는 것, 최근의 연구에서 지적된 알츠하이머병이란 것(매장 후 100년 경과했지만 유체를 발굴하여 X선 촬영 등으로 추정한 것)이다.

어쨌든 만년의 그의 질병은 진행성 뇌기질 정신증후군이라 말하고 있다. 일부의 전기에서는 부다페스트의 시립공원을 망령처럼 배회하면서 의자에 앉아 있는 연인들에게 접근하여 "아이를 낳을 때는 손을 씻도록 반드시 의사에게 이야기하게"라고 눈물을 흘리면서 부탁했다고 한다.

젬멜바이스의 연구방법

비극을 연출한 것은 젬멜바이스 한 사람만이 아니다. 발표를 태만히 했기 때문에 이를 듣지 못했던 동료들은 그의 업적을 의학잡지에 가끔 소개하였다. 이를 읽은 책임감이 강한 산부인과 의사 중에는 자신이 손을 씻지 않아 죄없는 산모를 죽였다는 깊은 죄책감에 쫓겨 자살하는 사건이 있었다. 시대를 가르는 중요한 발견이 당시의 지식세계에 받아들여지지 않은 것은 과학의 역사에서 결코 진기한 일은 아니다. 예를 들어 젬멜바이스가 비운의 죽음에 이르렀을 때, 모라비아의 수도원에서 완두콩을 이용하여 유전의 법칙을 발견한 논문이 제출되었으나, "멘델법칙"으로서 학계에 인정된 것은 35년 후의 일이었다.

이 두 사람에게 공통적인 것은 통계적 방법이 발견의 열쇠가 된 사실이다. 더욱이 현상에서 보여지는 어느 종류의 상관관계를 젬멜바이스는 확인 불가능하고 눈으로 볼 수 없는 냄새나는 시체조각의 존재를 근거로서 제시하였다. 또한 멘델은 추상적인 알파벳으로 나타낸 유전자의 존재를 근거로 제시하였다. 그들은 현미경에 의해서 확인하는 절차가 결여되어 있다는 점이 매우 닮았다. 그들의 연구결과는 비운과 몰이해 때문에 무시된 것이 아니고, 이러한 이유 때문에 높이 평가되지 않았을 지도 모른다.

산욕열의 정복

젬멜바이스는 세계의 여성을 죽음의 공포로부터 구출한 영웅이라는 종래의 평가와 함께 다른 관점에서도 역사에 흔적을 남긴 과학자라 할 수 있다. 그는 산욕열의 원인에 관한 모든 인자를 샅샅이 뒤지고, 그 하나 하나에 대해서 대조실험을 반복하였다. 과학철학자 헴펠은 저서 『자연과학의 철학』에서 가실 연역법의 충실한 실행자로서 최초로 그의 이름을 거론하였다.

젬멜바이스는 산욕열의 원인은 의사가 스스로 병균을 해부실에서 산모에게 옮기는 것이라 결정하고, 1847년에 자신의 밑에서 일하는 의사에게 환자와 접할 때는 반드시 강한 화학약품으로 손을 씻도록 하였다. 이것은 의사에게 불유쾌한 일이었다. 손에서 '병원 냄새'가 나는 것을 싫어하는 사람이나, 질병의 원인이 손이 아니라고 생각한 사람에게는 더욱 그러하였다.

젬멜바이스의 지도로 산욕열의 발생은 급격히 줄었으나, 1840년 헝가리가 오스트리아에 저항할 때, 빈의 의사들은 자신들의 잘못된 행위를 애국적인 것으로 착각하고, 손을 소독하라고 자신들을 귀찮게 하는 헝가리 사람을 추방하고 말았다. 손을 소독하는 것을 중지한 오스트리아에서는 산욕열의 발생이 최절정에 이르렀고, 그들은 자존심을 유지하기 위해 소독에 관심조차 갖지 않았다.

부다페스트의 어느 병원에 근무하면서 목구멍에 풀칠을 하게 된 젬멜바이스는 소독법을 더욱 진전시키고, 산욕열의 발생을 거의 0%로 만들어 놓았다. 그리고 영국에서는 외과의사 리스터를 중심으로, 또한 프랑스에서는 파스퇴르를 중심으로 소독의 원칙이 승리를 거두었다.

광견병 왁진을 개발한 파스퇴르

근면, 성실하고, 집중력이 강한 파스퇴르

프랑스의 과학자 루이 파스퇴르(Louis Pasteur,1822~1895)는 프랑스 동부 쥬라 산맥 속의 전원도시에서 태어났다. 아버지는 가죽 무두질로 생계를 이어갔지만 나폴레옹 시대에 활약한 사병으로 나이가 들어서도 근면을 잃지 않았다. 어머니는 성품이 좋은 주부였다. 파스퇴르는 부모의 성품을 그대로 닮았다.

아버지는 초등학교 시절의 파스퇴르에게 매일 밤마다 공부를 시켰지만 그다지 좋은 성적을 올리지 못하였다. 그는 뛰어난 학생은 아니지만 그림 그리기를 좋아하고 특히 초상화를 잘 그렸다. 그는 장차 미술 선생을 꿈꾸었다. 실제로 소년시절에 부모님을 그린 파스텔화가 지금도 남아 있다.

이 소년에게 최초로 커다란 영향을 준 사람은 중학교 교장선생이었다. 교장선생은 파스퇴르의 신중한 성격과 근면성을 눈여겨보았고 앞으로 고등사범학교(에콜 노르마)에 진학하도록 꿈을 심어주었다. 교장 선생으로부터 이 명문학교의 이야기를 들을 때마다 파스퇴르의 눈동자는 빛을 더해 갔다.

아버지는 경제적으로 불안을 느끼면서도 파스퇴르가 그 길을 걷도록 도와주었다. 16세 되던 가을, 그는 그 목표를 달성하기 위해 파리로 나아가 같은 고향 사람이 경영하고 있는 기숙사에 들어갔다. 그러나 그는 지독한 향수병에 걸려 공부가 손에 잡히지 않았으므로 1개월 후에 아버지를 따라 되돌아갔다. 고향에 돌아온 그는 동네 중학교에 다니면서 여전히 초상화를 즐겨 그렸지만, 이 무렵부터 성적이 올라가고 졸업 무렵에는 모든 상을 휩쓸었다. 교장 선생으로부터 다시 진학을 권고 받고 결심을 굳혔다. 이 준비를 위해 고향에서 48킬로미터 떨어진 브산손의 왕립 중학교에 들어갔다.

18세 무렵 파스퇴르는 대학 문과의 입학자격시험에 합격하였다. 그의 성적은 그리스어 양, 수사학 양, 역사 가, 지리 가, 철학 양, 작문 양으로 성적이 좋지 않았지만, 과학만은 '우'였다. 썩 좋은 성적은 아니었지만, 이 중학교 교장선생은 그를 보조교사로 채용해 주었다. 그는 그곳에서 수학 특별강의를 들으면서, 한편으로 자율학습 시간에 친구들의 여러 학과를 지도하고 급료도 받았다. 그는 "보조교사는 식사와 집이 주어지고 거기에 300프랑의 봉급도 받습니다. 나에게는 과분하다고 생각합니다"고 자신의 즐거움을 담은 편지를 아버지에게 띄었다.

고등 사범학교에 합격

그로부터 2년 후쯤, 파스퇴르는 대학 수학과의 입학 자격시험과 고등 사범학교 입학시험에 동시에 합격하였다. 그러나 그의 성적은 22명 중 15등 정도였다. 그는 재도전을 결심하고 그 해 가을 파리에 나가서 이전에 생활했던 기숙사에 들어갔다. 여기서도 그는 기숙사생의 복습을 돌보아주고 기숙사비 3분의 1를 감면 받았다. 그는 산 르네 중학교 강의에 나가면서 소르본느 대학에서 화학자 듀머의 강의를 들었다. 듀머의 인상에 관해서 그는 이렇게 쓰고 있다.

"나는 뛰어난 화학자 듀머의 강의에 출석하고 있다. 이 강의에 얼마나 많은 사람이 모였는지 상상할 수 없을 정도이다. 넓은 강의실은 600~700명으로 항상 만원이다. 마치 극장처럼 좋은 자리를 차지하는 데는 30분전에 나오지 않으면 안 된다. 또한 흔히 박수 갈채를 받았다."

22세가 되던 가을, 파스퇴르는 4등으로 고등 사범학교에 들어갔다. 물론 그 보다 좋은 성적을 받은 사람이 몇몇 있었지만, 그의 집중력을 따를 학생은 한 사람도 없었다. 친구들로부터 '실험실의 벌레'라는 놀림까지 받았다. 그는 물리학 교수 자격시험에도 합격하였다. 곧 문부성은 중학교 물리교사가 되도록 조치를 취하였다. 그때 바랄 교수는 "지금 학위논문 때문에 아침부터 밤까지 연구하고 있는 젊은이를 멀리 떨어진 곳으로 보내는 것은 바람직하지 않다"고 문부성 장관에게 항의하고 발령을 취소시켰다. 다음 해 여름 학위논문이 통과되고 이어서 바랄 교수의 연구실에 남게 되었다.

1848년 2월 혁명은 청년 파스퇴르에게 애국심을 불어넣어 주었고 그는 민병으로 참전하였다. 그는 아버지에게 이렇게 편지를 썼다. "나는 오레르앙 철도의 초소에서 민병으로 근무하면서 이 편지를 쓰고 있습니다. 2월 혁명이 일어날 때에 파리에 있었고 또한 파리에 있었던 것을 매우 행복하게 생각합니다. 그러나 지금부터 파리를 떠나는 것을 유감스럽게 생각합니다. 파리에서 제가 경험한 것은 아름답고 숭고한 교훈뿐이었습니다. 그래서 만일 필요하다면 성스러운 공화국을 위해서 용감하게 싸울 작정입니다."

스트라스부르그 대학으로

전란이 가라앉고 연구실에 돌아온 파스퇴르는 주석산을 연구하기 시작하였다. 그러나 고등 사범학교 졸업생이었으므로 교사가 되는 의무를 면제받을 수 없었으므로 결국 디잔 중등학교의 물리학 교사로 임명되었다. 그는 용기를 잃지 않고 성실하게 근무하였다. 친구에게 보낸 편지에 다음과 같이 씌어 있다.

"수업 준비에 매우 시간이 많이 걸립니다. 강의 준비를 충분히 할 때는 학생이 계속 모여들지만, 조금이라도 준비가 소홀하면 강의도 형편없고 학생도 모여들지 않습니다. 지금 1학년 반 학생 80명을 가르치고 있지만, 50명으로 제한하지 않으면 안 된다고 생각합니다. 시간의 마지막까지 전 학생의 주의를 집중시키는 것은 어렵습니다. 그 때문에 지금부터 해보려고 생각하고 있는 방법은 하나 뿐 입니다. 그것은 수업의 마지막에 실험을 하는 일입니다."

그 사이에 몇몇 교수는 파스퇴르를 대학으로 초빙하려고 운동을 벌였고, 결국 그것이 관철되어 3개월 후에 스트라스부르그 대학 화학과 조교수로 임명되었다. 신임인사 때문에 학장 댁을 방문한 그는 학장 가족과 인사를 나누었다. 그 때 학장의 딸 마리에게 마음을 두었다. 그 후 학장 주최의 파티에 참석했을 때 한 동료는 "파스퇴르군은 공부 이외에는 흥미가 없는 남자입니다"라고 그를 소개하였다. 부임한지 15일째인 어느 날, 파스퇴르는 자신의 가족 구성이나 자산, 장래의 포부 등을 수첩을 뜯어 쓴 편지를 학장에게 보내면서 청혼하였다. 그로부터 4개월 후 신랑 28세, 신부 22세의 나이로 파스퇴르는 결혼하였다. 부인은 신혼 초부터 무엇보다도 남편의 연구를 제일로 생각하고 그를 힘껏 도와주었다.

광견병 왁진의 개발

1885년 10월, 어느 날의 일이다. 스위스 국경 가까운 프랑스 동부를 달리고 있는 쥬라 산맥의 산록에 있는 한 목장에서 양을 지키던 여섯 명의 아이들에게 갑자기 미친개가 달려들었다. 아이들 중 가장 나이가 가장 많은 15살 짜리 소년 쥬피는 다른 아이들이 도망치도록 달려오는 미친개에게 용감하게 맞붙어 저지하는 바람에 여러 군데를 물려 결국 광견병에 걸렸다. 그리고 엿새 후에 쥬피는 파리에 있는 파스퇴르를 찾아갔다. 그가 파스퇴르를 찾아간 까닭은 파스퇴르가 이 해에 처음으로 광견병 왁진을 개발했고, 미친개에 물린 이틀 후에 파스퇴르를 찾아온 한 소년에게 광견병 왁진을 접종하여 그를 구해냈기 때문이었다.

그런데 앞서 치료한 경우와 달리 쥬피가 찾아온 것은 미친개에 물린 엿새 후였다. 광견병 치료에 자신을 가진 파스퇴르였지만, 왁진을 접종한 후에 마음을 놓을 수 없었으므로 여러 날 잠을 이루지 못하였다. 그러나 다행스럽게 쥬피도 완쾌되어 결과적으로 모두 성공한 셈이 되었다. 이렇게 해서 파스퇴르는 광견병에 대한 공포를 지구상에서 완전히 몰아냈다. 그가 사용한 방법은 '왁진 요법'이었다. 이 왁진 예방접종은 그 후 면역요법에 확고한 기초를 제공해주었다.

광견병의 예방접종에 성공한 것은 파스퇴르가 62세 때의 일이었다. 대부분 사람들이 파스퇴르를 '의사'라고 생각하는 것도 그다지 무리는 아니다. 그러나 그는 전문의사가 아니고 원래 화학을 전공했고 그 분야에서도 몇 가지 커다란 업적을 남겼다.

입체화학과 발효연구의 개척자

파스퇴르의 화학연구 중에서 가장 유명한 것은 '파라 주석산'이라는 유기물질을 연구하는 과정에서 두 종류의 주석산을 발견하였다. 한쪽은 우선성, 다른 한쪽은 좌선성의 주석산이었다. 그리고 이 두 종류의 주석산 결정이 같은 양으로 혼합되어 있기 때문에 전체로서는 파라 주석산이 선광성을 지니고 있지 않다는 사실을 밝혀냈다.

218

또한 우선성과 좌선성의 결정체는 그 입체적인 구조가 다르다는 사실을(오른손과 왼손과의 관계) 밝혔다. 이렇게 해서 파스퇴르는 '입체화학'의 길을 열어 놓았다. 당시 과학계의 거물인 비오는 실험실에서 파스퇴르의 손을 꼭 잡으면서, "나는 한 평생 끊임없이 과학을 사랑해 왔네. 그런데 이 결과는 나의 심장의 고동을 높여 놓을 정도라네"라고 감격스러워 했다고 한다.

한편 파스퇴르는 미생물의 세계에 깊이 뛰어들었다. 그가 리르 이과대학에 있을 무렵에 그는 동네 주조 업자로부터 상담을 받았다. 동네 주조업자는 "내 공장에 있는 도가니 안에서 술이 잘 만들어지지 않는 경우가 있습니다. 어떻게 하면 술을 잘 만들 수 있을까요" 이 상담이 계기가 되어 발효에 관한 연구가 시작되었다.

파스퇴르는 발효가 잘 되는 도가니와, 잘 되지 않는 도가니의 발효액을 현미경으로 정밀하게 조사해 본 결과, 각기 다른 미생물이 들어있는 것에 관심을 모았다. 한 종류의 효모균은 '알코올'을 만들고, 또 한 종류의 효모균은 '젖산'을 만들고 있었다. 그러므로 젖산균이 들어 있는 도가니 속에서는 알코올 발효가 일어나지 않으므로 알코올이 만들어지지 않았다. 파스퇴르의 이와 같은 새로운 연구로 올바른 알코올의 발효방법을 알아냄으로써 프랑스의 포도주, 맥주, 식초 등 식품 공업계에 큰 이익을 안겨주었다.

질병 세균설의 확립-'끊임없이, 그리고 서둘지 않고'

영국의 외과 의사인 리스터는 파스퇴르의 질병 세균설에 관한 논문을 읽고서, 외과수술 뒤에 석탄산을 사용하여 상처부위를 살균하고 외과수술의 안전성을 한층 높이는데 성공하였다. 또 한 가지 응용은 오늘날 '파스퇴르식 저온 살균법'이라 불리는 방법이다. 예를 들어 포도주가 시어지는 것을 방지하는 데는 이를 섭씨 50~5

5° 정도로 30분 정도 가열하면, 포도주를 부패시키는 미생물이 죽음으로써 포도주는 오래 동안 부패하지 않고, 또한 그 맛도 거의 변하지 않았다. 이 파스퇴르식 저온살균법은 현재 맥주나 우유 등의 부패를 방지하는데 널리 사용되고 있다. 이와 같은 방법을 포도주 제조업자들이 도입함으로써 프랑스 경제에 큰 힘을 실어주었다.

한편 1865년부터 파스퇴르는 누에병과 싸움을 시작하였다. 당시 프랑스에서는 견직물의 생산이 성행하고 있었는데 누에가 병에 걸려 죽어가고 있었다. 파스퇴르가 존경하고 있던 화학자 듀마 교수는 생사의 생산지인 남 프랑스 출신이었다. 고향의 참상을 염려한 듀마는 눈물을 흘리면서 파스퇴르에게 도움을 청하였다. 그 때까지 누에를 본적이 없었던 파스퇴르가 누에의 병과 싸우려고 결심한 것은 듀마의 진실한 부탁 때문이었다.

남 프랑스에 달려간 파스퇴르에게 누에에 관한 기초지식을 제공해준 사람은 『곤충기』의 저자로 유명한 파브르였다. 누에 병을 퇴치하러온 과학자가 누에에 관해서 아무런 지식을 가지고 있지 않았다는 사실을 알고서 파브르는 놀랐다. 그러나 파스퇴르는 자신의 무지함을 감추지 않고 솔직하게 파브르에게 가르침을 요청하고 도움도 함께 부탁했던 것이다.

현미경으로 누에를 관찰한 파스퇴르는 누에의 병(미립자병 혹은 연화병)을 일으키는 병원체를 발견하고, 예방법을 연구하여 듀마의 기대에 진심으로 보답하였다. 나아가 견직물 제조업의 회복으로 프랑스의 경제가 되살아났다.

한편 1876년에 독일의 세균학자 코흐가 탄저균의 순수배양에 성공하여 세계를 깜짝 놀라게 하였다. 탄저병이란 아프리카나 유럽의 가축에게 전염되어 가축을 처절하게 죽이는 질병이다. 그러나 당시 그 원인이 세균에 의해서 일어난다는 사실을 전혀 모르고 있었다. 파스퇴르는 탄저균의 순수배양 보다는 오히려 직접 탄저병을 죽이

220

는 데에 노력을 기울였다. 연구를 계속하고 있는 동안 1880년 우연한 기회에 닭 콜레라의 면역현상을 발견하였다.

그 발견을 계기로 1881년 5월부터 6개월에 걸쳐 한 농장에서 탄저병에 대한 대규모 예방접종 실험을 실시하였다. 50마리의 양을 준비하고 그 반수에 면역 예방접종을 하였다. 접종을 받은 양은 모두 살아 남았지만, 나머지 예방접종을 받지 않은 반은 탄저병으로 죽고 말았다. 사람들은 파스퇴르의 위대함에 다시 한번 놀랐다.

자연 발생설의 부정 실험-실험의 교훈

1860년부터 파스퇴르는 아리스토텔레스가 주장해온 '자연 발생설'과의 싸움을 시작하였다. 당시 사람들은 아리스토텔레스의 이론에 따라서 부패한 것 중의 미생물이나 구더기는 자연적으로 발생한다고 생각하고 있었다. 그러나 파스퇴르는 이러한 생각에 반대하고 생물은 자연적으로 발생하지 않는다고 주장하였다. 이를 증명하기 위해 1860년 그는 백조의 목처럼 가늘고 구부러진 그릇(백조목 플라스크)에 고기국물을 넣고 가열한 뒤에 공기를 차단하였다. 그리고 이를 관찰하였다. 고기국물은 썩지 않고 새생명도 발생하지 않았다. 이 실험을 확인하기 위해 화학자 듀머를 비롯하여 한 위원회가 입회하였다. 이 실험은 과학사상 너무나도 유명하다. 이 실험은 파스퇴르의 과학적 방법을 구사한 '모범 사례'로서 실험적 사실과 이론적 추리가 멋지게 통일된 실례이다. 과학 이론이나 과학 철학에서는 연구방법의 한 가지 모델로서 이 실험을 예로 들고 있다.

불행과 영광의 뒤섞임-진실한 애국자

이러한 성공에도 불구하고 파스퇴르는 결코 편안하지 않았다. 그가 주석산에 관해서 최초의 논문을 발표했던 1848년에 어머니가,

누에의 질병과 씨름하던 1865년에는 아버지마저 타계하였다. 또한 두 딸을 잃은 데다가 1868년에는 파스퇴르 자신도 뇌출혈을 일으켜 왼쪽 반신이 부자유스러웠다. 그러나 그러한 고통 속에서도 연구에 대한 정열은 결코 식지 않았다.

1870년 보불전쟁은 고등 사범학교의 학생들을 전선으로 향하게 했고 학교는 야전병원으로 바뀌었다. 그는 50세의 몸으로 민병대에 입대할 것을 신청했지만 그의 마비증세 때문에 불합격되었다. 그러나 함께 지원했던 아들은 합격하여 전선으로 나아갔다.

전쟁 이듬해 1월, 파스퇴르는 3년 전에 받은 프러시아의 의학박사의 학위증서를 적국의 본 대학에 발송하면서, 다음과 같은 글을 의학 부장에게 보냈다. "요즈음 학위증서를 보는 것은 나에게 진실로 혐오감을 느끼게 한다. 나의 조국을 증오하고 있는 빌헬름 황제의 어명에 따라 업적을 올린 과학자에게 귀하가 수여하는 칭호를 받은 사람들 중에 나의 이름이 들어 있는 것은 참으로 불쾌하다……나는 자신의 양심에 따라 귀 학부의 기록에서 내 이름을 삭제하고,……이 학위를 되돌려 보내니 받아주기 바란다." 이어서 그는 "과학에는 조국이 없지만 과학자에게는 조국이 있다"고 한 말은 너무나도 유명하다.

이 무렵 파스퇴르가 맥주에 대한 연구를 다시 시작했는데, 그것은 독일 맥주에 대항하고 프랑스 맥주의 이름을 올리려는 의지 때문이었다. 프랑스는 패배하였다. 파스퇴르의 마음은 처절했을 것이다. 전술한바와 같이 파스퇴르는 병원균을 발견하여 면역이라는 예방법을 수립하여 축산업에 커다란 이익을 안겨 주었다. 어느 영국의 과학자는 "이 발견이 프랑스에 가져온 이익은 보불전쟁의 배상금 50억 프랑을 배상하고도 남는다"고 그의 애국심을 우러러 볼 정도였다. 1882년에 그는 프랑스 아카데미 회원으로 추천되고 프랑스 최고의 명예인 '레지옹 드 누르' 훈장을 받았다.

파스퇴르의 '과학 입국론'

보불 전쟁에서 프랑스의 패배는 자존심이 강한 프랑스 과학자들에게 커다란 충격을 안겨주었다. 과학계의 거성인 파스퇴르는 충격이 더욱 컸을 것이다. 그는 1871년에 '과학입국론'인 『프랑스 과학의 성찰』이라 제목을 붙인 팜플렛을 발간하여 프랑스 과학의 쇠퇴를 우려하는 경종을 울렸다. 그 곳에 수록된 최초의 논문은 1868년 1월에 집필된 것으로, 처음에는 「과학의 예산」이라 이름을 붙였다가, 후에 「실험실」이라 고쳤다.

파스퇴르는 이 논문에서 프랑스의 과학연구가 얼마나 열악한 조건과 설비 속에서 진행되고 있는가를 폭로하고 상황의 개선을 호소하였다. 하지만 과학자들은 그러한 열악한 조건 속에서도 건강을 해쳐 가면서도 뛰어난 연구성과를 올리고 있다고 격려하였다. 이 내용은 프랑스 과학정책과 문교정책의 빈곤함에 대한 일종의 내부 고발이었다. 그는 문교 당국자와 당시 최고 권력자인 나폴레옹 3세의 과학정책에 대한 적극적인 개입을 기대하고 있었다. 사실 이 무렵에 나폴레옹 3세는 고등 사범학교나 소르본 대학의 실험실을 방문하고 과학연구에 대한 지원을 약속하였으므로 파스퇴르는 이러한 움직임에 강한 기대를 걸고 있었다.

나폴레옹 3세는 1868년 3월, 파스퇴르를 포함한 몇몇 저명한 과학자를 불러 고등 교육정책에 관한 의견을 들었다. 이 회합에서 파스퇴르가 발언한 것을 문장화한 것이 『프랑스 과학의 성찰』에 수록된 제2의 논문 「자연과학 교육에서 겸직의 금지」이다.

이 논문에서 파스퇴르는 19세기 전반의 프랑스 과학의 영광과 복음 자리인 이공대학과 자연사 박물관이 점차 그 빛을 잃어가고 있다는 점, 그 중에서도 두 연구기관에서 젊은 연구자의 육성이 뒤지고 있음을 지적하였다. 이 내용으로 보아 과학교육과 과학 연구

기관에 대한 파스퇴르의 의식을 충분히 읽어낼 수 있다.

그의 애교심은 고등 사범학교의 연구잡지의 창간에 진력했다는 사실에서도 엿볼 수 있다. 이공대학이나 자연사 박물관은 연구성과를 발표하는 광장으로서 독자적인 연구잡지를 이미 발행하고 있는데 반해서, 고등 사범학교에는 이에 해당되는 잡지가 없는 것을 개탄하고, 『고등사범학교 연보』의 창간을 제안하고 이를 실천으로 옮겼다. 그는 7년 동안 이 잡지의 편집에 직접 참여하였다.

특히 파스퇴르는 겸직의 금지를 호소하였다. 겸직이란 말할 것 없이 한 사람이 몇 개의 자리를 차지하는 일이 있었으므로 많은 연구자, 특히 젊은 연구자의 진출이 방해를 받았다. 이것이야말로 파스퇴르가 교사로서 또한 행정관으로서 가장 마음 아팠던 과제였다.

파스퇴르는 학생의 지도에서 엄격하였다. 학생을 면학시키는 자극제는 면허시험이나 교원 자격시험이라 주장하였다. 그런데 이 제도가 지나치게 비정한 교육이라고 비난하는 사람들이 많았지만, 그는 이 제도야말로 우수한 젊은 연구자를 길러내는 최선의 길이라고 반박하고, 이들에게 자유로운 연구의 광장을 확보해 주기 위해 노력을 아끼지 않았다.

당시 프랑스는 '유니베르시테'를 바탕으로 각지에 문학, 자연과학, 법학, 의학 등 많은 학교가 있었지만, 지방의 연구와 교육조건이 파리에 비해서 매우 열악하였다. 그 때문에 연구자들은 파리를 떠나지 않으려 하였다. 파스퇴르는 이러한 상황은 지방문화의 진흥이라는 점에서는 물론, 프랑스 전체의 적정한 인적 자원이라는 이유에서도 우려할 사태라고 생각하였다. 그 때문에 그는 교수로서의 자신의 경험을 살려 각 지방 학교와 도시와의 관계를 깊게 함으로써 상황이 개선될 것이라고 생각하였다. 19세기를 통하여 프랑스 과학의 제도화를 전체적으로 생각할 경우, 지방 학교의 발전은 중요한 요소로서 이 점에서 그의 경고는 높이 평가된다.

이러한 현상을 우려하면서 사태의 개선에 희망을 걸고 있었던 파스퇴르에게 불행이 닥쳤다. 그것은 사랑하는 조국 프랑스가 전쟁으로 내몰렸던 불행, 즉 보불전쟁에서 패배한 일이었다. 이로써 그가 과학진흥에 전력해 줄 것으로 크게 기대했던 나폴레옹 3세는 실각되고 말았다.

이 충격 속에서 파스퇴르는 『프랑스 과학의 성찰』에 수록된 제3의 논문 「프랑스는 위기에 처해 있는데 어째서 위대한 인물이 나오지 않는가」를 집필하였다. 파스퇴르는 적국 프러시아를 미워하면서도 프러시아의 승리의 원인을 우수한 과학기술의 연구체제, 그 중에서도 대학의 선진화에 있다고 강조하였다.

한편 파스퇴르는 프랑스의 패배 원인을 과학정책의 빈곤에 있다고 강조하고, 프랑스 혁명 당시 프랑스 과학이 얼마만큼 조국에 공헌했는가를 상기시키면서, 지난날의 영광을 다시 찾기를 프랑스 국민에게 호소하였다. 나폴레옹 3세가 실각한 뒤에도 그는 바쁜 나날을 보내고 지도적인 지식인을 규합한 고등 교육협회에 참여하여 프랑스의 고등교육의 발전과 과학의 제도화에 집념을 불태웠다.

파스퇴르 연구소의 설립

1886년 3월, 파스퇴르는 파리 과학아카데미에서 "나는 지금까지 치료를 해온 350명의 결과로 미루어 보아 나의 치료법이 유효하다는 것을 알았다. 광견병의 예방은 이것으로 확립되었다. 곧 광견병 예방 완진 연구소를 세우려 한다"고 보고하였다. 곧 위원회가 발족하고 광견병 치료를 위한 병원을 설립하고 '파스퇴르 연구소'라고 이름 붙일 것을 결의하였다.

조국을 위해서 한평생 힘을 쏟은 파스퇴르에게 프랑스 사람들은 마음으로부터 감사하고 존경하였다. 프랑스 하원이 이를 위해서 50

만 프랑의 기부를 결의하자, 멀리는 러시아, 브라질, 터키 황제는 기부금을 보내왔을 뿐만 아니라 부자나 가난한 사람 모두가 기부금을 내놓아 총액은 250만 프랑에 이르렀다. 그중 150만 프랑은 연구소의 건설에 사용되고, 나머지 100만 프랑은 연구소 기금으로 적립되었다.

1888년 11월, 파스퇴르 연구소의 개소식이 있었고, 1892년 12월에는 소르본느 대학의 대강당에서 파스퇴르의 70세 생일 축하식이 열렸다. 이 두 식전에 참석하기 위해 세계 여러 곳으로부터 많은 축하객이 모였다. 70세 탄생 축하 연회장에는 대통령이 자리를 함께 하였다. 그러나 그 무렵 파스퇴르의 건강이 악화되었다. 그는 감사의 말을 하려고 했지만 감격에 넘쳐 말을 하지 못했고 할 수 없이 옆에 있던 아들이 대신 낭독하였다.

1895년 9월 하순에 파스퇴르는 한 모금의 우유도 넘기지 못하였다. 9월 28일 한 손은 부인의 손을, 또 한쪽은 십자가를 잡은 채 숨을 거두었다. 73세였다. 마지막으로 그는 "내가 할 수 있는 일은 모두 해냈다"고 말했다 한다.

애정이 넘쳐흐르는 강인한 인간

파스퇴르가 인간에게 기여한 은혜는 이루 말할 수 없다. 화학자 메치니코프는 "그는 그의 과학적 천재에 더하여 넘쳐흐르는 애정과 그 깊이를 알 수 없는 정도의 선량한 마음, 그리고 드물게 보이는 고귀한 인격을 겸비하고 있다"고 높이 찬양하였다.

파스퇴르의 일생을 보면 그는 항상 중요한 문제를 차근차근 해결해 나가고 있었음을 엿볼 수 있다. 자연발생설의 부정, 발효의 원인, 탄저병과 광견병의 예방 접종 등에 관해서 그는 반대자와 '끊임없이, 그리고 서둘지 않고' 논쟁을 벌였다. 그는 앞장서서 논의하고 논쟁은 예리하였다. 그는 남달리 인내심이 매우 강하였다.

이상과 같은 그의 생활태도를 보면, 파스퇴르가 정복욕에 불타고 있는 전투적인 사람으로 보일지도 모른다. 그러나 그는 넘치도록 풍성한 애정을 지니고 있었다. 그는 사람이나 동물에 주사할 때에 이를 똑 바로 쳐다보지 못하고 고개를 돌렸다고 한다. 탄저병의 예방 접종을 받은 양이나, 광견병 예방 접종을 받은 환자를 돌보기 위해 그는 뜬눈으로 밤을 세우는 일이 종종 있었다. 광견병 예방 접종을 받은 한 소년은, 고통스럽게 숨을 내쉬면서 "돌아가지 마시고 내 곁에 있어줘요"라고 파스퇴르에게 애원하고 그의 손을 꼭 잡은 채 숨을 거두었다고 한다. 예방 접종으로 목숨을 건진 소년이나 소녀들에게 파스퇴르는 "양친의 말씀을 잘 듣고 착실하게 노력해야 하네"라고 부모처럼 편지를 썼다고 한다. 그 자신도 양친과 스승에 대한 존경의 염원이나 우정을 일생 동안 간직하였다. 인류에게 많은 은혜를 베푼 파스퇴르는 넘쳐흐르는 따뜻한 마음과 비할 바 없는 고매한 인격을 갖춘 과학자였다.

남성의 과학계를 무너뜨린 여성과학자들

소르본느 대학 최초의 여성 교수 퀴리 부인
산업 의학을 개척한 여의사 해밀튼
원자력 시대를 열어 놓은 마이트너
유전공학연구에서 홀로 버틴 매클린톡

소르본느 대학 최초의 여성 교수 퀴리 부인

힘들었던 파리 유학시절

폴란드의 물리학자 마리 큐리(Marie Sklodowska Curie; 1867~ 1934)는 폴란드의 수도 바르샤와에서 태어났다. 아버지는 수학과 물리학 교사이고 어머니는 여학교 교장선생이었다. 당시 폴란드는 러시아 지배하에 있었고, 특히 교육에 대한 억압이 혹독하였다. 러시아의 장학사가 학교에 시찰을 나오면 그의 방문을 알리는 종이 울리고 서둘러 폴란드어의 교과서가 감춰지고 대신 러시아어의 교과서가 책상 위에 놓였다. 모국어가 금지되고 러시아어만이 허락되었기 때문이다. 성적이 우수한 마리는 장학사 앞에서 어김없이 러시아 대대의 황제와 러시아 황실의 모든 사람의 이름과 철자를 암송하여 대답하였다. 장학사가 돌아가면 그녀는 엎드려 슬픔을 감추지 못한 채 눈물을 흘리며 울음을 터트렸다고 한다.

마리는 5형제 중 막내딸이었고 9살 때 어머니를 잃었다. 또한 2년 전에 두 언니를 잃어 그녀는 아버지와 오빠 그리고 한 언니의 애정 속에서 자랐다. 16살에 중학교를 졸업했지만 마침 그 무렵 아버지가 사업에 실패했으므로 그녀는 부잣집 가정교사로 입주하여 자신의 생활비뿐만이 아니라 의사가 되려는 언니의 학자금까지 마련해야만 하였다. 그 대신 언니가 여의사 자격을 취득하면 자신이 공부할 차례로서 언니에게 원조를 약속하였다. 이렇게 독립하여 생활하면서 시립의 작은 실험실에 다니면서 물리학과 화학을 배웠다. 더욱이 폴란드는 여성 교육을 장려하지 않았으므로 여성들은 대학에 진학할 수 없었다. 하지만 마리는 포기하지 않았다.

마리는 최소한의 학비가 마련되자 파리의 소르본느 대학에 들어갔다. 당시 23세였다. 마리의 언니는 의사가 되어 이미 결혼했는데 형부 집에 불행이 닥쳐 경제적인 도움을 언니로부터 받을 수 없었다. 그녀는 대학 가까운 곳에 작고 허름한 방을 얻어 어려운 생활을 시작하였다. 혹한의 겨울에 석탄을 살 수 없었으므로 이불을 둘러쓰고 밤을 세웠다. 빵과 과일만으로 끼니를 때우는 날이 많았고 배고픔으로 기절한 적도 있었다.

이러한 고생 끝에 25세 때에 수석으로 물리학 학사시험에, 다음 해에는 수학 학사시험에 차석으로 합격하였다. 그녀도 남처럼 사랑을 하였다. 상대는 돈 많은 집안의 아들이었는데 그의 양친의 반대로 뜻을 이루지 못하였다. 그 청년은 이를 뿌리치고 결혼할 정도의 용기가 없었다. 후년에 그녀는 "만일 돈 많은 이 집 아들과 결혼했다면 라듐은 발견되지 않았을 것이다"라고 회고하였다. 또한 "첫사랑은 잊혀지지 않지만, 만일 같은 길을 걷는 남성과 만나면 첫사랑을 잊고 결혼할 것이다"라고 술회하였다.

동료 물리학자 피엘 퀴리와 결혼

두 차례의 합격이라는 행운이 찾아온 1894년에 마리는 피엘 큐리와 만났다. 그녀의 일기에는 "조국 폴란드의 코와르스키 교수의 초청으로 우연히 한 청년 피엘을 소개받았다. 갈색 머리에 맑고 큰 눈을 하고, 무게가 있는 표정 속에도 온화한 태도가 엿보였다. 거리낌없는 성격과 명상을 즐기는 듯 보였고, 사랑의 정을 보여주어 매우 인상이 좋은 사람으로 보였다"고 쓰여 있다. 수 차례 만난 뒤에 마리는 청혼을 받았고 1895년 7월 25일 두 사람은 결혼하였다. 그때 피엘은 36살이었다.

퀴리 부인은 신혼시대의 감상을 이렇게 쓰고 있다. "두 사람은 공부하기 위해 조용한 집이 필요하였다. 다행이 파리 시내 13구의 그라레에르가 24번지에 정원이 붙은 세 칸 짜리 작은 아파트에 입주하였다. 두 사람은 각각 양친으로부터 가구를 물려받았고, 또한 친지들로부터 축하금을 받아 두 대의 자전거를 구입하고 교외의 산보에 이용하였다."

폴로늄과 라듐의 발견

퀴리 부인은 1896년에 프랑스의 물리학자 베끄렐이 발견한 우라늄 화합물이 방사하는 빛의 연구를 학위논문으로 정하고, 그 방사선이 α 선, β 선, γ 선 등 세 종류로 되어 있다는 것을 밝혀냈다. 그리고 우라늄처럼 방사선을 내쏘는 성질을 '방사능'이라 이름 붙였다. 1898년에는 토륨 화합물에도 방사능이 있는 것을 발견하고, 같은 해에 계속해서 부부 공동실험으로 우라늄 보다 400배의 방사능을 지닌 원소를 포함한 극소량의 분말을 광석으로부터 채취하였다. 퀴리 부인은 고국 폴란드와 관련하여 이 원소를 '폴로늄'(Po-조국의 이름 '폴란드'에서 비롯되었다)이라 명명하였다.

그런데 이 폴로늄의 방사능이 너무나 강하였으므로 그 광석 중에 폴로늄 뿐만이 아니라 또 다른 방사성 원소가 포함되어 있는 것이 분명하다고 생각한 두 사람은 계속해서 이를 추적하였다. 몇 년이 지났다. 뼈가 으스러지는 실험을 계속하였다. 분석하고 남은 부분은 점차 그 양이 줄어갔지만 거기서 나오는 방사선의 강도는 점차 강해졌다. 4년 후인 1902년 그들은 1톤의 역청 우란광에서 0.1 그램의 순수한 백색 분말인 염화라듐을 얻는데 성공하였다.

이것은 새로이 발견한 원소의 화합물로서 아직 발견되지 않은 물질이었다. 이것이 내쏘는 방사선은 매우 강했고 그것이 들어 있는 그릇은 어둠 속에서도 빛나고 있었다. 퀴리 부부에게 그 빛은 4년 동안의 고충의 대가였다. 그 해 12월에 강력한 방사능을 지닌 이 원소를 '라듐'(Ra)이라고 불렀다. 뒷날 퀴리 부인은 "이 낡고 황량한 건물에서 두 사람은 생애를 통해서 가장 행복한 시절을 보냈다.···"고 기억을 되새겼다.

노벨 물리학상을 공동 수상

그들은 라듐의 성질을 연구하기 위해서 많은 양의 광석이 필요했지만 이를 손쉽게 구할 수 없었다. 다행히 보헤미아의 센트 요하임슈탈(현 체코슬로바키아 영토)의 광산 주인이 이 광석의 제공을 약속하였다. 그러나 운반비는 두 사람이 전 재산을 털어 이를 마련하였다.

물리학자 렌트겐과 베끄렐은 이상한 빛을 발견하여 이미 과학혁명의 불씨를 지폈다. 그것은 1543년에 코페르니쿠스가 지동설을 발표했던 것과 비슷한 업적이었다. 제1 과학혁명은 갈릴레이와 그의 망원경으로 극적으로 일어났다. 제2 과학혁명도 극작가가 필요하였다. 이 방사선에 관한 내용을 과학잡지나 신문의 제 1면 기사에 실릴 사람이 필요하였다. 그 역할을 퀴리 부부와 라듐이 일궈냈다. 그들의 업적은 과학적으로 중요했고 의학적으로도 중요하였다. 특히 소량의 라듐이나 비슷한 원소로 '암'을 치료할 수 있기 때문이었다.

그러나 보다 더 중요한 것은, 그들의 연구 결과가 너무나 드라마틱하고 여성과 밀접하게 관련되어 있으며, 또한 얻어진 결과가 너무나 훌륭했을 뿐아니라 인류를 원자력 시대로 이끈 때문만은 아니다. 특히 그것은 폴란드에서 이주해온 젊은 여성의 집념의 산물이기 때문이다.

1903년 퀴리 부인은 학위논문 "방사성 물질에 관하여"를 소르본느 대학에 제출하였다. 이 해 두 사람은 런던에서 라듐에 관한 강연을 하고 왕립학회로부터 '데이비 상'을 받았다. 또한 같은 해 베크렐과 퀴리 부부 세 사람은 노벨 물리학상을 공동으로 수상하였다. 베크렐은 방사능의 발견했고, 두 사람은 방사능의 연구가 수상의 이유였다. 부군인 피엘은 레지옹 드 뇌르상을 수상자로 결정되었지만 이를 사양하고, 대신 실험실의 개선을 요구하였다. 대학은 그를 위해서 일반 물리학과 방사능의 강좌를 마련했고, 퀴리 부인은 그 실험실의 주임으로 임명하였다.

불행과 행운의 교차

1897년에 이미 장녀 이레느가, 1904년에는 차녀 에버스가 탄생하였다. 1905년 말엽에 대학 이학부에 분실이 신설되고 퀴리 부인은 그곳으로 옮겼다. 1906년 부군 피엘은 프랑스 아카데미회원으로 선출되고 그 첫 회의에 출석하는 도중, 비가 내리는 파리 거리에서 마차에 치여 죽음에 이르렀다. 4월 19일의 일이었다. 퀴리 부인은 한없는 슬픔에 잠겼다. 피엘이 죽은 뒤, 소르본느 대학은 퀴리 부인에게 남편이 담당했던 강좌를 이어받게 하고, 그녀는 조교수를 거쳐 그 후 정교수가 되었다. 소르본느 대학 개교이래 최초의 여성교수가 탄생하였다. 1911년에 프랑스 아카데미회원으로 추천되었으나 결선 투표에서 2표 차이로 패배하였다. 그후 그녀는 명예가 있는 어떤 추천에도 자신의 이름을 내놓지 않았고, 상대방이 자발적으로 수여하는 것 이외에는 받지 않았다.

234

 이러한 굴욕을 맛본 그녀에게 드디어 가장 기쁜 소식이 전해졌다. 그 해 "라듐 및 폴로늄 발견으로 화학에 대한 공헌과 라듐의 성질 및 그의 화합물의 연구"에 대해 노벨 화학상이 수여되었다. 그녀는 두 번에 걸쳐 노벨상을 받았다. 장녀 이레느 퀴리의 수상까지 합하면 한 집안에서 세 사람이 노벨상을 받은 셈이다.

 피엘이 죽은 뒤, 파리의 파스퇴르 연구소 옆에 라듐연구소를 세우는 계획이 수립되었다. 한 부서는 대학이 관리하고 퀴리 부인이 나머지 부서의 소장이 되었다. 이 곳에서는 방사성 물질의 물리적, 화학적 성질을 연구를 하고, 다른 한 부서는 파스퇴르 연구소가 운영했는데, 그 곳에서는 생물학 연구와 의학에 대한 응용연구를 하였다. 이 새로운 연구소의 건축은 1912년에 시작되고 2년 후인 1914년에 드디어 완공되었다.

 이 해에 제1차 세계대전이 일어났다. 퀴리 부인 자신도 X선 진단팀을 조직하여 치료하는 방법을 교육하거나 부상자의 치료에 직접 참여하였다. 야전 병원에서의 체험에 대해 그는 다음과 같이 회상하고 있다. "그 곳에서는 인간의 생명과 건강이 파괴되고 있다. 나는 그 무서운 상황을 결코 잊을 수 없다. 이 몇 년 사이에 내가 겪은 참상을 한 번이라도 본 사람이라면 누구나 전쟁을 싫어할 것이다. 어른이나 소년들이 피와 진흙으로 범벅이 되어 전선의 야전 병원으로 운반되어 온다. 그중 대부분은 부상으로 죽었고, 다른 대부분 사람들이 회복되었지만 몇 달 동안 계속 고통으로 시달렸다."

영광된 마지막 생애-폴란드 흙 속에 묻혀

 전후 그녀는 과학상의 연구는 물론, 명성을 바탕으로 세계적인 여러 활동으로 분주한 나날을 보냈다. 그녀는 장녀 이레느가 물리화학의 연구 분야에서 재능을 발휘하는 것을 보고 매우 만족스러워하였다. 그녀는 어머니 마리의 실험실주임이 되었다.

만년에 퀴리 부인은 파리의 라듐 연구소장으로 활동을 계속했는데, 그 사이에 세계 각 국가의 학회로부터 100번에 가까운 표창을 받았고, 프랑스에서는 파리의 의학아카데미 최초의 여성회원으로 추천되었다. 정부는 방사선을 의학에 응용하는 연구에 재정적 원조를 하기 위해서 1920년에 '퀴리 재단'을 설립하였다. 또한 프랑스 정부는 퀴리 부인에게 연금 4만 프랑을 주는 법률을 국회에서 의결하고, 또한 퀴리 부인이 죽은 뒤에도 두 딸에게 지급하도록 의결하였다.

1932년 어느 날, 퀴리 부인은 바르샤와 라듐연구소의 개소식에 참가하기 위해 조국 폴란드를 방문하였다. 퀴리 부인은 정부 요인, 과학자, 의사, 기타 각계의 유명인 등이 다수 참가한 식전에서 폴란드 공화국 대통령 우측에 앉았다. 1891년에 앞길이 불안하고 빈곤한 학생으로서 조국을 멀리 떠난 그녀는 이제 조국의 수도 바르샤바에 금의환향한 것이다.

그러나 그녀는 오랜 동안 방사능을 계속 많이 쪼인 탓으로 마지막 수주일 동안 급격하게 체력이 쇠약해지고 고열이 지속되었다. 그녀가 스위스 국경에 가까운 진료소로 옮겼을 때, 그녀는 몽블랑이 보인다고 무척 기뻐했다고 한다. 1934년 7월 4일 백혈병으로 장녀, 차녀, 사위에게 둘러 쌓여 66세를 일기로 조용히 숨을 거두었다. 마리의 오빠와 언니는 조국 폴란드에서 가져온 흙을 프랑스 흙과 섞어 관 주위를 덮었다.

산업 의학을 개척한 여의사 해밀튼

빈민을 위해서

산업 의학의 개척자로서 하버드 대학 의학부에서 교편을 잡은 최초의 여성은 애디스 엘리스 해밀튼(Addis Elise Hamilton; 1869~1970) 박사이다. 1869년 뉴욕 시에서 태어난 그녀는 부인참정권 운동가인 할머니의 영향을 많이 받았다. 10대 무렵부터 페르시아 제국에 관한 책을 읽은 그녀는 의료 봉사자가 되기를 희망하였다. "의사가 되면 산골자기나 도시의 빈민굴에 원하기만 하면 언제든지 갈 수 있고, 어디에서나 일할 것을 결심했으므로 의학을 선택한다"고 그녀는 자신의 신념을 실토하였다.

해밀튼은 미시건 대학 의학부에 입학하였다. 당시 여성이 의학부에 들어가기란 매우 힘들었고, 설령 들어갔다 하더라도 모든 부문에서 차별을 받았다. 해부실습은 남녀 별도로 실시되었다. 이러한 악조건을 물리치고 그녀는 1893년 24세 때 의학박사 학위를 받았다. 그녀는 병리학에 흥미를 가졌지만 여성이라는 점에서 많은 어려움을 겪었다. 그녀는 독일에서 유학 중에 교수와 동료로부터 엄청난 멸시를 받았다. 그 이유는 단지 '여성'이기 때문이었다.

이러는 사이에 해밀튼 박사의 일생을 바꿀 아주 좋은 기회가 찾아왔다. 그녀는 제임스 아담스 포드웨인의 메소지스트 교회로 부임해 왔다. 1889년 설립된 시카고의 헐 하우스에 관한 아담스의 이야기에 해밀튼은 깊은 감명을 받았다. 그녀는 아담스와 함께 일하기로 결심했고, 그 후 22년 동안 그곳에서 지냈다. 헐 하우스는 시카고에 위치하고 있었는데, 보육원과 유치원, 공중목욕탕, 운동장을 갖추고 있었다. 그녀는 유아 진료소를 개설하고 8세 미만의 어린이를 돌보았다. 그녀는 빈민가의 가난한 사람들이나 이민들의 번거로운 일을 돌보아 주었고 노동조합과 관련을 맺었다. 파업 시에는 여러 가지로 지원을 아끼지 않았다.

산업 의학의 수립

최초로 봉급을 받은 것은 시카고의 노스웨스턴 대학 의학부 여자대학에서 병리학을 강의한 때부터였다. 그녀는 대학에서 병리학 강의를 할 때 단순히 책을 읽는 강의에서 벗어나 부검에서 얻은 표본이나 슬라이드에 의한 실제적인 실험실 작업을 하였다. 1902년 장티푸스가 시카고를 휩쓸었다. 파리가 장티푸스균을 운반하여 근처의 호수를 감염시켰는데, 염소 소독을 하지 않은 채 그 물이 상수로 이용되었던 사실을 밝혀 냈다.

그녀는 부엌이나 변소의 파리를 잡아 배양기의 시험관에 넣고 이를 배양하였다. 배양관 중에서 장티푸스균을 확인한 다음에 이 사실을 발표하였다. 이것은 절대적인 효과를 가져왔다. 여론의 압력을 받은 당국은 상수도 시설을 대폭 정리하고 개선하였다. 그녀가 경고한 덕분이었다.

해밀튼 박사는 노동자 계급의 주거지 안에 있는 헐 하우스에 살면서 노동자와 그의 부인들과 친하게 지냈다. 제철공장의 일산화탄소의 이야기나 납중독으로 불구가 된 도장공의 이야기, 가축 사육

장에서 일하는 사람들 사이에 만연하고 있는 폐렴이나 류마티스 등을 귀담아 들었다.

외국에서는 이미 산업 의학이 의학의 한 분과로 인정받고 있었지만 미국에서는 아직 그렇지 못하였다. 미국의 의학회는 이 문제에 관해서 회합을 가져본 일도 없었고 산업 의학을 전문적으로 연구하는 의료 관계자가 한 사람 없었다.

해밀튼 박사는 헐 하우스에 있는 동안에 방문하는 남성을 대상으로 여러 직업병으로 인한 후유증을 조사했고, 그 위험성에 관해서 깊은 관심을 가졌다. 당시 직업병에 관해서 관심을 가진 사람은 거의 없었다. 그녀는 자신이 이를 연구할 것을 결심하였다. 더욱이 유럽 여러 나라에서는 노동자를 보호하는 법률이 있었지만 미국에는 전혀 없었다.

시카고에서는 많은 노동자가 성냥 공장에서 일하고 있었다. 성냥의 원료는 인이기 때문에 공장내의 공기는 인의 증기로 가득하였다. 그러므로 거기서 일하는 노동자 모두는 이 공기를 들여 마셔야만 하였다. 이들은 인이 치아에 침투되어 이 뿌리가 망가지고 턱골이 상하는 질병에 걸려 있었다. 그 결과 화농이 생기면 통증이 심해지고 턱뼈를 외과적으로 제거하지 않으면 안되었으므로 얼굴이 딱할 정도로 변형되었다. 최선을 다 해서 치료한다고 해도 그 노동자는 평생 유동식을 섭취하지 않으면 안 되었다. 그녀는 1909년에 이러한 사실을 발표하고, 아무런 대책이 없는 데 대해 신랄하게 관계자를 탄핵함으로써 유해한 인이 성냥공장에서 모습을 감추었다.

일리노이즈 직업병 위원회 위원장으로

1910년 해밀튼 박사에게 좋은 기회가 찾아 왔다. 일리노아즈 주지사 찰스 디닝이 직업병 위원회의 위원장으로 그녀를 임명하였다.

그녀는 그 주의 직업병을 철저히 조사하고 보고서를 작성하여 주 의회에 보고하도록 부탁을 받았다. 이것은 주 단위로서는 처음 있 는 조사 활동이었다. 20명의 젊은 의사와 의과 대학생 그리고 사회 봉사자의 도움을 받아 그녀는 납중독의 연구를 자신의 특별과제로 선택하였다. 혼자서 많은 납 공장을 방문하고 병원의 납중독 환자 의 기록을 조사하며, 노동자 계층이 거주하는 지역의 약제사와 만 났다. 또 납 공장에서 일하는 남성들의 부인의 이야기를 들었다. 그 결과 그들이 납의 먼지나 납의 증기를 흡입함으로써 납중독에 걸린 다는 사실을 알아냈다.

해결방법은 간단하였다. 공장의 공기로부터 납 먼지나 납 가스를 제거하면 된다. 그러나 공장 측의 저항은 오늘날과 마찬가지였다. 그녀는 논문과 연설을 통해서 납중독이 현실적으로 일어나고 있으 며 심각한 의학 문제로서 받아들여야 한다고 호소하였다.

1914년 유럽에서 제1차 세계대전이 일어나자, 해밀튼 박사는 연 방정부의 요청으로 영국, 프랑스, 러시아에서 급속하게 발전하고 있 는 고성능 폭탄 제조를 조사하는 일에 착수하였다. 고성능 폭약의 주된 원료는 셀룰로오스와 질산이다. 이러한 물질은 모두 인체에 해로우며 어느 경우는 피부를 통해서, 어느 경우는 호흡기를 통해 서 체내로 들어온다. 이것들은 모두 신경계를 침범하고 혈액이나 기관에 피해를 준다. 그녀는 하루 일정만으로 이러한 사실을 충분 히 인식할 수 있었다.

1917년 4월, 미국도 참전하였다. 이때에 의학 관계자의 새로운 관심은 군수물자를 취급하는 노동자의 건강관리로 향하였다. 영국 과 프랑스는 노동자에 대한 보호책이 강구되어 있었는데 반해서 미 국은 아무런 대책도 없었다. 그러나 전쟁 때문에 산업위생의 개선 과 산업 독물에 대한 의사들의 관심이 커졌다. 따라서 미국 공중 위생국은 이 분야에 앞장을 섰고, 의학잡지는 이 분야의 논문을 계속해서 실었다. 그러면서 '산업 의학'이 점차 자리잡기 시작하였다.

하버드 대학 최초의 여성 교수

1919년, 하버드 대학 의학부의 산업 의학 교수로 초청된 해밀튼 박사는 자신의 눈을 의심하지 않을 수 없었다. 그 당시까지만 해도 그녀는 이 분야의 권위자로 인정받고 있었지만, 하버드 대학은 남성 지상주의의 분위기로 가득차 있었고 여학생은 아직 입학할 수 없었다. 그녀는 '하버드 클럽'에 출입하지 하지 않을 것을 대학 당국과 약속하였다. 이 클럽은 남성 전용으로 회원의 부인도 출입할 수 없었다. 그녀는 출입증도 발급 받지 못하였다. 또한 졸업식에 초대를 받았지만 초대장의 말미에서는 "여성은 단상에 앉아서는 절대로 안됨"이라 쓰여 있었다.

산업 의학에 대한 공헌이라는 점에서 해밀튼 박사는 같은 시대의 여성 중에서 돋보이는 존재였다. 만일 여성의 사회적인 복지에 대한 공헌을 고려한다면 그녀의 위치는 한층 더 높아진다. 그녀는 1953년에 퇴직하면서 하버드 대학의 명예교수로 추대되었고, 또한 그녀의 업적을 기념하기 위해서 하버드 공중위생교실에 '엘리스 해밀튼 기금'이 설립되었다. 많은 명예가 그녀에게 안기었다. 세 여자 대학과 두 종합 대학으로부터 '이학 박사'의 명예가 주어졌다. 미국 공중 위생국에서 수여하는 '라스카상'을 받은 최초의 여성 수상자였다.

시민을 위해서

1936년, 루스벨트 대통령은 해밀튼 박사에 대해서 "나는 공장에서 일하는 몇 천, 몇 만의 사람들, 자신들의 생명과 안전을 해밀튼 박사에게 맡기고 있는 사람들을 생각해 보았습니다. 이것은 그녀가 산업 의학 연구의 선구적인 존재로서 용기를 가지고 있었기 때문입니다"라고 말하였다.

80세의 해밀튼 박사는 미국 산업 위생협회로부터 기념강연 연사로 초청을 받았다. 강연 제목은 "산업 독물의 40년"이었다. 그녀는 젊은 후배 의사들에게 고용주의 말을 무턱대고 믿지 않도록 경고했고, 낡은 독물이 새로운 산업에서 모습을 바꾸어 나타나는 것에 대해서도 항상 관심을 갖도록 강조하였다. 또한 미국에 직업병에 관한 법률이 없었던 그 당시에 그녀는 건강보호를 법제화하는 데 헌신적으로 노력하였다. 오늘날 이러한 법률은 미국 어느 주에도 존재한다. 노동안전 위생국(OSHA)이 미국 노동청의 한 부서로 설립되었다. 그곳에서는 제조업소, 공장, 광산, 점포, 사무소 등에서 일하는 사람에게 피해를 끼칠 가능성이 있는 2만 종류의 화학물질을 규제대상으로 삼고 있다.

해밀튼 박사는 세계의 평화를 위해서, 시민의 자유를 위해서, 그리고 모두의 권리를 위해서 싸웠다. 뉴 런던의 코네티컷의 기숙사는 해밀튼 박사가 92세가 되었을 때, '애디스 앨리스 해밀튼 하우스'로 명명되었다. 그녀는 101세에 운명하였다.

원자력 시대를 열어 놓은 마이트너

여성 핵 물리학자

'핵분열'이라는 과학용어를 만들어낸 독일의 리세 마이트너(Lise Meitner; 1878~1968)가 여성이라고 알고 있는 사람은 매우 드물다. 그녀는 방사성 원소의 붕괴와 그 과정에서 나오는 방사선을 연구한 최초의 과학자의 한 사람이다. 또한 원자가 중성자에 의해서 핵분열 할 때에 막대한 에너지를 방출한다는 사실을 처음으로 발견한 것도 바로 이 여성 과학자라는 사실을 알고 있는 사람도 매우 적다. 이와 같은 그녀의 선구적인 연구 결과로 '원자력 시대'가 찾아왔다. 그녀는 전력 생산의 수단으로 원자로를, 의학이나 산업의 연구 수단으로 방사성 동위원소를, 그리고 놀라운 원자폭탄을 우리들 가까이 가져다 놓았다.

마이트너는 1878년 오스트리아에서 태어났다. 1902년 피에르와 마리 퀴리가 라듐을 발견했다는 신문 보도에 접한 학생 마이트너는 핵물리학에 흥미를 갖기 시작하였다. 그녀는 물리학자로서 살아갈 길을 겨냥하여 1901년 빈 대학에 입학하였다. 지금과 달라서 당시 여성이 대학에서 공부한다는 그 자체에 대해서 교수와 남학생 사이에서 강한 반발이 있었다는 사실을 생각할 때에, 그녀의 입학은 대단한 일이었다. 실제로 그 무렵에 여학생이란 어쩐지 기이한 존재였다. 그러나 그녀는 목표를 잊지 않고 1906년 핵물리학 분야에서 박사학위를 받은 최초 여성의 한 사람이다.

학위를 취득한 뒤 마이트너가 잠시 빈에 머물러 있는 사이에 방사능에 관한 새로운 과제에 강한 흥미를 가졌다. 이 관심이 드디어 그녀의 일생의 연구 과제가 되었고, 원자력이라는 새로운 분야의 개척과 인연을 맺게 되었다. 그러나 당시 과학 연구와 진보의 중심지는 빈이 아니라 베를린이었다. 따라서 세계 각지로부터 많은 학생들이 그곳으로 몰려왔다. 그녀 역시 세계적으로 유명한 독일인 물리학자 맥스웰과 프랑크 밑에서 물리학 이론을 배우기 위해 베를린으로 향하였다. 그것은 1908년의 일이었다. 그 후 그녀는 베를린 대학에서 물리학자 프랑크의 조수가 되면서 3년 동안 함께 연구하였다.

프랑크 밑에서 연구하던 이 시기에 마이트너가 30년에 걸쳐 공동연구했던 독일의 과학자 오토 한과 만났다. 그 때 한은 방사화학에 관한 연구를 도와줄 물리학자를 찾고 있었다. 그러나 그 당시 여성의 활동에 대해 편견이 심했으므로 한이 연구하고 있던 화학연구소에서 그녀는 활동할 수 없었다. 그래서 한과 그녀는 학교건물 지하에 있는 공작실을 찾아내고 그곳을 자신들의 연구 터전으로 삼았다. 화학자인 한은 새로운 방사성 원소와 그 성질에 흥미를 지니고 있었으므로, 마이트너 자신도 이 문제에 관심을 지니고, 두 사람 모두 이 분야에서 선구적인 연구 결과를 남겼다.

방사성 원소의 연구

제1차 세계대전이 시작된 1914년, 오토 한과 마이트너는 새로운 원소의 발견에 열중하고 있었다. 그런데 한은 전쟁이 시작되자마자 곧 병역을 치렀고, 마이트너는 오스트리아 육군의 X-선 간호원으로 봉사하였다. 그녀는 당시 오스트리아 시민이었다. 그들의 노력의 결과는 성공으로 이어졌다. 즉 그들은 '프로텍티늄(Pa)'이라 부르는 새로운 원소의 발견을 과학계에 발표하였다.

1908년 마이트너는 유명한 카이저 빌헬름 연구소의 물리학 부장으로 임명되었고 방사성 물리학 연구실의 조직화를 책임졌다. 그녀는 훌륭한 연구시설 속에서 뛰어난 조수들로 구성된 연구팀과 학생들과 함께 연구하였다. 그녀는 천연 및 인공적인 원소의 변환, 즉 α 입자나 중성자, 기타 입자를 원소에 쏘아 충돌시킴으로써 원소가 다른 원소로 변환하는 연구를 집중적으로 연구하였다.

마이트너는 방사성 원소에 관한 연구를 계속하면서 그 연구결과를 차례로 발표하였다. 사실상 1930년대에 급속히 발전하고 있던 핵물리학에 대해 세계 각지의 과학자들은 특별한 관심을 기울였는데, 특히 베를린을 중심으로 그 연구가 활발하게 진전되었다.

1934년 마이트너와 한은 다시 공동연구를 시작하였다. 그들은 이탈리아의 핵 물리학자 엔리코 페르미의 연구에 특히 관심을 가졌다. 페르미는 우라늄과 같은 무거운 원소에 중성자를 충돌시킬 경우에 우라늄보다 무거운 원소가 생성될 것을 기대하고(초 우라늄 원소, 혹은 '트랜스 우라늄 원소'라 부르기도 함), 그 결과를 확인하기 위해 실험을 반복하였다.

이러한 연구가 과학자들 세계에 받아들여지기 위해서는 무엇보다 이를 확인하는 실험이 중요하였다. 어느 날 그녀와 한은 우라늄보다 무거운 초 우라늄 원소가 생성되는지 확인하기 위해서 연구실에서 저속의 중성자를 우라늄 핵에 충돌시켜 보았다. 그 결과 '바륨'(56번 원소)의 존재가 확인되었다. 그들은 매우 놀랐다. 놀라움보다는 오히려 이상한 생각에 사로 잡혔다. 왜냐하면 바륨원소의 무게는 우라늄보다 훨씬 가볍기 때문이었다. 원래 그들은 우라늄보다 무거운 원소가 생성될 것으로 기대했었다. 그러나 그들은 이 기묘한 현상을 설명할 수 없었다.

스톡홀름으로 망명

한편 나치가 오스트리아를 점령하자 마이트너는 독일에서 더 이상 안전을 보장받을 수 없게 되었다. 그녀는 유태계라는 사실을 숨기지 않았다. 1938년 독일에서 반유태주의가 빠르게 확산되면서 그녀는 외국으로 망명할 수밖에 없었다. 그녀는 이미 베를린 대학에서 쫓겨났고, 일 주일간의 휴가를 빙자해서 기차로 네덜란드로 탈출하려고 기차에 올랐고, 나치의 순찰대원의 추격을 따돌리고 간신히 국경을 넘었다. 그녀의 오스트리아 여권은 일찍이 그 효력을 상실했지만 친구의 도움으로 네덜란드에서 덴마크의 코펜하겐으로 갔다. 그리고 친구이자 노벨상 수상자인 닐스 보어 집에서 잠시 머물다가, 스톡홀름에 있는 노벨 물리학연구소부터 초청을 받아 그곳으로 떠났다.

오토 한은 독일에 남아서 우라늄이 중성자의 충격을 받을 때, 우라늄보다 가벼운 원소가 생긴 이 이상한 결과를 추적하기 시작하였다. 그는 실험에 잘못이 있지 않았는가 생각하고, 1939년 12월 스웨덴에 있는 마이트너에게 전문가로서의 분석과 해석을 얻기 위해 실험결과를 상세히 편지로 보냈다. 그녀는 편지를 반복해서 검토한 결과, 이 이상한 현상이 지니는 의미의 중대함에 넋을 잃었다. 그녀는 우라늄 원자가 '분열'한다는 사실을 확신하고, 그 결과를 사위인 오토 프리쯔에게 편지로 보냈다.

원자력 세계로 안내

한과 마이트너 두 사람은 유명한 아인슈타인의 에너지-질량 등가 원리($E=mc^2$)를 바탕으로, 중성자의 충돌로 한 개의 우라늄 원자

246

핵이 두개 핵으로 분열 할 때에 방출되는 에너지는 2억 전자볼트에
이른다고 계산하였다. 이와 같은 양은 보통 화약의 폭발 에너지의
2천만 배에 상당한 에너지이다.

마이트너가 이에 관해서 쓴 논문에 대해, 물리학자 윌리엄 로렌
스는 1940년 7월의 한 논문에서 이렇게 말하였다. "그녀는 다분히
컬럼부스가 느낀 것에 필적하는 정도의 감동을 경험했을 것이다.
그녀와 한은 말할 것 없이 이 세대의 가장 위대한 한 가지 발견과
만난 것이다. 그들은 원자력이라는 풍부한 에너지의 세계로 우리들
을 안내할 작은 길을 열어 놓았다."

마이트너와 그의 사위인 오토 프리쯔는 1939년 1월 16일, 유명한
영국의 과학잡지 『네이처』에 그들의 의견을 정리하여 실었다. 그리
고 3주 뒤에 역사적인 한 줄의 글이 발표되었다. "우라늄 원자핵은
중성자와 충돌하여 거의 같은 크기의 핵으로 분열한다.… 그리고
전체로서 2억 전자볼트에 이르는 운동 에너지를 발생한다."

이렇게 해서 원자력 시대가 시작되었다. 우라늄 원자가 두 개의
작은 원자로 분열하는 현상을 '핵분열'이라 표현한 사람은 바로 마
이트너였다. 이렇게 해서 한가지 중요한 과학 용어가 추가되었다.
그녀가 덴마크의 물리학자 닐스 보어에게 원자의 핵분열과 그 때
방출되는 막대한 에너지에 관한 발견을 전달했을 때, 보어는 너무
흥분하여 미국 행 배에 승선하는 시간에 조금 늦었다고 한다. 미국
에 건너간 보어는 이 사실을 미국에 망명해 있던 이탈리아 물리학
자 엔리코 페르미와 또 다른 사람들에게 전달하는 역할을 하였다.
이 발견은 곧 검증되고 이어서 원자폭탄 개발경쟁이 시작되었다.

핵분열 연구와 결별

한편 마이트너는 자신의 발견이 파괴적인 용도로 쓰여질 것을

한번도 생각한 적이 없었다. 만일 그녀가 이러한 생각을 한번이라도 했었다면 적극적으로 반대했을 것이다. 그러나 연합국과 독일 쌍방은 핵분열을 군사목적에 이용하기 위해 선두 다툼에 나섰다. 미국은 원자폭탄을 개발하는 '맨하튼 계획'을 수립했고, 독일에서도 많은 과학자가 같은 목적을 위해 연구하였다.

1945년 8월 6일 일본의 히로시마에 최초로 원자폭탄이 투하되고 핵무기의 새로운 역사가 시작하였다. 이 폭탄을 꼭 투하했어야 했는지에 대한 찬반은 지금도 논의되고 있지만, 마이트너는 그 사용에 결사 반대하였다. 그녀는 이 문제에 관한 토론에 초청 받은 적은 있었지만, 어떤 형태로도 관여할 것을 거부하고 핵분열에 대한 연구를 더 이상하지 않았다. 히로시마에 원폭이 떨어진 이틀 뒤, 루즈벨트 대통령 부인과의 라디오 대담에서 그녀는 "나는 두 국가(미국과 옛 소련)의 협력으로 모든 국가 사이에 보다 좋은 관계가 형성될 가능성이 있다고 생각하며, 이 같은 놀라운 사태는 피할 수 있다고 생각한다"고 말하였다.

히로시마에 투하된 것은 우라늄 폭탄으로 전 시가지를 완전히 파괴하였다. 이틀 후 나가사끼에 떨어진 것은 플로토늄 폭탄으로 역시 맨하튼 계획으로 개발된 것이다. 원폭의 투하 뉴스는 세상 사람들을 놀라게 하였다. 그녀는 "이처럼 짧은 기간에 원자폭탄이 완성된 데에 대해 나는 놀라지 않을 수 없다. 핵분열의 발견이 때마침 전쟁의 시기와 겹친 것은 불행한 우연이었다"고 말하였다.

그 후 마이트너는 자신의 연구를 원폭으로부터 떼어내기 위해 많은 노력을 하였다. 전쟁 직후 그녀는 한 인터뷰에서 다음과 같이 자신의 의견을 밝혔다. "어째서 많은 사람들이 나의 연구로 큰 소동을 빚는지 알 수 없다.…나는 원폭의 어떤 설계에도 참여하지 않았다. 그것이 어떤 모습을 하고 있는지, 기술적으로 어떻게 작동하는지도 모른다. 내 자신은 핵분열의 연구가 죽음에 이르게 하는 무기의 제조로 연결될 것인지에 대해 한번도 생각해 본적이 없다. 전쟁 기술자들이 우리들의 발견을 응용한 것을 우리들 과학자의 책임으로 돌릴 수는 없다."

마이트너는 세계가 협력하여 과학상의 위대한 발견을 평화적으로 이용해야한다고 말하였다. "다시 전쟁이 일어나지 않도록 저지하는데 큰 책임을 짊어지고 있으며, 가능한 한 전쟁을 피하도록 노력을 하지 않으면 안 된다." 그녀는 긴 세월에 걸쳐 핵무기의 파괴적 사용에 반대하는 국제협력을 강조하였다.

1945년 10월 마이트너는 스웨덴 과학아카데미 외국인 회원으로 선출되었다. 이 영예는 2백 년에 걸친 이 아카데미의 역사상 그녀 이외에 두 여성에게 주어진데 불과하다. 한 사람은 1748년에 선출된 스웨덴 여성, 또 한 사람은 1910년 퀴리 부인이었다.

1946년 마이트너는 미국으로 건너가 워싱턴시의 카톨릭 대학에서 1년간 객원교수로 근무하였다. 그녀는 친절하고 미소를 가볍게 띄우면서 사투리가 섞인 유창한 영어를 구사하였다. 1947년 69세로 은퇴한 후, 스웨덴 왕립공학아카데미 연구실에서 연구를 계속했고, 이 연구실에서 스웨덴 원자 에너지위원회와 협력하여 원자로를 만들었다.

노벨상 대신 '페르미상'

1958년 마이트너는 영국으로 건너가 사위, 조카와 함께 지냈다. 사위인 오토 프리쯔는 그 당시 캠브리지 대학의 자연과학 주임교수였다. 그녀는 여행을 즐기고 강연을 하며 연주회에 자주 나갔고 평생 음악을 사랑하였다. 그러나 나이를 먹으면서 점차 활동력이 떨어지기 시작하였다. 1966년 그녀는 미국의 원자력위원회에서 실시하는 5만 달러의 '페르미상'을 동료인 독일의 과학자 오토 한과 프리쯔, 그리고 슈트라스만과 함께 나누어 받았다. 그녀는 상을 받으러 빈에 가기에는 너무 쇠약해져 있었다. 그래서 원자력위원회의 위원장인 그랜 시보그 박사가 영국의 캠브리지에 와서 그녀에게 상을 주었다. 많은 과학자들이 그 보다 못한 업적으로도 노벨상을 받았지만, 원자력 시대를 열어 놓은 마이트너가 어째서 노벨상을 받지 못했는지에 관해서는 지금도 많은 과학자들이 궁금하게 생각하고 있다.

마이트너는 1968년 10월 27일, 90세의 탄생일을 며칠 앞두고 양로원에서 그의 생애를 마쳤다. 30년간에 걸친 공동연구자였던 오토 한은 같은 해 7월, 그녀보다 3개월 앞서 타계하였다.

유전공학 연구에서 홀로 버틴 매클린톡

고집 센 소녀

미국의 유전학자 바바라 매클린톡(Barbara McClintock, 1902~)은 코네티컷 하트포트에서 셋째 딸로 태어났다. 그녀는 배냇저고리를 입을 때부터 이미 '홀로 일 수 있는 능력'을 연습하기 시작하였다. 그녀의 어머니는 매클린톡을 마루 위에다 베개로 받혀 안쳐 놓은 다음, 장난감 하나 달랑 주고 혼자 그냥 내버려두었지만 그녀는 생전 울지 않고 잘 놀았다 한다. 백일이 갓 지난 여자아이가 혼자서 잘 노는 걸 본 그녀의 부모는 이 씩씩한 딸의 이름을 바꿔 주기로 하였다. 생후 4개월이 지난 무렵부터 그 담대한 성품에 걸맞은 '바바라'로 이름을 바꿔 부르게 되었다.

일곱 살이 되어 학교에 들어간 바바라는 자기가 더 이상 응석받이가 아니란 느낌 때문에 어머니의 포옹을 단호하게 거절하였다. 그녀의 식구들은 이구동성으로 바바라는 늘 외톨이었고 반면에 참으로 독립적인 아이였다고 입을 모았다. 그녀가 어렸을 적에 특별히 좋아했던 일은 모두 혼자서 하였다. 무엇보다도 책 읽는 것을 너무 좋아했고, 그러다가 골똘히 생각에 몰두하는 것을 좋아하였다. 그냥 골똘히 생각에 빠져서 혼자 앉아 있었다. 그녀는 음악을 좋아하여 어머니 곁에서 항상 피아노 연습을 하였다. 그러나 그다지 오랫동안 지속하지는 않았다. 그것은 한번 빠져들면 너무나 스스로를 혹사하며 매달리는 바람에, 어머니는 이것이 아이한테 별로 좋지 않을 것 같다는 판단을 내렸기 때문이었다. 또한 그녀는 스케이트도 즐겨 탔다.

이처럼 소년시절을 지내는 동안 그녀는 크게 깨달은 바가 있었다. 그녀는 이웃 동네 아이들과의 싸움판에 끼어 들렀다. 처음에는 여자라고 빠졌지만 같은 동네 아이가 집으로 돌아가는 바람에 대신 끼게 되었다. 하지만 싸움은 완패하였다. 동네 아이들은 자기 때문이라고 모두들 투덜댔다. 그 일을 겪으면서 바바라는 여자들이 별로 진출하지 않는 분야의 일을 하려면, 내가 여자라는 점을 끊임없이 되새기며 그 상황에 나를 맞춰야 한다는 점을 그녀는 절실하게 깨달았다.

코넬 농과대학에 진학

1918년 바바라는 월반하여 고등학교를 한 학기 먼저 졸업하고 노동사무소에 일자리를 얻었다. 이제 겨우 만으로 열 여섯 살이었던 이 소녀는 여기서 6개월 동안 구직자들을 상대로 상담하는 일을 했는데, 하루 일을 마친 다음에는 도서관에서 공부를 하였다.

바바라는 부모님의 뜻을 거스른 채 1919년 코넬 농과대학(당시에는 농업학교)으로 진학하였다. 미국 대학에서는 19세기 초 이미 여학생의 입학이 허용되었고, 그녀가 대학에 들어갈 무렵에 여학생의 수는 급격히 증가하는 추세였다. 이 무렵 여자 대학교 말고 남녀공학 중에서도 여학생에게 자연과학을 공부할 수 있도록 배려한 곳은 시카고 대학과 코넬 대학교 두 군데뿐이었다.

바바라는 다른 여성답지 않게 평생 동안 짧은 머리를 하고 살았다. 그녀는 동네 미장원에서 미용사와 긴 머리가 좋으냐 짧은 머리가 좋으냐를 놓고 '장시간의 철학적 토론'을 나누고 난 다음, 자기 머리를 바짝 올려 깎으라고 주문하였다. 그녀의 최신식 헤어스타일 때문에 다음 날 학교 전체가 발칵 뒤집혔다. "여자 머리가 대체 저게 무슨 꼴이냐!"고 여기 저기서 수근거리고 난리들이었다.

바바라가 정식으로 대학원에 들어가려고 했을 때 전혀 예상치 않았던 문제에 봉착하였다. 당시만 해도 생물 학과에서 유전학을 연구하는 식물 배양실에는 여성이 들어가 본 적이 없었다. 이 분야에 여자 대학원생이 온다는 것은 꿈에도 생각할 수 없었다. 하지만 그녀는 식물학을 전공으로 선택했고, 이미 세포학도 수강한 상태였다. 세포와 염색체에 관련된 실험에 재미를 붙이고 있었다. 그래서 생물학과 대학원에 가서 식물학으로 등록을 하고 염색체를 주로 연구하는 세포학을 전공으로 선택하였다. 그리고 유전학과 동물학을 부전공으로 선택하였다.

바바라는 어렸을 때부터 '집중력, 자립심, 자율성'이 뛰어났다. 어떤 일에 완벽하게 몰두할 줄 알고, 또한 자신의 일을 스스로 판단하고 결정해서 나름대로의 방식으로 꾸려 가는 것, 그 중에서도 과학을 하는 데 가장 중요한 요소는 어렸을 때나 어른이 되었을 때나 변함없이 자신의 일에 흠뻑 빠져드는 그녀만의 집중력을 지니고 있었다. 이러한 몰입 능력은 창조력과 상상력을 샘솟게 하는 원천인 동시에 다른 분야에서도 비슷한 효과를 발휘할 수 있었다. 음악도 마찬가지이다. 그녀는 대학에서 화성학을 공부하고 작곡도 하였다.

옥수수 연구의 길로

바바라에게는 말 그대로 '연구자 체질'이 있었다. 이 점을 인정한 지도교수는 그녀가 마음껏 일을 할 수 있도록 도와주었다. 실험실을 아예 그녀에게 맡겨버렸다. 그리고 하고 싶은 일은 뭐든지 마음대로 할 수 있게 해주었다. 그 이상 배려가 있을 수 없었다. 덕분에 그녀는 대학원 2학년이 되었을 때 앞으로 전공할 분야를 결정할수 있었다. 그녀는 거기서 옥수수의 유전자 식별방법을 발견하여각각의 세포 속에 들어 있는 유전자에서 염색체 하나 하나를 구별할 수 있게 되었다. 이런 작업을 오래 전부터 해왔던 지도교수는풋내기 바바라의 성과에 몹시 당황하고 언짢아하였다.

바바라의 작업을 통해 옥수수는 이제 그 어떤 생물체에도 비할수 없는 훌륭한 실험재료가 되었다. 옥수수가 세포 유전학의 연구에 아주 긴요한 쓰임새를 제공하는 구체적인 자료로서 확실한 자리매김을 한 것이다. 이후 그녀는 몇 년 동안 이 분야에서 중요한 위치를 차지하는 획기적인 논문들을 꾸준히 발표하였다. 이를 통해그녀는 '세포 유전학'이라는 새로운 학문의 지평을 열어 보인 셈이었다.

1927년, 바바라는 만으로 25세가 되기 직전에 논문을 끝내고 식물학 박사 학위를 받았다. 그리고 전공 분야의 시간강사를 함으로써 다음 행보는 확실하였다. 코넬 대학교에 남아서 할 일이 무엇인지는 누가 보아도 명백한 일이었다.

당시 대학원생으로 들어왔던 한 남학생이 있었다. 후에 유전학분야에서 대표자가 된 마르쿠스 로우즈이다. 그와 바바라의 만남은두 사람 모두의 인생에 각별한 사건이 되었다. 두 사람은 학문의길에서 서로에게 의지가 되고 서로를 북돋는 관계로, 평생토록 좋은 친구관계를 유지하였다. 새롭게 나타난 이 좋은 친구는 바바라에게 몹시도 절실했던 학문 교류의 상대가 되었다.

코넬 대학교에 딸린 옥수수의 밭에서 연구하던 시절은 바바라에게 가장 좋은 추억으로 남아 있다. 그리고 활동도 가장 왕성하였다.1929년에서 1931년 사이에 그녀는 탁월한 내용의 논문을 무려 9편

이나 발표하였다. 이미 알려져 있는 '유전자 표식'이 '세포의 표식'
과 어떤 관계를 맺고 있는지를 덧붙였다. 그녀의 모든 연구결과는
이 분야의 발전에 지대한 공헌을 했을 뿐 아니라 추진력을 제공하
였다.

연구할 곳을 찾아

1930년 무렵부터 바바라는 이제 정말로 코넬 대학교를 떠나야할
때가 되었다는 느낌을 자주 하였다. 그녀는 무작정 기다릴 수가 없
었다. 더 이상 자신에게 학생을 가르치는 일을 계속 맡길지 어떨지
그건 아직도 몰랐다. 그녀는 모든 면에서 탁월한 업적을 쌓아 학교
에서나 내외적으로 충분한 인정을 받고 있었다. 특히 연구활동과
관련하여 물심양면으로 지원을 받으면서 동료들과 좋은 관계를 유
지했지만, 학교에서 전임강사가 될 수 있을지 정말로 미지수였다.

코넬 대학교의 경우 1947년까지 가정학과를 제외하고는 여자에
게 전임강사 자리를 내준 예가 전혀 없었다. 상황이 그러했으므로
그녀도 어쩔 수 없이 현실을 받아드려야만 하였다. 일할 수 있는
장소와 시간이라도 제공받으면 감지덕지하는 형편이었다. 다행스럽
게도 국립 학술연구 진흥재단으로부터 프로젝트 연구비를 지원받는
덕분에 1931년부터 1933년까지는 그럭저럭 코넬에서 버틸 수가 있
었다. 그 기간 동안 그녀는 미주리 대학과 캘포니아 공과대학 그리
고 코넬대학을 오가며 시간강사 노릇을 하기도 하였다. 그래도 코
넬대학은 여전히 그녀의 본거지였다. 코넬대학의 실험실에는 아직
그녀의 책상이 그대로 남아있어 언제라도 시간이 나면 옥수수 밭을
돌아보고 필요한 장비도 빌려 가곤 하였다. 그녀는 웃으며 말하였
다. "코넬은 제게 일자리만 빼놓고는 뭐든지 다 주었어요. 그 정도
면 큰 은혜를 입은 셈이지요."

그러다가 1931년, 그녀에게도 드디어 코넬을 떠나 다른 세상을 체험해 볼 기회가 찾아왔다. 그 해 여름 미주리 대학에서 공동연구를 하자는 제의가 들어 왔다. 그곳에서 그는 염색체 일부가 자리를 옮기는 전위, 염색체 일부가 뒤집어져 앞뒤가 바뀌는 도치, 그리고 일부가 떨어져 나가버리는 누락 등의 현상에 이어 동그란 모양의 염색체를 발견한 것이다. 이제 다음 작업에 착수할 단계였다. 그녀는 당시 활동을 통틀어서 바로 그 '동그라미 염색체'의 발견이 가장 중요한 성과였다고 스스로 평가하였다. 그녀는 정말로 자기 분야의 최고가 되어 옥수수 유전학의 복잡한 비밀을 모두 밝혀내고 있었다. 한편 그녀는 1931년~1932년의 겨울학기를 캘리포니아 공과대학에서 연구원으로 지냈다.

불투명한 미래

1933년 매클린톡은 동료 연구자들의 추천으로 구겐하임 장학금을 얻어 독일에 유학을 떠났다. 그러나 1933년 독일행 결정은 너무나 섬득한 선택이었다. 그는 너무나 큰 충격을 받았다. 그녀는 도대체 세상이 어떻게 돌아가는지 아무 것도 모른 채 길을 떠난 것이다. 아마도 당시 상황에 대해 조금이라도 사전 지식이 있었더라면 그녀는 결코 독일에 가지 않았을 것이다. 히틀러 정권의 비극은 그녀에게도 참혹한 상처를 남겨 놓았다. 이국 땅에서 주변 친구들에게 벌어지는 끔찍한 일을 그대로 숨죽이고 지켜봐야 했던 뼈아픈 기억을 그녀는 평생토록 가슴에 안고 살지 않으면 안되었다. 그녀는 소름 끼치도록 외롭고 음울한 땅을 버리고 코넬대학의 실험실로 돌아 왔다. 고향에 돌아온 것이다.

1934년 봄, 매클린톡은 아직도 코넬대학에 몸담고 있었다. 그녀는 박사과정을 마치고 7년의 세월이 지나는 동안 뛰어난 업적으로 세계적인 명성을 얻었지만, 막상 학교에서는 한푼의 재정적 후원이나 미래에 대한 한 가닥 전망조차도 약속 받은 적이 없는 형편이었다. 누구에게나 궁핍한 시절이었다. 사실상 대학의 형편도 매우 어려웠다. 그녀뿐만이 아니라 동기 남학생들도 대학에 자리를 얻지 못하고 있는 형편이었다.

여전히 매클린톡의 미래에 대한 전망은 지극히 불투명하였다. 이제 그녀는 자신의 처지와 남자 동료들과의 처지를 비교해 보지 않을 수 없었다. 분하고 억울한 생각에 언제나 마음이 심난하고 착잡하였다. 자신에게는 도무지 적당한 자리가 생기지를 않는데 비해 남자들은 어떻게든 잘도 쑤시고 들어갔다. 그녀는 남성 동료들보다 항상 뛰어난 업적을 세웠을 뿐만이 아니라 엄청난 명성을 얻었음에도 불구하고, 좀처럼 기회를 잡지 못하는 현실에 대해서 너무나 딱하고 안타까운 마음이 들었다.

아무리 생각해도 매클린톡의 문제는 그녀의 동료 모두에게 참으로 딱하기 짝이 없는 과제일수 밖에 없었다. 당장이라도 어딘가에 쓸 만한 일자리를 찾아주지 않으면 그녀 혼자의 힘으로는 견딜 수 없는 상황이었다. 그들은 그녀의 탁월한 재능을 인정하고 있었다.

이처럼 동료들은 매클린톡에게 적합한 자리를 찾아주려고 나름대로 열심히 노력했지만, 그녀는 고마워하기는커녕 오히려 역정을 내는 꼴이었다. 그녀는 자신의 실력이 남자들에 비해 뒤질게 하나도 없으니 똑같은 기회를 갖게 해다라고 떼를 쓰고 있었다. 즉 자신의 업적에 걸맞는 권한을 달라고 고집을 피웠던 것이다. 그녀의 이러한 태도는 많은 동료들의 눈에 아무래도 비정상적일 뿐만이 아니라 지나치게 정도를 벗어나는 것으로 비쳐갔다. 도대체 주제 파악도 못한 채 어디서 무슨 일을 저지를지 모르는 속수무책의 골치 덩어리로 여겨지기 시작하였다. 많은 동료들은 대학에 자리를 잡았다. 하지만 오로지 그녀만이 다음 행보를 찾지 못한 채 코넬대학에 남아 있었다. 그리고 줄기차게 지속되던 그녀의 논문 발표가 처음으로 중단되는 사태가 발생하였다. 1936년 한 해 동안 그녀는 단 한 편의 논문도 내놓지 못하였다.

외로웠던 미주리 대학 시절

1921년에 정식교수로 임명된 동료인 스태들러는 매클린톡을 미주리대학으로 불러오기 위해 온갖 노력을 기울였다. 우여곡절 끝에 그녀는 마침내 이 대학의 조교수가 되었다. 어느 모로 보나 썩 나쁘지 않은 조건이었다. 그녀는 한시름 놓았다. 그녀는 기꺼이 제안을 받아드렸고, 곧 학교를 옮긴 후 짐을 풀고 연구 활동을 재개할 준비를 하였다. 이제 눈앞에 놓인 연구 과제 그 자체가 삶의 기반이 되고 하루하루 삶의 원동력이 되었다. 그러나 5년 계약 기간이 만료되자 그녀는 다시 갈 곳 없는 신세가 되고 말았다. 그녀는 자신이 생애 처음으로 발령을 받았던 미주리대학의 조교수 자리는 시한부 자리였을 뿐이었다. 스태들러가 그녀를 위해 '특별히 얻어낸' 자리였을 뿐이었다. 그녀는 이 대학에 취직이 된 후에 단 한번도 승진된 적이 없었다. 만년 조교수로 둘 셈이 아닌가 생각해 본 그녀는 참다못해 학장실로 쳐들어가 따졌다.

미주리 대학의 동료들로부터 끊임없이 따돌림당하고 조롱거리가 되는 민망한 상황에서, 그녀는 부단히 주변 상황에 부딪힐 수밖에 없었다. 그러다 보니 더욱 엉뚱하고 어이없는 행동이 돌출될 가능성이 있었다. 점점 더 외톨이가 되어가면서, 주변의 통상적 규범이나 형식적인 예절 따위는 자기 삶과 무관한 것으로 치부해버린 셈이었다. 미주리 대학에서 그녀는 골칫거리다.

그러나 1년도 채 못되어 상황은 크게 바뀌게 되었다. 그녀가 미주리대학을 떠난 지 두 달 정도 지난 때였다. 그녀가 이제 곧 미국

국립 과학아카데미의 정식 회원으로 임명된다는 소문이 이 대학의
인문 자연대 학장 귀에 들려 왔다. 그리고 '골칫거리'를 다시 모셔
올 방안을 모색했지만 기차는 이미 떠나버렸다. 미주리 대학에서 5
년 동안 가슴앓이를 하면서 그녀에게 남은 것은 이 대학에 대한 환
멸뿐이었다.

매클린톡은 너무나 오랜 세월 동안 일정한 거주지도 없이 다른
과학자들과의 교제도 끊어진 채 매진하다 보니, 세월이 흐를수록
그녀의 작업은 더욱더 독특해질 수밖에 없었다. 그녀가 제기하는
질문 방식이나 그녀가 추구하는 설명 혹은 이해의 방식도 다른 과
학들과는 확연히 구분되었다. 만약 그녀가 안정된 직위를 누렸을지
라도, 그녀는 굳이 기득권의 노선을 좇아가며 다른 과학자들의 양
식에 따르지 않고, 오히려 '관행을 깨는 방식'으로 행동했을 것임에
틀림없다. 더구나 현실적으로 이미 아웃사이더의 위치에 머물러야
했으니, 그녀와 제도권 과학자들 사이에 놓여 있는 간격이 얼마나
컸는지는 두말할 필요도 없는 것이다.

콜드 스프링 하버 연구소로

1941년 12월 1일, 매클린톡의 동료인 데메렉은 콜드 스프링 하버
유전학 연구소의 책임자로 발령 받았다. 그녀에게는 천우신조나 다
름없었다. 소장이 가장 먼저 전권을 발휘한 일은 그녀에게 자리 하
나를 마련해 준 것이다. 그는 우선 1년 동안의 임시직이라도 계약
하자고 제안하였다. 더욱이 카네기 협회는 그녀가 필요로 한 것을
모두 제공해 주었다. 어떤 곳에서도 그만한 대접을 받기는 힘들었
다. 연구비를 제공했을 뿐만 아니라 옥수수를 키울 수 있는 땅과
실험할 수 있는 시설, 게다가 묵을 숙소까지 제공하였다. 여기서 그
녀는 모든 걸 해결할 수 있었다.

이 연구소는 사실상 완벽한 환경을 갖추고 있었다. 떠오른 아이디어를 마음껏 실행에 옮길 수 있는 반면에 그에 따르는 행정적 잡무는 모두 면제되었다. 어느 누구에게도 연구활동을 간섭받지 않았고, 게다가 학생들을 돌보아야 할 의무조차 전혀 없었다. 이 연구소는 모든 활동에 소요되는 경비 전액을 워싱턴에 있는 카네기 협회에서 지급 받았다.

매클린톡은 이 연구소에서 자신의 일을 할 수 있는 최소한의 여건을 확보할 수 있었다. 그 결과, 당시 자신의 주된 관심 사항에 대한 연구에서 상당한 진보를 볼 수 있었다. 염색체에 충격을 가하면 중간이 끊어졌다 이어졌다 하기 때문에 요모조모 염색체의 특성을 찾아낼 수가 있었고, 이 일은 그녀의 최고 특기 중 하나였다. 그녀는 새로운 일터에서 모든 정열과 에너지를 태우면서 자신의 일에 다시 한번 몰입할 수 있었다.

1944년 봄, 미국 학계에서 최고로 명망 있는 전문가 집단으로 꼽히는 국립 과학아카데미는 바바라 매클린톡를 정식 회원으로 선발하였다. 장구한 역사를 통틀어서 그런 영광을 안은 여성은 그녀가 세 번째였다. 그녀가 '국립 과학아카데미 회원'으로 선발된 것은 그녀에게 시의 적절하고 다행스러운 일이었다. 덕분에 그녀는 스탠퍼드 대학에 초빙교수 자격으로 갈 수 있었다. 그 대학에서의 과제를 해결한 후, 그녀는 홀가분한 심정으로 콜드 스프링 하버에 다시 돌아올 수 있었다. 1944년은 그 어느 해보다도 과학자로서 그녀의 활동과 관련하여 가장 특기할 만한 시기였다.

물론 매클린톡은 세상으로부터 어떤 대접을 받건 간에 스스로 과학자라는 자부심을 변함없이 지키고 있었다. 하지만 이제 국립 과학아카데미의 정식 회원으로 선발되었으므로, 스스로에 대한 자부심을 공적으로 인정받게 된 셈이다. 세상으로부터도 합당한 인정을 받자, 그녀는 자신의 능력 뿐 아니라 독특한 스타일에 대해서도 확고한 믿음을 굳힐 수 있었다. 오랜 세월 외롭고도 힘든 싸움을 통해 홀로 성취한 학문적 자긍심을 그녀는 세상으로부터 평가받기에 이르렀던 것이다. 그녀는 이제 마흔 둘의 원숙한 나이에 과학자로서도 절정기를 맞고 있었다. 같은 해에는 미국 '유전학회장'으로도 선출되었다.

매클린톡은 물 만난 고기처럼 자신의 역량을 맘껏 발휘할 단계에 접어들었다. 그리고 통틀어 가장 손꼽히는 업적이 될 바로 '그 일'을 준비하기 시작하였다. 얼마 후, 이 작업은 유전자의 '자리 바꿈' 현상을 발견하는 놀라운 성과로 이어졌다.

연구의 결실에 대한 반응-'자리 바꿈' 개념의 승리

매클린톡은 40대 후반에 이르러 드디어 옥수수의 세포 유전학에서 그녀 나름의 아주 독특하고 완벽한 결론에 도달하였다. 전이현상 즉 유전자의 자리바꿈이란 특정기능을 발휘하는 유전자의 한 단위가 통째로 자리를 옮기는 현상을 말한다. 다시 말해서 유전자의 자리바꿈은 두 가지 과정으로 나누어 설명할 수 있다. 하나는 원래 있던 자리에서 염색체의 어떤 인자가 빠져 나오는 과정이고, 다음은 그렇게 빠져 나온 유전인자가 적당한 자리를 찾아 끼어서 들어오는 과정이다. 이는 결국 생명체가 스스로 조절하는 방식의 하나이다.

매클린톡은 참으로 지치지 않고 애정을 쏟고 나름대로 빈틈없는 증거를 확보하여 이를 토대로 성심 성의껏 발표하였다. 그러나 몇몇 사람을 제외하고는 전혀 이해하지 못하였다. 한참 후에야 뭐라고 투덜대는 소리가 조금씩 들리기 시작하였다. 그러다가 짜증 섞인 불평도 터져 나왔다. "무슨 소리인지 알 수 없군. 저 여자, 도대체 뭐라는 거야?"

6년 동안 몰두했던 작업에 대해 학계로부터 아무런 반응을 얻지 못한 시점에서 5년의 세월이 더 흐른 후, 1956년 그녀는 같은 내용을 콜드 스프링 하버의 심포지엄에서 발표하는 기회를 다시 가졌다. 그러나 그녀의 설명에 귀를 기울인 사람은 1951년의 발표 때보다 더 줄어들었고, 결과적으로 분기는 훨씬 참혹하였다. 그 예로, '자신은 재미있는 소리인지 몰라도, 다른 사람에게는 미친 소리로밖에 들리지 않는다', '콜드 스프링 하버에 묵은 처녀가 맛이 나서 떠드는 소리에 신경 쓸 것 없다', '이 분야의 실력자들도 모두 비웃더라'는 등 그녀가 참을 없었던 참혹한 얘기들이었다

매클린톡이 제출한 이론과 새로운 개념은 대부분의 남성 동료들이 받아들이기에는 너무나 황당하고 곤욕스러운 개념이었다. 이 새로운 개념을 설명할 때, 남성 과학자들은 납득은커녕 끝까지 들어줄 필요조차 없다며 분개하였다. 세월이 흐르는 동안 이들의 반발은 더욱 거세졌고, 소통불능의 상황은 점점 심화되었다. 그녀의 개념은 일고의 가치도 없는 것으로 폐기되었다.

그런데 전혀 엉뚱한 곳에서 해결의 실마리가 풀리기 시작하였다. 1960년대 말 이른바 분자 생물학에서 혁명의 사건들이 터져 나오며, 그 동안 수수께끼로 남아 있던 문제들이 하나 둘 밝혀지기 시작하였다. 매클린톡이 말했던 생명의 신비가 차례차례 드러나면서, 도무지 알아듣기 어려웠던 황당한 구석까지 환하게 밝혀지게 되었다.

새로운 지평에 들어선 분자 생물학은 30여 년 전 매클린톡이 확인하고 기록한 여러 현상이 사실 그대로임을 입증해 주었다. 이러한 성과가 증폭되면서, 오늘날 그녀의 작업에 흥미를 느끼는 사람들도 꾸준히 증가하고 있다. 바바라 매클린톡이라는 황당한 여자가 꾸며낸 헛소리로 폄하된 채, 오랜 세월 무시되었던 '유전자의 자리바꿈' 현상은 더 이상 논란의 여지가 없는 확실한 이론으로 정립되

었다. 1960년 후반, 분자 생물학의 지평이 열리면서, 이번에는 분자 단위에서 자리바꿈의 증거가 발견되기 시작하였다. 그리고 지난 20년 동안 계속해서 더 많은 증거들이 수집되었다.

여든 한 살에 노벨상의 영광

1983년 10월 10일, 스웨덴 한림원에서 그해 노벨 생리의학상을 바바라 매클린톡에게 수여하기로 결정했다는 방송이 라디오에서 흘러나오자 그녀 연구실의 전화벨이 하루 종일 울렸지만, 그녀는 수화기를 들고 기다리다가 가만히 제자리에 올려놓곤 하였다. 이 분야에서 여성 단독으로는 첫 번째 수상이었다. 수상 이유는 "이전하는 유전자의 발견 등, 유전학상의 뛰어난 연구"였다.

여든이 넘도록 독신으로 살았던 그녀는 라디오를 끄고 여느 날과 다름없이 산책을 하며 떨어져 있는 호두열매를 주었다고 한다. 그는 유명인사가 되는 바람에 차분히 자신의 일을 할 수 없게 되었다고 속상해 하였다고 한다.

1983년 12월 8일, 수상일 오후 평소에 입었던 푸른 작업복과 낡은 구두차림으로 기자회견에 참석하여 쭈뼛거리며 노벨상 수상 소감을 말하는 여든 한 살 할머니 매클린톡은 또 한번 '그녀다움'을 유감없이 드러냈다. "나 같은 사람이 노벨상을 받는 건 참 불공평한 일입니다. 옥수수를 연구하는 동안 나는 모든 기쁨을 누렸습니다. 아주 어려운 문제였지만 옥수수가 해답을 알려준 덕분에 이미 충분한 보상을 받았거든요."그리고 그녀는 계속되는 기자들의 질문에 다음과 같이 대답하였다. "내 경험을 충분히 이해 못하는 사람들이 아무리 심한 지탄을 하더라도 그들을 탓할 수 없었습니다. 그에 비해 내 생각이 틀림없다는 확신이 있었기 때문에 나는 어떤 조롱에도 상처입지 않습니다. 시간이 지나면 밝혀질 일이었으니까요."

8 연구실 창문을 무너뜨린 과학자들

미국의 독립운동을 지지한 프리스틀리
미국 독립운동의 주역 벤자민 프랭클린
진보적인 사회 활동가 폴 랑즈뱅
과학과 사회의 관계를 연구한 버널

미국의 독립운동을 지지한 프리스틀리

영국 양모 산업의 계층

영국의 목사이자 화학자인 죠셉 프리스틀리(Joseph Priestley, 1733~1804)는 옷감을 짜고 끝 손을 보는 매우 특이한 양모산업 계층의 집안에서 태어났다. 그의 집안은 영국의 산업혁명과 밀접한 관계가 있다. 그의 아버지 제임스 프리스틀리는 옷감을 짜고 끝 손 보는 부지런하고 소박한 캘빈 교도로서, 그의 집안은 피스 근처의 많은 친척과 어울려 살았다. 그리고 그 동네 사람들은 대부분 양모산업에 종사하고 있었다. 그의 많은 일가는 수명이나 생활정도가 평균보다 약간 높았고, 부자나 가난뱅이도, 그때까지 역사에 이름을 남긴 사람도 거의 없었다.

그 지방은 농사에 적합한 곳이 아니었지만 양모산업에는 매우 안성맞춤이었으므로 일찍이 양모산업이 발달하여 점차 인구가 늘어나면서 독특한 사회가 형성되었다. 그 때문에 봉건적인 색채와 교회의 전통이 약했고 그들 사이에 자주성이 형성되었으며, 자유스러운 분위기가 뿌리내렸다. 또한 가내산업 노동자와 소작인으로 구성된 이 사회는 자급자족인 사회로서 국교회의 제도에 걸맞지 않았으므로, 독자적인 종교적 및 문화적인 여러 제도가 뿌리내려 있었다.

프리스틀리의 할아버지는 목사였지만, 그의 자손들은 대부분 비국교 쪽으로 점차 기울어졌다. 그러므로 프리스틀리는 국교회의 학교나 교회에 거의 관심이 없었고, 그는 자신의 재능을 개발하는데 동네 분위기의 영향을 크게 받았다.

목사의 집안

프리스틀리는 6형제 중 장남이었다. 6년 사이에 6명의 아이를 낳은 어머니는 어느 해 추운 겨울에 타계하였다. 그는 4살 때까지 외할아버지 집에서 살다가 집으로 돌아왔다. 그의 아버지는 아이들을 키우는데 어려움이 많았으므로 프리스틀리를 숙모 집에 맡겼다. 남편을 잃은 숙모는 자식이 없었으므로 그를 친 아이처럼 돌보았고, 자신의 외로움을 종교적 및 문화적으로 달래었다 한다. 그녀는 영리하고 관용적인 캘빈 교도로서 자택을 비국교도 목사의 숙소로 제공하였다.

프리스틀리는 버틀리 학교에 입학하여 12세 때 라틴어와 그리스어를 배웠고, 휴일에는 어느 미국인 목사로부터 히브리어를 배웠으므로 16세부터 다양한 언어를 불편함이 없이 잘 소화시킬 수 있었다. 그는 한 동안 가벼운 폐병 증세가 있었으므로 휴학하고, 2년간 집에서 책을 읽으면서 지냈다.

프리스틀리 자신을 목사로 만들려는 숙모의 뜻에 그는 마음으로부터 동의했지만, 그 직업에 종사하기에는 몸이 너무 허약하였다. 그래서 상인이었던 숙부의 리스본 회사 사무실에서 근무할 생각으로 프랑스어, 이탈리아어, 독일어를 혼자서 공부하였다. 다행히 건강이 회복되어 상인으로서의 계획을 버리고 목사가 되기 위해 다시 노력하였다. 건강을 되찾은 그는 매일 아침 6시에 일어나 불을 집혔고 이 습관을 평생토록 지속했고, 또한 소년시절부터 죽을 때까지 일기를 썼다고 한다. 이것은 그의 생애에서 일종의 습관으로서 마치 그의 사업 계획서와 같았다. 그의 생애는 무엇인가 끊임없이 쓰면서 지낸 생애였다. 그는 속기술에 능숙했으므로 가장 빨리 쓰는 문필가의 한 사람이었다. 그는 1752년 비국교파(보수적인 영국 국교를 비판하는 일파)의 학교에 들어가기 위해 고향을 떠났다.

화학에 관심

프리스트리는 동료인 의사 터너의 화학강의를 듣고 난 뒤부터 화학에 흥미를 갖기 시작하였다. 적은 급료에서 공기펌프나 전기기구를 사들여 실험했고, 또한 가끔 런던에 나가 당시 미국의 유명한 정치가이자 과학자인 프랭클린과 만났다. 그때부터 자연과학에 더욱 관심이 높아져 과학연구에 일생을 바칠 것을 결심하였다.

1767년 프리스틀리는 당시까지 발표했던 몇몇 논문을 바탕으로 『전기의 역사와 현황』이라는 책을 출판하였다. 이 책은 영국 과학계에 커다란 반응을 불러 일으켰고, 곧 왕립학회의 회원으로 추천되었다. 또한 그 해에 리즈의 교회의 목사가 되었다.

프리스틀리의 집이 양조장 근처에 있었기 때문에, 그는 양조 통에서 발생하는 이산화탄소(당시는 '고정공기'라 불렀음)에 눈을 돌렸다. 그의 기체에 관한 연구는 이 때부터 시작되었다. 집고 넘어갈 것은 그는 발효된 맥아의 표면이나, 대리석에 염산을 가하여 고정공기를 만들어낸 뒤에 이를 물에 녹여 보았다. 이 물은 상큼한 맛을 지닌 발포 음료로서 실용성이 있음을 알아냈다. 이 '소다수'의 발명으로 그 후 왕립학회로부터 상을 받기도 하였다. 이러한 연구로 그의 명성이 더욱 알려지고 1772년에는 정치가인 쉐르빈 백작의 사서 겸 비서로 초청되어 과학연구에 전념할 충분한 시간과 급료가 생겼다. 그의 화학상의 중요한 발견은 거의 이 무렵에 이룩되었다.

산소의 발견

프리스틀리는 1774년 기체를 모을 때에 사용되는 수은을 관찰하는 과정에서 커다란 발견을 하였다. 수은을 공기 중에서 가열하여 산화수은(붉은 벽돌 색깔의 화합물-그 당시에는 '금속회'라 불렀음)을 얻은 다음, 이 화합물을 시험관에 넣고 렌즈로 모인 태양광선을 쪼여 이를 가열할 때 한 종류의 기체가 발생하였다. 그리고 이 기체 중에서 가연성 물질은 밝은 빛을 내면서 활활탔다. 그는 '산소'를 발견한 것이다.(그 당시는 이 기체를 "탈프로지스톤"이라 불렀음). 실제로는 그 보다 2년 전에 스웨덴의 화학자 쉐레가 이미 산소를 발견했지만, 실수로 그 발표가 늦어져 프리스틀리에게 그 발견의 선취권을 빼앗겼다.

프리스틀리가 기체를 연구하기 이전에 확실하게 알려져 있던 기체는 공기와 탄산가스, 그리고 수소 등 세 종류뿐이었다. 그는 암모니아, 염화수소, 일산화탄소 등을 비롯하여 10종류의 새로운 기체를 추가로 발견하였다. 그 까닭은 그가 기체실험을 위해서 이전 보다 뛰어나고 경제적인 실험방법을 찾아냈기 때문이었다. 다시 말해서 작고 취급하기 쉬운 장치를 사용하여 소량의 시료로 정밀한 결과를 얻을 수 있었다. 또한 이 방법은 여러 종류의 실험을 동시에 할 수 있었으므로 연구 속도를 크게 증가시켰다.

그의 실험기술은 과학자들에게 자연의 수수께끼를 풀기 위한 특별한 수단을 제공하였다. 모든 물질의 상태-고체, 액체, 기체-중, 기체는 가장 단순한 형태이고, 따라서 기체를 연구하는 좋은 방법은 다른 물질에 관한 정밀한 지식을 얻는데 크게 기여하였다. 고체와 액체는 여러 가지 의미에서 기체보다 중요했지만, 그것들은 기체보다도 복잡하여 연구가 뒤늦게 시작되었다.

프리스틀리의 파리 방문

1774년에 쉐르번 백작은 프리스틀리에게 자신의 유럽 여행에 동행해 줄 것을 희망하였다. 당시 유럽의 과학자들은, 마치 정치가들이 쉐르번 백작을 만나고 싶어한 것처럼, 프리스틀리와 만나고 싶어하였다. 두 사람이 파리에 머물고 있는 동안에 프리스틀리는 화학자 라부아지에와 만나 자신이 발견한 새로운 공기(산소)에 대해서 설명하였다.(다음 해에 라부아지에가 '산소'라 이름 부침)

프리스틀리는 그 때까지 외국에 나가본 적이 없었다. 그는 "새로운 국가들의 풍경과 건물, 새로운 풍습, 그리고 아직 의미가 통하지 않은 새로운 언어를 귀에 익힘으로써 새로운 아이디어를 찾는데 큰 도움이 되었다. 나에게 이 짧은 날은 즐거웠다…"고 회상하였다.

프리스틀리는 자신이 파리에서 만난 지도자들이 대개 크리스트교 신자가 아니고 무신론자일지도 모른다고 생각했지만, 그 자신은 크리스트 교도답게 행동하였다. 그는 프랑스의 몇몇 철학자들에게 크리스트교에 대해서 질문했지만, 그들은 이에 대해 매우 천박한 지식밖에 알고 있지 못하다는 사실을 알았다. 그는 영국의 경우와 거의 같다고 느꼈다. 그래서 크리스트교의 문제에 대한 영국과 프랑스의 철학자의 무지를 깨우치기 위해 그는 『철학적 불신앙에 대한 편지』를 썼다.

프랑스 혁명과 미국 독립운동을 지지

라부아지에가 새로운 연소이론(산화설)을 발표하여 대부분의 화학자들이 플로지스톤설(일종의 연소이론으로서 어떤 물질이 탈 때는 그 물질로부터 '프로지스톤'이 달아난다는 이론)을 부정했는데도 불구하고, 프리스틀리는 끝까지 플로지스톤설을 지지하였다.(그가 산소를 발견했는데도) 이처럼 그는 과학 분야에서는 매우 보수적인 태도를 취하였다.

그러나 이와는 반대로 종교나 정치 분야에서는 이상할 정도로 매우 진취적이고 혁신적이었다. 그는 어린 시절부터 진보적인 비국교파의 종교적 분위기 속에서 성장했고 청년이 되어서도 같은 파의 목사가 되었다. 더욱이 리즈 교회에 취임하자 더욱 자유롭고 혁신적인 유니테리언파(크리스트의 신성을 부정하는 파)의 생각에 점차 공명하고, 정치 문제에 대해서 매우 혁신적이었으므로 미국에 대한 영국의 식민지 정책을 비판하면서 미국의 독립운동을 지지하였다.

1780년에는 쉐르번 백작의 밑을 떠나 과학자의 한 모임인 루너학회(Lunar Society)의 회원이 되었다. 이 모임은 회원들이 과학상의 문제를 토론한 뒤에 밤에 집으로 돌아가도록 '만월인 밤'을 택하여 모임을 가졌다. 회원 중에는 유명한 찰스 다윈의 조부인 에라스무스 다윈이나 유명한 왓트도 끼어 있었다. 이 학회에 가입할 때부터 프리스틀리는 종교적으로나 정치적으로 한층 과격해지고, 1782년에는 『크리스트교의 부패의 역사』라는 책을 출판하여 국교회파를 지독하게 비난하였다. 또한 프랑스 혁명이 일어나자 혁명에 부정적인 국교회파를 "크리스트교라는 고귀한 식물에 기생하는 세균이다"라고 까지 비난하였다.

프리스틀리의 후원자들

프리스틀리는 윌트셔가에서 기체화학에 관한 많은 실험을 하였다. 그는 약품을 쉽게 구입할 수 없고 다른 과학자들과 학술적인 토론을 할 수 없는 불편한 점이 있었지만 연구를 중단하지 않았다. 쉐르번 백작은 그의 연구를 후원해 주었고 연구비로 40파운드라는 당시로서는 매우 큰돈을 제공하였다. 그러나 쉐르번 백작 밑에서 벗어난 뒤부터 프리스틀리는 생활이 어려워졌다. 수입은 반절로 줄어들었고 아이들도 넷이나 되었다. 그는 많은 시간을 런던에서 지내면서 친구나 그의 지지자로부터 정신적 및 물질적 원조를 받았다.

이 시기에 프리스틀리는 프랭클린과 가까워졌다. 두 사람은 함께 어느 클럽의 회원이 되었다. 이 회원들의 회합은 런던의 커피집에서 열리었다. 프랭클린은 이 모임을 "정직하고 센스가 있는 지적인 모임"이라 불렀다. 그는 한 편지에서 "과학은 나날이 크게 발전하는데 도덕 철학에서도 이에 필적하는 진보가 있기를 바란다"고 쓰고 있다. 그는 프랭클린과 협력하여 미국의 반식민지 운동을 지지하였다. 프랭클린은 영국에서의 마지막 밤을 프리스틀리와 함께 지냈다.

프리스틀리가 쉐르번 백작과 헤어지기 전에 의사인 퀘커교도 죤 프서길 박사는 그의 연구와 출판을 돕기 위해서 1년에 100파운드의 후원회비를 모을 것을 제안하였다. 그러나 프리스틀리는 쉐르번 백작이 화낼 것을 염려하여 40파운드 이상 받지 않았다고 한다. 그러나 그가 쉐르번 백작과 헤어진 뒤부터 후원회비는 증액되었다. 그는 자신의 출판을 위해서 출판사를 찾는데 어려움은 거의 없었다. 후원회의 보조금이 있었기 때문이었다. 그는 출판비용을 걱정하지 않고 가장 신속하게 출판하였다. 저서의 판매가 좋으면 그것은 모두 순이익이 되었다.

프리스틀리의 후원회의 정회원 중에는 산업계의 지도적인 인물인 소호(영국의 산업혁명 당시 최초의 근대적인 공장)의 웨지우드와 골튼 일가가 들어있다. 저명한 의사 헤버딘 박사도 그의 후원자의 한 사람이었다. 이러한 기부금 제공자 이외에, 예를 들어 기기 제조업자인 퍼커씨는 그에게 필요한 모든 유리기구, 특히 직경 16인치의 훌륭한 볼록 렌즈를 제공하였다.

욕서 지방 최대 인물

프리스틀리는 위대한 과학자일 뿐 아니라 위대한 영국사람으로 욕셔 지방 사람으로서는 가장 큰 인물이었다. 그는 산업혁명 초기에 과학과 신학, 교육과 공공문제를 비범한 힘으로 유도하였다. 그의 비할 데 없는 박학함과 어떤 비판에도 굴하지 않는 기질은 욕서 지방의 직인의 기질이었다. 한 세기 이상 같은 지역에서 살아 온 유명한 크리켓트 선수들과 공통점이 있다.

프리스틀리는 지주나 상인과 같은 구체제 사회에서 싹튼 사상 대신에 새로운 이념을 창조하였다. 그래서 구체제 산업가들의 도전을 받기 시작하였다. 그는 교육을 받은 중산계층에 속해 있었지만 거기에 동화하는 일이 없었고, 그곳에서 벗어나는 일도 없었다. 그는 자신이 살아온 사회적 환경으로부터 받은 민주주의적 개인주의의 지지자였다. 특히 영국 국교회에 대해 화살 없는 공격을 퍼부었다. 그것은 국교회가 전통적 지배계급의 신념과 지적 활동의 보금자리였기 때문이었다. 그의 과학적 업적은 자신의 다른 활동에 무게를 크게 실어 주었다.

프리스틀리가 젊은 시절의 환경 속에서 받은 사고양식은 그의 문체에 명백하게 나타나 있다. 그는 저술에서 우아하지 않지만 명쾌한 문장으로 많은 저술을 의식적으로 시도하였다. 그의 표현양식은 실업가의 자식들에 대한 강의와 비국교도의 사업가나 노동자들의 설교 속에서 완성되었다. 그는 자신이 개발한 속기술을 항상 사용하였으므로 보통 속기법을 사용하는 것보다도 빠르게 책을 쓸 수 있었다. 이 같은 태도와 그의 완벽한 표현방법 때문에 그의 저서는 매우 유명하였다. 그는 독자들에게 자신의 마음속에 담고 있는 사상을 불어넣었다. 그의 용기와 솔직함은 여론을 환기시키는데 충분하였다.

자연에 관한 그의 기초적인 여러 연구는 문명과 인류의 복지에 크게 공헌하였다. 그의 교육과 신학, 그리고 정치에 관한 사상은 새로운 산업주의자 및 낡은 지배계층과의 권력 투쟁에 도움을 주었다.

미국으로 망명

1791년 7월 14일, 버밍험의 친불 쟈코뱅당이 바스튜 감옥의 함락을 축하하기 위해 한 호텔에서 축하연을 거행하고 있을 때, 이에 반대하는 시민의 한 무리가 폭동을 일으켜 호텔을 기습하고 창문 부셨다. 폭도들은 루너학회 회원들의 집에도 몰려갔는데 그 중에서 그들이 가장 노렸던 사람은 프리스틀리였다. 그들은 버밍험의 길거리를 큰소리 치며 몰려다니다가 결국 프리스틀리 교회를 파괴하고 집에 불을 지르고 장서와 기구, 실험장치 등을 창문으로부터 내던졌다. 다행히 프리스틀리와 그의 가족은 이를 피하여 위험은 면했지만 버밍험에는 그 이상 머무를 수 없었다. 일단 런던으로 피신한 뒤에 한 교회의 목사가 되었다. 더욱이 왕립학회 회원으로부터도 따돌림받아 1794년 4월, 고국 영국을 떠나 미국으로 망명하였다.

프리스틀리가 망명할 당시, 남겨 놓은 눈물겨운 마지막 말이 있다. "나는 지금 바다 건너 저편 낯선 땅으로 떠난다. 그러나 떠나는 나에게는 아무런 원한도 없으며, 어떤 분노의 흔적도 남아 있지 않다. 단지 때가 와서 좋은 시절이 될 때까지 내 목숨이남아 있다면, 다시 이 고국 땅에 돌아오기를 바라는 희망만을 안고 고국을 떠나는 것이다. 이러한 뜻을 품는 것은 내 뼈를 묻을 곳은 단지 나를 길러준 내 고향 땅밖에 아무 곳에도 없기 때문이다. 잘 있거라, 내 사랑하는 동포여! 안녕히 계시요."

당시 미국은 아직 독립되지 않아 국민감정은 반영 친프랑스였기 때문에 그를 따뜻하게 맞이해 주었다. 곧 펜실베니아 대학에서 화학교수로 초빙했지만, 그는 이를 사양하고 그 곳 작은 마을에 정착하여 과학과 신학을 연구하면서 10여 년을 평화롭게 지내다가 71세로 타향에서 숨을 거두었다.

미국 독립운동의 주역 벤자민 프랭클린

진보적인 정치가

미국의 과학자인 벤자민 프랭클린(Benjamin Franklin, 1706~1790)은 보스턴 시에서 17형제의 15째로 태어났다. 그의 생애는 18세기 전체에 걸쳐 있고 당시 탄생한 자연과학과 사회과학의 급속한 발전과 밀접한 관계를 맺고 있다. 18세기는 계몽주의 시대로서 유럽에서 커다란 사회변혁기에 앞선 시대였다.

프랭클린은 인쇄공에서 출발하여 위대한 과학자, 특히 전기이론의 창시자의 한 사람으로 또한 영국의 식민지로부터 미국을 해방시키는데 적극 참여한 미국의 위대한 진보적인 정치가로, 그리고 사회 활동가로서도 그 이름을 세계 문화 사상에 남기고 있다.

같은 시대 사람들은 프랭클린을 인도적이고 폭넓은 견해를 지니면서 교양이 풍족한 매력이 있는 인간으로 묘사하고 있다. 그는 여행을 자주하고 주로 영국과 프랑스 등 외국에서 오랜 동안 체류하면서, 선진적인 사람들과 폭넓게 교제하였다. 만년에는 유럽에서 가장 인기 있는 한 사람이 되었다. 조국 미국에서는 오늘날 미국의 역사를 통해서 가장 존경받는 사람들 중 한 사람으로 꼽히고 있다.

7년간의 전기연구

프랭클린의 다방면에 걸친 활동과 생애는 너무나 잘 알려져 있고 그에 관한 책들이 많이 나와 있다. 전기 분야에서 그의 기초적인 과학적 발견이 이룩된 것은 18세기의 50년대, 이탈리아의 과학자 갈바니와 볼타의 발견이 있기 이전, 과학이 자연을 정복하기 시작했던 초기에 해당된다.

프랭클린의 전기에 관한 연구는 1747년부터 53년까지 겨우 7년 동안이라는 짧은 시일에 이룩되었다. 그가 연구를 시작한 것은 41세 때였다. 그는 당시 작은 도시였던 필라델피아에서 인쇄업을 시작으로 신문발행, 유명한 문예작품의 수집 등으로 성공하였다. 그가 전기에 관한 연구를 시작하게 된 것은 모두 우연한 기회로서, 그가 전기에 관한 대중 강연을 듣게 된 때부터였다. 이러한 강연은 당시 인기가 높았다. 그것은 일련의 전기 현상으로서 전기를 띤 물체의 반발 및 흡인, 방전이 인체를 통과할 때 일어나는 불쾌감 등 당시로서 모두 신기한 현상이었고, 대중 강연에서 흥미를 유발하는 내용이었기 때문이었다. 그가 전기에 관한 강연에 출석하기 조금 전에 전기를 상당량 축적할 수 있는 최초의 방법인 '라이든병'의 발명으로 전기현상의 전시효과가 더욱 컸다.

프랭클린이 전기실험에 열중한 7년간 자신의 시간 대부분을 이 분야의 연구에 할애하였다. 그의 연구는 전기의 이론을 발전시켜 세계적으로 인정받고, 이 짧은 기간에 지도적인 과학자가 되는데 이르렀다. 대부분의 학회나 아카데미는 그의 과학적 업적을 인정하여 그를 회원으로 선출했고, 많은 대학들도 그에게 명예박사를 수여하였다.

그 때까지 한번도 물리학에 접한 일이 없었고, 세계의 과학 중심지에서 멀리 떨어진 미국의 작은 도시에 살고 있던 프랭클린이 중년에 접어들었음에도 불구하고, 그가 짧은 기간에 과학의 한 분야에 크게 기여했던 것은 어째서인가. 이것은 누구나 갖는 의문이다. 더욱이 뉴튼, 호이언스, 오일러 등 뛰어난 과학자가 활동했던 18세기 중엽에 이 연구가 시작되었다. 어째서 진보적인 과학자가 이룩하지 못했던 성과를 프랭클린이 올릴 수 있었던가.

그것은 프랭클린이 처음으로 전기현상의 본질을 올바르게 이해하고, 이 분야에서 그 후의 연구의 올바른 방향을 개척한 때문으로 생각한다. 그의 연구가 이룩될 때까지 대량의 실험 데이터가 이미 축적되어 있었지만, 사실은 체계가 세워져 있었던 것은 아니었다. 그가 제기한 가설은 이러한 사실을 한 개의 조화가 취해진 도식으로 통일했을 뿐 아니라, 그 후의 연구의 올바른 코스를 제시하였다.

프랭클린은 전기에 관련된 많은 실험을 하였다. 그가 했던 실험은 기술적으로 보아 매우 흥미 있는 것들이었다. 번개와 천둥이 치고 비오는 날, 연을 띄워 실험한 것은 초등학교 학생들도 모두 잘 알고 있는 일이다. 이것은 프랭클린의 뛰어난 실험 재능에서 비롯된 것이다.

피뢰침의 발명-과학적 성과의 실용화의 모델

프랭클린의 연구 경과를 보면 그의 생각이 빠르게 학문적으로 인정된 데에 대해 놀라지 않을 수 없다. 예를 들어 아보트 노르나 윌슨과 같은 저명한 과학자들의 반대에도 불구하고 프랭클린의 주장은 눈 깜짝할 사이에 과학계에 수용되어 버렸다. 물론 과학적 진리는 하나이고 늦던 빠르던 간에 반드시 인정되기 마련이지만, 그러나 그것이 신속하고 직선적으로 행하여 질지의 여부는 진리와 관계가 없다. 이 점에서 그의 활동은 현재에도 과학적 성과의 실용화의 모델이 되고 있다.

프랭클린은 자신의 모든 연구를 가능한 곧 바로 많은 사람들의 것으로 하기 위해 노력하였다. 그는 필라델피아에 그 지방의 시민들로 구성된 '철학협회'를 조직하고 전시와 강연을 통해서 시민들을 계몽하였다. 그는 외교 활동을 위해서 자주 외국에 나아 있는 동안에 그곳의 과학자와 널리 교제하였다. 또한 프랑스, 이탈리아, 영국 등 많은 지도적인 과학자들과 학문상의 편지를 많이 주고받았다. 미국과 영국이 전쟁을 하고 있을 때도 그러하였다. 그는 독학으로 프랑스어, 이탈리아어, 스페인어, 그리고 라틴어까지 통달하였다.

새로운 생각을 위해서 논쟁하는 프랭클린의 능력이 더욱 발휘된 것은 순수한 과학적 업적 이외에 잘 알려진 피뢰침의 발명에서였다. 수천 수만의 대포를 일시에 발사하는 듯한 무서운 소리를 내는 천둥소리가 옛날부터 수많은 과학자의 관심을 모았고, 또한 인류를 공포로 떨게 하였다. 이처럼 대자연의 분노와 같은 경이로운 천둥소리는 오랫동안 수수께끼로 남아 있었고, 때로는 성곽을 무너뜨리고 사람의 목숨을 앗아가는 무서운 적이었다. 그는 이 자연의 놀라운 위력을 정복하기 위해 과학의 힘을 아낌없이 발휘하였다. 번개는 전기의 불꽃과 동일한 것임을 증명하는 실험에 성공함으로써 공중의 괴물을 인간의 손으로 사로잡은 한 과학자가 바로 프랭클린이다.

이 발명이 실용화되는 과정 역시 많은 교훈적인 사실을 남기고 있다. 이미 말한바와 같이 프랭클린이 번개의 정체를 밝히자마자 곧 많은 사람들이 전기가 잘 통하는 금속제 막대로 번개의 방전을 흘려보냄으로써 번개의 피해를 막으려고 생각하였다. 방전 과정을 이해하고 있던 체코의 작은 도시의 한 학자 승려는 1754년 전류를 유도하기 위해서 프랭클린의 피뢰침과 비슷한 장치를 자기 집 옥상 위에 설치했는데 의외로 큰 일이 벌어졌다. 동네 사람들이 미신적인 공포에 휩쓸려 이 장치를 부수고 철거하는 소동이 벌어지는 참

279

혹한 결과로 끝났다.

매우 실용적인 머리를 지닌 프랭클린은 전류를 다른 곳으로 흘려보냄으로써 낙뢰의 피해를 방지할 수 있다는 사실을 이미 발견했지만, 그보다 피뢰침의 합리적인 구조를 찾아내고 그것이 번개의 피해를 방지하는데 가장 유효한 수단임을 세상 사람들에게 인식시키는 일이 더욱 큰 문제였다. 그는 이를 훌륭하게 완수하였다. 그러므로 이 분야에서 그의 활동은 과학의 지식을 어떻게 실용화하는지를 보여주는 '모델'로서 지금도 꼽히고 있다.

특히 집고 넘어가야 할 것은 프랭클린이 피뢰침의 특허를 얻지 않았다는 사실이다. 희망자에게는 누구라도 이를 무료로 사용토록 하였다. 또한 피뢰침을 보급하기 위해서 교묘한 선전활동을 대대적으로 일으켰다. 오늘날 대부분의 건물 옥상에는 피뢰침이 설치되어 있다. 그러나 200년 전 피뢰침의 설치를 둘러싸고 격렬한 싸움이 벌어졌다. 이토록 방해를 받았던 발명은 다른 어느 곳에서도 찾아볼 수 없다.

번개와 교회의 종소리

200년 전 피뢰침의 설치는 여러 가지 이유로 반대에 부딪쳤다. 그 중에는 번개는 주로 보복수단이므로 이에 거역하는 것은 죄악이다라는 주장이 있었다. 또한 번개 비는 악마가 신에 반항할 때 일어난다라는 그럴싸한 이유도 있었다. 그러므로 이를 방어하는 유일하고 올바른 방법은 악마를 쫓아내야 하므로 천둥 번개가 칠 때에는 교회의 종을 울려야 한다는 것이 오랜 동안의 생각이었다. 교회의 종 탑은 번개에 매우 약하므로 번개가 칠 때 종을 울리는 것은 매우 위험한 일이었다. 피뢰침이 발명된 뒤에도 오랫동안 교회는 계속해서 종을 울렸다. 독일에서는 18세기 말 번개로 인하여 종치

280

기가 120명 죽었고 400개의 종 탑이 파괴되었다.

그러나 피뢰침을 보급하기 위한 프랭클린의 싸움은 무식한 사람들의 미신적이고 종교적인 반대 때문만은 아니었다. 당시 사회의 최상층 사람과의 싸움도 있었다. 피뢰침에 대해서는 과학적인 반대도 있었지만 이와 함께 정치적인 반대도 있었다. 그가 피뢰침의 원리를 설명할 때, 금속제 막대를 통해서 전류를 자유로이 지면으로 흐르게 하는 기능 이외에, 또 하나의 기능이 존재한다는 가능성을 지적하였다. 만일 건물 위에 번개구름이 있고 피뢰침이 있을 경우, 그곳에 완만한 방전이 생길 수 있다고 생각하였으므로, 그는 피뢰침이 건물을 보호할 뿐 아니라 번개의 방전도 방지하는 역할을 한다고 생각하였다.

피뢰침을 둘러싼 재판 소동

한편 프랭클린에게 학문적으로 반대하는 과학자들은 뾰족한 끝에서의 방전은 구름의 하전을 중화하지 못하며, 오히려 번개의 발생에 보다 좋은 조건을 만들어준다고 주장하였다. 그러므로 피뢰침이 없으면 전혀 일어나지 않을지도 모르는 번개를 발생시키므로 오히려 피해를 가져온다고 주장하였다. 이 입장에 서 있던 과학자들은 피뢰침을 붙인 건물은 물론, 그에 인접하는 건물까지도 위험하다고 생각하였다.

이러한 문제에 대해서 여론은 커다란 관심을 기울였다. 프랑스의 센트 드 뷧세리가 자신의 집에 피뢰침을 부쳤을 때, 그의 이웃 사람들은 이에 놀라고 분개하여 법원에 고발하였다. 이 재판은 큰 파문을 일으켰고 1780년부터 84년까지 여러 해에 걸쳐 지속되었다. 이에 관련하여 피뢰침을 옹호하는 쪽에는 젊은 맥시밀리언 로예스피엘이 있었다. 이 유명한 재판이 그의 이름을 높여주었다는 이야기는 매우 흥미가 있다. 반면에 원고 측 증인의 한 사람인 기자 마라(화학자 라부아지에를 고발한 사람)는 피뢰침의 설치를 위험한 짓으로 생각하고 그 설치에 반대하였다. 긴 재판과 상고심이 있은 후, 드 뷧세리는 승소하였다.

피뢰침의 보급을 위한 싸움에서 프랭클린은 재미있는 계몽을 폈다. 그는 대중 앞에서 연설하지 않았지만 좌담과 많은 편지를 통해서 지도적인 과학자로서, 또한 사회 활동가로서 계속해서 계몽에 나섰다. 그리고 이러한 활동으로 그는 진보적인 사람들로 구성된 강력한 후원자를 얻었고, 이를 바탕으로 자신이 발명한 피뢰침의 실용화를 위해 꾸준히 싸웠다.

피뢰침은 정치적 위험물

영국의 피뢰침 반대 투쟁은 격렬한 정치적인 성격을 띠고 있었다. 영국의 과학자 윌슨은 피뢰침의 첨단을 둥글게 하여 전류가 흐르는 것을 방지함으로써 그의 유해한 작용을 막을 수 있다는 사실을 증명하려고 하였다. 이 논쟁과 때를 같이하여 미국이 영국으로부터 독립을 선언한 시기였는데, 프랭클린은 미국의 지도적인 정치가로서 독립운동에 적극 앞장선 투사였다. 그러므로 첨단을 뾰족하게 만든 피뢰침은 영국의 모든 시민들에게 정치적으로 위험한 존재로 보여졌다. 영국 왕 죠지 3세는 '프랭클린식'의 끝이 뾰족한 피뢰침을 지지한 왕립학회의 결정을 철회할 것을 요구하였다. 국왕의 이러한 요청에 대해서 존 왕의 시의이고 프랭클린의 개인적인 친구이기도 한 왕립학회 총재인 프링글은 다음과 같은 유명한 말로 대항하였다. "자연법칙과, 자연법칙의 작용을 바꿀 수는 없습니다"고 대답하였다. 이 때문에 그는 시의와 왕립학회 총재를 그만 두었다.

피뢰침의 반대 투쟁에서 프랭클린과 그의 친구에 대해서 개인적인 중상이나 비방 등 모든 수단이 동원되었다. 프랭클린은 개인공격을 무시하고 냉철하게 버티었다. 그는 항상 과학적 진리는 실험에 의해서 만이 밝혀진다고 말하였다. 사실상 이 논쟁을 해결한 것도 실험이었다. 그러나 번개 방전과 전장(電場)에 관한 연구가 현재의 수준에 이르게 된 것은 수 십 년 후의 일이었다.

오늘날 이 논쟁은 아무런 근거가 없는 것으로서 피뢰침의 끝이 뾰족한 것과 둥근 것의 차이는 조금도 없다. 그것은 지면에서 매우 가까운 곳에서는 피뢰침의 끝의 모양이 지상의 전장의 분포에 아무런 영향을 미치는 일이 없기 때이다. 이제 피뢰침은 모든 건물에 없어서는 안 되는 시설이다. 그 때문에 파괴나 화재를 면한 건물, 시설, 선박은 셀 수 없이 많다. 이것은 당연히 프랭클린의 창의로 돌려져야 한다.

"캡틴 쿡크에게 경의를 보여라"

아직도 우리들이 기억하고 있는 것은, 프랭클린이 지도적인 정치가로서 세계의 과학 발전에 그의 영향력을 행사한 점이다. 그는 과학적 성과란 전 인류의 재산이므로 세계 과학의 발전에 관한 배려는 국가 사이의 정치적 및 군사적 분쟁보다도 높은 곳에 놓여 있어야 한다고 생각하였다. 유명한 캡틴 쿡크가 세계 일주를 마치고 돌아갈 무렵에 미국과 영국은 전쟁 중이었다. 그러나 프랭클린은 미국의 모든 군함 및 해적선에 대해서 항해 중 어디서나 캡틴 쿡크와 만나면 경의를 표하도록 지시를 내렸다. 프랭클린이 의회의 의장을 지낼 때 영국산 모든 상품에 대해 수입금지령을 내렸다. 그러나 연구용 기기류에는 적용시키지 않도록 설득한 것은 지금도 흥미 있는 일이다.

프랭클린의 생애를 보면, 어째서 미국의 모든 국민으로부터 존경받고 있는지 잘 알 수 있다. 각국마다 각기 위대한 과학의 창시자를 떠받들고 있다. 러시아는 라마노소프, 영국은 뉴튼, 이탈리아는 갈릴레이, 네덜란드는 호이언스, 프랑스는 데까르트, 독일은 라이프닛치, 미국은 프랭클린을 지금도 추앙하고 있다. 이러한 위대한 학자의 업적은 전 인류의 자랑거리이다.

프랭클린 이후 200년 사이에 전기 이론은 크게 진보하였다. 현재 그의 이론은 중학교 과학 시간에 가르쳐지고 있다. 그러므로 우리들 모두는 젊은 시절부터 이 이론의 기본을 알고 있다. 그러나 정전기의 이론이 프랭클린에 의해서 이룩된 것을 잊고 있을지 모른다. 이를테면 '양극·음극'이라는 명칭이 프랭클린에 의해서 학문적으로 처음 사용된 것을 잊고 있는 사람이 있다.

프랭클린의 연구를 상세히 말하는 것은 지금으로서는 거의 흥미 없는 일이지만, 그러나 프랭클린의 전기 분야에서의 연구와 발전의 역사 그것은 현대 과학자에서 흥미 있을 뿐 아니라 유익하다고 생각한다. 그것은 과학 발전의 코스, 즉 자연을 인식하는 코스의 하나이기 때문이다. 과학적 진리를 탐구하는데 우리들은 흔히 올바른 코스에서 멀어져 감으로써 헛되이 시간을 보내는 경우가 있다. 그러므로 올바른 연구의 길로부터 빗나가는 일이 적으면 적을수록 자연의 인식과 정복의 속도가 빨라지고 보다 경제적으로 이룩할 수 있다. 과학사를 펼쳐보면 과학의 급속한 발전을 촉진하는 요인을 찾아 볼 수 있다. 이런 관점에서 볼 때 프랭클린의 과학적 연구의 역사는 매우 흥미가 있다.

진보적인 사회 활동가 폴 랑즈뱅

프랑스의 지도적인 물리학자

프랑스의 물리학자 폴 랑즈뱅(Paul Langevin : 1872~1946)은 파리 태생으로 에콜 라보아제 및 파리 시립공업물리 화학학교를 졸업하였다. 파리 시립공업물리 화학학교에서의 실험 시간에는 피엘 퀴리가 지도하였다. 1891년 소르본느 대학에 입학했지만, 병역을 마치기 위해 1893년 1학기 동안 휴학하였다. 1897년 케임브리지 대학 캐빈디쉬 연구소의 유학시험에 합격하고, 영국의 물리학자 톰슨 밑에서 연구하면서 물리학자 러더퍼드, 윌슨, 타운센과 같은 과학자와 만났다. 그는 뛰어난 물리학자이면서 진보적인 사회활동가였다.

1924년 랑즈뱅은 옛 소련 과학아카데미 준회원으로 1929년에는 명예회원으로 선출되었다. 또한 그는 1928년 영국 왕립학회의 명예회원, 1934년에는 프랑스 아카데미 회원을 비롯하여 많은 국가의 아카데미나 학회의 명예회원으로 선출되었다. 그것은 그가 매우 중요한 연구를 수행한 물리학자였기 때문이었다. 그는 상자성과 반자성을 처음으로 설명하였다. 또한 브라운 운동과 상대성 이론에 관한 연구와 함께 지도적인 물리학자로서 프랑스에서 상대성 이론이나 현대 물리학의 보급과 발전에 많은 공헌을 하였다.

랑즈뱅의 주요한 학문적 업적은 이론물리학 분야로서, 그 중에서 가장 큰 업적은 지금으로서는 고전적인 것이 되어버렸지만 자기와 음향학에 관한 것이었다. 그는 초음파를 발생시키는 방법을 발견하고, 단파장의 음파를 실제로 발생시키기 위해서 압전효과 현상을 이용하는 방법을 처음으로 제안함으로써 새로운 분야의 과학기술을 탄생시켰다.

랑즈뱅의 물리학 발전에 끼친 영향은 이 분야에서 그치지 않았다. 그는 뛰어난 교육자로서 그에게는 많은 제자가 있었는데 그 중에는 세계적인 과학자로 인정받은 물리학자 드 브로이와 졸리오 퀴리 두 사람이 있다. 그는 매우 재치 있는 교수로서 풍부한 아이디어를 제자들에게 내놓으면서 이들을 격려하고 후원하였다. 이러한 점에서 그가 프랑스 물리학에 끼친 영향은 적지 않다.

진보적인 사고를 지닌 과학자

랑즈뱅의 성격을 한 마디로 특징 지울 수 있는 것은 모든 점에서 '진보적인 사고'를 보여준 점이다. 그는 과학에서나 그의 정치적, 철학적 견해 및 그의 사회적 활동에서 대부분 그러하였다. 그리고 이 진보적 사고방식은 그의 전 생애를 통해서 일관하고 있었다. 그는 이렇게 생각하고 있었다. 인류의 문화는 성장하고 과학은 진보하며, 사회는 발전하고 있다. 그것은 인간과 물질적 세계의 상호 관계에 관한 사람들의 철학적 인식이 깊어지고, 인간의 욕구와 관계 없이 모든 것이 발전하고 있기 때문이라고 그는 생각하였다.

또한 그는 인간을 다음과 같이 세 부류로 나누어 생각하였다. 하나는 과학, 문화, 인류를 발전시키기 위해 선두에 서서 전력투구하는 진보적인 사람, 두 번째가 대다수를 점유하고 있는 부류로서 다른 사람에게 피해도 도움도 주지 않으면서 진보에 병행하여 걷는 사람, 마지막 부류는 배후에서 진보를 방해하는 사람들로서 매사에 보수적이고 비 진보적이며 상상력이 결여된 사람들이다.

첫 번째 사람들은 매우 어려운 길을 걷지만, 그들은 다가오는 운명의 시련을 받으면서 진보를 위해 새로운 길을 열어놓는 사람들이라 강조하였다. 랑즈뱅 자신은 바로 이러한 사람이었다. 운명은 많은 고통과 시련을 그에게 주었다. 그는 뒤로 물러설 수도 있고, 옆으로 빠질 수도 있었지만 매사에 앞장섰다. 그는 진보적이고 새로운 것을 이해하고 그것이 무엇을 가져올 것인가를 이해할 줄 아는 사람이었다. 또한 그는 용기와 상상력이 풍부한 사람으로 지혜와 정열이 맞물릴 때에 문자 그대로 진보적인 사람이 된다고 생각하였다. 그는 일생동안 진보적인 투사로 살아왔고 나이를 먹어 갈수록 진보를 위해서 열렬하게 투쟁하였다. 이처럼 놀랄 만한 그의 성격은 항상 사람들을 감동시키고 사람들에게 공감과 존경심을 불러 일으켰다.

상대성 원리의 보급에 앞장

랑즈뱅은 자기와 음향에 관한 연구와 함께, 이 보다 조금 늦게 아인슈타인의 상대성 이론에 관한 논문을 발표하였다. 1905년에 발표된 지 1세기가 지난 지금도 완고한 보수주의자들은 상대성 이론의 기본적인 개념에 반대하고 있다. 하물며 이 논문이 발표될 당시에는 많은 반대자가 있었다. 특히 질량과 에너지가 등가라는 명확하고 정량적인 정식화된 법칙에 대해서 많은 반대가 있었다. 당시 물리학의 기본이었던 에너지 보존의 법칙과 질량보존의 법칙이 상대성 이론에 의해서 무너졌지만, 많은 과학자는 이 점에 대해 격렬한 반론을 제기하였다.

이에 반해서 랑즈뱅은 아인슈타인의 상대성 이론을 프랑스에 적극적으로 보급시킨 최초의 한 사람이었다. 그는 한 실험을 통해서 아인슈타인의 이론을 검증함으로써 오늘날 우리들은 이 논문이 뛰어난 과학자만이 이룩할 수 있는 올바른 예언이었음을 인정하고 있다. 이를 미루어 볼 때, 랑즈뱅이 과학에서 새로운 아이디어를 얼마나 많이 이해하고 있었는가를 알 수 있었으므로 그는 상대성 이론을 자신 있게 보급할 수 있었다.

물론 현재 전 인류는 원자폭탄을 통해서 물질이 에너지로 전환된다는 사실을 충분히 이해하고 있다. 물질이 에너지로 전환할 때에 막대한 에너지가 생길 가능성을 주장한 아인슈타인이나 랑즈뱅과 같은 진보적인 물리학자들이 있는가 하면, 그 반면에 이를 믿지 않는 과학자들도 적지 않았다. 이를 보아도 랑즈뱅이 1세기 전에 물리학 분야에서 얼마나 선구적인 길을 걸었는가를 똑똑히 보여주고 있다.

물리학자 드 브로이와 랑즈뱅

현대 물리학에서 랑즈뱅의 진보적 정신을 잘 보여주는 한가지 예가 있다. 1924년 한 친구가 프랑스 칼리지 교수인 랑즈뱅을 찾아왔다. 랑즈뱅은 그 친구에게 자신의 제자인 드 브로이가 대단한 연구를 했는데, 그에 관해서 당신과 논의해 보고 싶다라고 말을 끄집어냈다. 그들은 드 브로이의 새로운 연구, 즉 전자의 파동성에 관해서 토론을 시작하였다. 그 때 그 친구는 랑즈뱅이 얼마만큼 이 연구에 황홀해 있었는가를 알았다. 만일 랑즈뱅의 지원이 없었더라면 드 브로이는 대담성을 지니고 자신의 뛰어난 생각을 강력하게 주장할 수 없었을 것이라고 랑즈뱅의 친구는 생각하였다.

당시 드 브로이의 이론은 매우 회의적인 시각으로 다루어졌다. 랑즈뱅의 한 친구는 파리에서 괴팅겐으로 돌아가 그곳의 이론 물리학자들에게 드 브로이의 연구에 관해서 이야기하였다. 당시 괴팅겐의 이론 물리학 주임교수도 드 브로이의 견해를 인정하지 않았고 미심쩍게 받아들이고 있었다. 세미나에서 주임교수는 랑즈뱅에 관한 이야기를 꺼내면서, "우리들은 이에 관해서 시간을 낭비하고 싶지 않다"고 말했다고 한다. 그로부터 2년 후 슈뢰딩거가 드 브로이의 이론을 수학적으로 일반화함으로써 드 브로이의 연구의 기본적인 의의가 모든 사람들에게 알려졌다.

이 방정식을 발견하게 된 경위는 매우 교훈적이다. 랑즈뱅은 누구보다 빨리 드 브로이의 생각 속에서 새로운 물리학의 싹을 찾아냈고 드 브로이의 생각을 누구보다 먼저 이해하고 그를 격려해 주었다. 이 예는 놀랄만한 그의 직감을 잘 설명해 주고 있다. 모든 사람은 랑즈뱅과 대화하는 동안에 그가 과학계에서 일어나고 있는 상황을 폭넓게 파악하는 능력을 지니고 있는데 대해 항상 놀랐고, 그의 혜안에 탄복하여 항상 잔잔한 감동으로 젖어 있었다.

과학연구와 사회활동으로 엮어진 생애

랑즈뱅은 학문에서와 마찬가지로 매사에 진보적이었다. 그는 이따금 "나는 몽마르뜨 태생이다"라고 자랑하였다 한다. 잘 알려진 바이지만 그곳은 파리 노동자의 거리이다. 그의 할아버지는 매우 평범한 전기 기술자였고 아버지는 측량기사였다. 랑즈뱅은 1872년 빈곤한 가정에서 태어나 시립학교에 입학하여 장학금으로 고등교육을 받았다. 그는 매우 폭넓은 재능을 지니고 있었지만 공부도 물론 열심히 했고 케임브리지 대학에서 최초로 실험적 연구를 함으로써 과학자로서의 첫발을 내딛었다. 그는 매력이 있는 사람으로 항상 어떤 계층의 사람들과도 잘 어울렸고, 어느 곳에나 그의 친구가 있었다. 파리에 돌아온 그는 프랑스 칼리지의 교수가 되었고 자기에 관한 최초의 연구로 한번에 유명한 물리학자의 대열에 끼게 되었다.

랑즈뱅은 대학시절부터 정치 활동을 시작하였다. 그 첫발은 파시즘의 선구자인 반유태주의자의 그룹에 의해서 시도된 유명한 드레퓌스 사건의 재판부터였다. 이 때 드레퓌스의 변호를 맡은 사람은 『나는 탄핵한다』라는 유명한 책을 쓴 에밀 졸라였다. 그리고 졸라가 망명했을 때에 그를 변호한 사람이 바로 랑즈뱅이었다. 이 변호는 그의 최초의 사회적 발언이었다. 그는 이를 회상하면서 "자, 생각해 보면 한 인간의 운명이 전 세계의 관심을 모은 대단한 시대였다"고 이야기하였다. 이런 일이 있으면서부터 그는 정치적 발언을 자주 하였다. 또한 그는 1920년 파리의 와그램 홀에서 갓 태어난 옛 소련에 대한 투쟁을 거부했던 흑해함대의 수병을 옹호하는 연설을 하였다. 그가 과학 분야에서 그러했듯이, 옛 소련의 사회혁명의 의의를 민감하게 예견하고 공공연하게 이를 지지하였다.

대학교수가 된 해에 파리의 교통관계의 파업이 일어났을 당시, 랑즈뱅은 파업을 막기 위해 학생을 이용하는 처사에 항의하였다. 그는 파시즘과 꾸준히 싸웠고 반파시즘에 대한 투사를 적극 옹호하고 지지하였다. 그는 '인권 옹호연맹'의 창립자의 한 사람으로서 의장직을 맡아 이를 운영하였다. 또한 기회가 있을 때마다 스페인 공화국을 공공연하게 지지하고, 뮌헨조약을 비난하며 전쟁 초기에 일어난 공산당 국회의원 27명의 체포에 강력하게 항의하였다. 이처럼 그는 사회운동과 조직활동에 열성적이었다.

반파시즘 투사

제2차 세계대전이 시작되었을 때, 랑즈뱅의 옛 소련 친구들은 전쟁 동안만이라도 자신들을 방문하도록 그에게 권하였다. 그것은 파시스트가 랑즈뱅에게 품고 있는 증오를 생각한다면 그가 프랑스에 머물러 있는 것이 매우 위험했기 때문이었다. 그것은 또한 그가 프랑스를 위해서 계속 투쟁할 수 있도록 다른 국가에 피난할 필요가 있었음을 말해주고 있다. 하지만 랑즈뱅은 옛 소련의 친구들에게 편지를 통해서 그곳에 가고 싶기는 하지만 해야 할 일이 한 가지 남아 있다고 전하였다. 그 일이란 당시 파리에서 유태인 배척운동이 시작되었는데, 자신은 이를 저지해야 하며 이 운동이 근절되지 않는 한 파리를 떠날 수 없다고 전하였다. 그가 파리를 떠나려고 결심한 때는 이미 늦었다. 히틀러가 랑즈뱅의 독일 통과를 거부하였다. 파리는 독일 군에게 점령되고 그는 즉시 체포되어 2개월간 형무소 생활을 마친 후 곧 시골 마을로 내려와 전쟁 중에 그곳 여학교의 물리교사로 지냈다.

랑즈뱅의 가족은 모두 반파시즘 투사였다. 그의 딸은 체포되어 아우슈비치로 보내져 그곳에서 전쟁 동안 지냈고, 사위인 솔로몬은 유명한 공산당원으로 체포되어 독일 군에게 총살당하였다. 랑즈뱅이 프랑스를 탈출하는 것은 그렇게 쉬운 일이 아니었다. 그는 70세의 몸으로서 자동차 사고로 위장하여 붕대를 감은 채 산을 넘어 스위스로 망명하였다.

랑즈뱅은 전쟁 후반을 줄곧 스위스에서 보냈고 힘이 미치는 한 사회운동에 참여하였다. 사위인 솔로몬이 총살을 당했다는 소식을 듣고 곧 공산당에 입당하여 솔로몬의 당 지위를 맡았다. 그는 1942년부터 46년 12월 19일 세상을 떠날 때까지 당원의 한 사람으로 활동하였다.

이와 같은 사실로 미루어 보아, 랑즈뱅의 사회적 및 정치적 활동은 선명하게 드러난다. 지금까지 기술한 것으로 알 수 있듯이, 유럽이나 프랑스에서 랑즈뱅이 적극적으로 참가하지 않은 사건은 한 건도 없었다. 또한 그는 사회생활의 다른 부분, 예를 들면 국민교육의 문제까지도 적극적으로 참여하였다.

이와 같은 랑즈뱅의 진보적인 활동이 많은 사람들, 특히 청년들에게 매력적으로 보인 것은 당연하였다. 그는 나이에 관계없이 많은 사람들과 허물없이 사귀었고, 프랑스의 광범한 사람들로부터 아낌없이 사랑을 받았다. 그에게 호의를 지니고 있지 않는 사람은 없었다. 정치적인 견해를 달리하는 사람들까지도 그에게는 호의적이었다. 그는 사람을 대할 때마다 모든 사람들을 매료시켰고 수상이건 학생이건 누구에게나 똑같은 어조로 이야기하며 아주 가깝게 어울렸다.

여러 계층의 사람들이 그를 어떻게 보았는지는 랑즈뱅이 죽은 뒤에 아인슈타인이 파리아카데미로 보낸 전보 내용으로 알 수 있다. 이 내용은 매우 짧지만 랑즈뱅의 사람됨을 단적으로 잘 표현하고 있다. "폴 랑즈뱅의 죽음에 접하면서 실망과 슬픔보다도 수 년 동안 일어났던 많은 일들이 나에게 더욱 강렬한 인상을 준다. 사물의 본질에 관한 명확한 이해와 참된 인도주의적인 요구를 헤아리는 능력과 적극적으로 행동하는 능력을 겸한 사람은, 한 세대에 무어라 해도 그렇게 많지 않지요! 이러한 사람이 이 세상을 떠나버린 것은 남아 있는 사람들에게 견딜 수 없는 공허함을 느끼게 합니다."

와인의 향기를 사랑한 애주가

매력과 인간미를 갖춘 랑즈뱅의 성격의 일환으로, 그는 저속한 의미에서 와인을 좋아한 것이 아니고, 명랑한 애주가로서 와인의 향기를 사랑하였다. 그는 "와인은 마시는 것이 아니라 그것을 말하는 것이다"고 흔히 이야기하였다 한다. 그리고 와인 잔을 잡으면 우선 그 향기를 맡은 다음, '부르고뉴' 몇 년 산, 그 해의 어느 종류의 포도의 수확량과 그 특징 등을 분명히 말하였다. 그는 한 종류의 와인에 관한 자신의 지식을 자랑하면서 친구들과 오랫동안 이야기를 계속하였다. 이것이 영국 사람이 말하는 그의 취미였다.

취리히에서 학회가 열렸을 때, 한 친구가 레스토랑에서 랑즈뱅과 자리를 같이한 적이 있었다. 랑즈뱅은 정성 들여 진기한 와인을 선택한 다음, 친구에게 와인에 관한 이야기를 시작하였다. 와인에 관한 그의 지식은 아마추어 이상이었다. 프랑스의 와인 양조업자들은 그 해 수확한 포도로부터 수년 후에 어떤 와인이 만들어질 것인가를 판정 받기 위해서 그를 항상 초대하였다. 그는 쾌히 승낙하고 그곳에 가서 포도주를 감정하였다고 한다.

랑즈뱅은 남 프랑스의 발 강 계곡에서 맛 좋은 새로운 와인을 발견하였다. 이 덕택으로 보통이었던 붉은 포도주를 최고급 와인으로 변신시켜 놓았다. 그는 이를 대단한 명예로 여기고 기뻐하였다 한다. 보통 때 그는 자기 이론에 관해서 말한 적은 별로 없지만, 발 강 계곡에서 자신이 발견한 새로운 상표의 와인에 대해서는 항상 정열적으로 자랑삼아 이야기하였다.

과학과 사회의 관계를 연구한 버널

별난 과학자

영국의 과학사가 버널(John Desmond Bernal, 1901~71)은 매우 독창적이고 별난 사람으로, 외모도 수려하지만 성격과 생각이 매우 독특하다. 언제 보아도 첫 인상부터 그는 보통 사람과 닮은 데가 하나도 없다. 무게 있게 보이는 머리통, 헝클어진 머리카락, 햇빛에 그을리지 않은 흰 피부, 아름다운 갈색 눈동자 등의 겉모습을 지니고 있었다. 하지만 그를 모델로 삼아 초상화를 그린 화가나 조각가들도 그의 육신 깊숙이 숨어있는 내면의 세계를 찾아낸 사람은 흔하지 않다.

버널은 영국의 티페라리 지방의 카톨릭 농민의 아들로 태어났다. 그의 이름은 스페인계, 유태인계의 흐름을 따랐는데, 일가는 훨씬 이전에 개종하고 19세기에 스페인에서 아일랜드로 이사하였다. 그의 아버지는 활동적이고 쉴 줄 모르는 정력가였고, 그의 어머니는 자그마한 체구의 교양 있는 미국 사람이었다.

젊은 시절 버널은 아일랜드의 낭만적이고 애국적인 영향을 받으면서 성장하였다. 이러한 전통 때문에 영국인을 보는 그의 눈은 언제나 거리감이 있었다. 그의 집안은 경제적으로 쪼들리지 않았고,

그의 아버지는 신사를 자칭하였다. 그는 그런 대로 고생하지 않고
자랐다.

신앙심 깊은 학교 생활

버널의 성격은 온순하지 않고 돈에 대해 무관심했으며 생활은
매우 검소하였다. 그는 카톨릭 신자로서 신앙심이 매우 깊었으므로
일생동안 카톨릭 용어를 곧잘 사용하였다. 그는 예수회의 공립 중
학교에 입학했고 학교 생활을 하는 동안 '영국 예배회'를 결성했으
며, 예수회 성자의 전기를 탐독하고 십자가 예배가 이상적인 것을
깨달았다. 그는 일에 몰두하는 타고난 성격 때문에 무슨 일이든지
절대로 중도에 포기하는 일이 없었다. 그는 타고난 지도력을 유감
없이 발휘하여 잠자고 있는 친구를 한 사람씩 깨워 밤새도록 기도
문을 한 시간씩 외우게 함으로써 그의 방에서는 누군가가 기도하는
모습을 언제나 볼 수 있을 정도였다. 그는 항상 자신에게 할당된
시간 이상으로 활동하였다.

버널이 다니던 학교는 6학년까지 과학시간이 없었으므로 과학을
정열적으로 공부하고 싶었던 그는 다른 학교로 전학하였다. 18세
때 아버지를 여읜 그는 어머니를 돕기 위해서 공부시간을 항상 밤
12시 이후로 잡았다. 그는 학교에서 개념적 사고를 요구하는 분야
인 수학과 물리학에서 비범한 재능을 발휘하여 주변 사람들은 그가
뛰어난 수학자가 될 것이라고 칭찬할 정도였다. 그에게 이미 지적
생활의 주제가 설정되어 있었다. 그는 장차 수학을 응용하는 학문
의 길을 택하겠지만 결코 수학 그 자체를 잊지 않을 것이라 자각하
고 있었다.

막스의 열렬한 지지자

1919년 버널이 엠마뉴엘 장학생으로 케임브리지 대학에 진학하던 해, 전 해군장교였던 블래킷이 기숙사에 들어왔고, 핵 물리학자인 러더포드가 캐빈디쉬 연구소에 복귀하였다. 이는 케임브리지 대학의 역사상 중요한 한 시기로서 버널은 이 시기에 많은 영향을 받았다. 취미와 정신면에서 그가 좋아하는 작가는 죠이스와 화가 피카소와 세잔느였다. 반면에 그는 거칠고 방탕한 생활에 곧 젖어들기도 하였다.

버널은 공산주의을 적극 흠모하였다. 그가 공산주의의 세례를 받을 소지는 어린 시절에 이미 형성되어 있었다. 그 바탕에는 아일랜드의 카톨릭 소 농민을 억압하고 착취하는 잉글랜드의 프로테스턴트 젠트리(청교도 토지소유 층), 그리고 이에 대항하여 일어선 가난한 아일랜드 사람이라는 역사의식이 한 가닥 깔려 있었다. 그는 16세 때 더블린과 니너에서 한 소동을 목격하였다. 그때 마침 러시아에서 사회주의 혁명으로 향한 격렬한 운동이 시작되었고 1920년대 초기 버널은 막스, 엥겔스, 레닌의 저서에 심취하여 결국 막스의 열렬한 지지자가 되었다.

버널은 옛 소련 사회주의가 인류의 행복을 싹트게 하고, 그의 지속적 발전을 보장할 가능성이 얼마만큼 있을 것으로 생각했고, 과학이라는 꿈과 공산주의라는 이상을 지니고 일생을 살았다. 다시 말해서 그는 공산주의와 과학에 큰 기대를 걸고 일생동안 살아왔다. 20세기 초기 아일랜드에도 자동차와 전등이 출현하자, 사람들은 이를 분명히 개화의 상징으로 놀라워했고 소년 버널은 과학의 힘으로 가난한 후진국 아일랜드를 구할 수 없을까 하고 생각하기 시작하였다.

버널의 과학관

옛 소련의 혁명을 지도한 레닌에 의하면, 공산주의란 '소비에트 권력과 전국적인 전기화'였다. 하지만 레닌의 주장과 버널의 입장 사이에는 두 가지 점에서 미묘한 차이가 있다. 첫째, 레닌의 사상은 소비에트 권력과 전기화 중 전자가 기본 사항이었지만, 버널의 경우는 반드시 그렇지 않았다. 둘째, 레닌의 주장은 당시 소련 사회주의가 직면하고 있는 사태에서 오는 상황적인 발언이었지만, 버널은 과학·기술의 발전이 인류를 영원히 주도하는 요인으로 생각하였다.

이와 같은 버널의 과학관은 그를 사회적 행동으로 유혹했고, 그 행동 내용은 시대의 움직임에 좌우되었다. 제2차 세계대전 동안에 그는 영국 정부의 브레인으로서 활약하였다. 그가 관계한 일은 내무성 관할의 피폭의 영향에 관한 연구였지만, 그 중 눈에 띄는 것은 노르망디 상륙작전의 과학적인 연구를 한 합동작전 본부의 과학 고문이었다. 그의 인공항구의 아이디어와 상륙지점의 지형, 지질, 간만의 차이, 기상에 관한 연구는, 1944년 6월 사상최대의 상륙 작전에서 연합군의 승리에 크게 공헌하였다.

그러나 버널은 항상 위험한 인물로 취급받았다. 그가 바로 공산주의자라는 점에서였다. 하지만 그는 유례없이 정력적으로 대담한 행동을 하였다. 1940년 불발탄을 처리하기 위해 한 기차역으로 달려갔다. 다행히 그것은 탄피였다. 그는 역장실에 들어가 역장에게 아주 태연한 말투로 "역장님 이제 정거장 문을 열어도 됩니다"라고 말을 하였다. 그에게 이런 일은 모험으로 생각되지 않았고 연합군의 작전을 위해 희생적으로 봉사하고 많은 아이디어를 제공하였다.

세계평화에 기여

버널은 세계 여러 곳을 여행하였다. 버마, 인도, 아프리카를 횡단
하였다. 이 여행을 통해 그는 가난한 국가의 실정을 직접 체험하였
다. 전후 버널의 사회적 활동은 두 개의 조직을 무대로 전개되었다.
하나는 1948년 '세계 과학자 연맹'의 결성에 앞장섰다. 그는 이 조
직의 부회장이 되었고, 회장은 프랑스의 물리학자 졸리오 퀴리였다.
이 조직을 통해서 버널은 과학자와 과학이 마땅히 지녀야 할 모습
에 관한 그의 사상을 실현하는데 노력하였다.

또 하나는 세계 과학자 연맹을 발판으로 1950년에 '세계 평화회
의'를 발족시켰다. 세계 평화회의의 초대회장은 졸리오 퀴리, 2대회
장은 버널이었다. 이 조직은 소위 사회주의 국가들이 주도하는 핵
심적인 평화운동 조직이었지만, 서방측이 주도하는 이에 필적할 만
한 평화운동 조직은 없었다. 버널은 자신이 이상적으로 여긴 과학
적이고 계획적인 미래사회의 거점인 옛 소련에 유리하도록 이 조직
을 운영하였다. 그러나 이 조직의 운동은 한때 동서를 불문하고 전
세계 사람들의 마음에 반영되었고, 한국 전쟁에서의 원폭투하의 저
지에도 그런 대로 역할을 하였다.

전후 버널은 공식석상에 자주 나타났다. 그는 평화를 지킬 수 있
다고 생각되는 일에는 지나칠 정도로 헌신적이었다. 그에게 원자폭
탄은 충격적인 유일한 과학상의 적이었다. 그는 원자폭탄 이야기만
나오면 "그 저주받을 발견"이라고 중얼거렸다 한다. 그러나 그는
절망하지 않고 몇 가지 희망이 실현될 것이라 확신하였다. 그는 기
회가 있을 때마다 대중을 사로잡는 웅변가로 '피리 부는 사나이'와
같았다.

버널은 숱한 화제를 남기고 있다. 그를 못마땅하게 생각한 해군
사관생도 5~6명이 작당하여 버널의 방을 기습하였다. 이들은 버널

의 팔을 잡고 목을 졸랐다. 순간 버널은 날새게 이들을 뿌리치고 빠져 나왔다. 너무 순간적이었기 때문에 버널이 빠져나간 사실조차 몰랐던 사관생도는 서로 뒤엉켜 싸웠다. 그 사이에 버널은 동료를 이끌고 와서 반격을 가했다고 한다. 22년 후 제2차 세계대전 당시 작전 중에 버널은 해군 사관학교 재학당시 싸웠던 해군장교를 순양함 안에서 만났다.

저서 『과학의 사회적 기능』

버널은 세 분야에서 학문적으로 크게 공헌하였다. 첫째, 과학의 사회적 기능, 둘째 과학의 역사, 셋째 결정학이다. 그는 1939년에 『과학의 사회적 기능』을 출판하였다. 원고의 집필은 제2차 세계대전이 발발하기 전부터 시작하였다. 그는 파시즘 국가들이 전쟁을 준비하고 과학의 발전을 방해하며, 살육과 파괴를 위해 국력을 낭비하고 있음으로 과학자들은 반파시즘 운동의 선두에 나서서 활동해야 한다고 주장하였다. 그는 1936년 브뤼셀에서 열린 국제 평화회의에서는 과학 위원회의 사회자로 나섰다. 그는 학문의 자유를 옹호하고, 인류의 행복과 세계 평화를 실현하기 위해 모든 과학자와 일반 시민은 '과학과 사회의 상호관계'를 올바르게 이해하고, 자유와 평화를 위해 파시즘에 대항하여 과감하게 싸워야 한다고 주장하였다.

버널은 과학자에게 사회적 자각을 인식시키기 위해서 방대한 자료를 바탕으로 과학과 사회의 상호관계를 밝히고 과학이 나아갈 길을 제시하였다. 우선 제1부 '과학이란 무엇인가'에서 과학의 현상과 사회의 관계를 분석하고, 현존하는 사회구조가 과학의 성과를 어떻게 탄생시켰고, 오늘날 연구조직이 과학의 자연스러운 발전을 어떻게 질식시키고 있는가를 지적하였다. 이어서 제2부 '과학은 무엇을 해야하는가'에서 과학이 진실로 인류의 복지를 위해서 한없이 진보하는 데는 어떤 변혁이 필요하며, 이 변혁이 수행되었을 때 과학은 무엇을 이룩할 수 있는가에 관해서 기술하였다.

더욱이 버널의 주요 관심사는 사회의 모든 부분에서 비능률의 배제와 계획화였다. 그것은 사회주의로 변혁하는데 필연적인 주요 인자가 과학이라고 주장하였다. 사회의 계획화, 과학화를 위한 사회주의로의 길이라는 굵직한 색깔은 여전히 그에게 변함이 없었다. 하지만 그의 마음속에 있는 사회주의 사회는 사실은 그의 의식으로 보아 현실의 소련 사회와는 관계가 없었다. 결국 일종의 '과학 유토피아'적이었다는 사실을 알 수 있다. 그가 생각하는 당시의 소련의 모습은 이러한 유토피아적 사상으로부터 연역적으로 유도된 환상이었을 것이다.

저서 『역사에서의 과학』

버널은 과학사 분야에서 천재적인 능력을 발휘하여 큰 성과를 내놓았다. 그는 풍부한 상상력과 넓고 긴 안목을 가지고 과학사 연구에 접근하였다. 세계적인 과학사 연구의 길잡이인 그의 저서 『역사에서의 과학』(1952)은 '외적 과학사 연구'의 모델로써 과학사 분야에서 새로운 장을 열어 놓은 기념비적인 저서이다. 과학사에 관한 논의는 그의 주장을 찬성하든 안 하든 결국 이 책을 거치게 된다. 과학사에 관심 있는 사람 치고 이 책을 모르는 사람은 거의 없으며, 또한 과학사에 관한 저서 치고 이 책을 인용하지 않는 책은 거의 없다. 총 4권 1,330페이지에 달하는 이 책을 읽노라면 독자들은 누구나 저자의 해박한 지식과 예리한 통찰력에 놀라지 않을 수 없다.

저자인 버널이 서문에서 밝히고 있듯이, 이 책은 과학을 전공하지 않는 사람들을 위해 옥스퍼드 대학에서 1948년에 행한 강연에서 비롯되었다. 당시의 강연 제목은 '사회사에서의 과학'이었다. 이 책은 '과학과 사회의 상호관계'를 인류의 전 역사에 걸쳐 최초로 분석한 본격적인 저서이다. 즉 과학은 사상, 심리, 정치 등 사회의 모든 영역에 어떠한 영향을 미쳐왔는가, 또 거꾸로 사회제도는 과학의 발전을 어떻게 촉진시켜 왔고, 어떻게 제약해 왔는가를 다루고 있다. 따라서 이 책은 사회사와 유기적 연관 속에서 과학사를 추적하고 있는 외적 접근방법의 모범이라 할 수 있다.

버널의 이러한 접근방법의 밑바탕에는 무엇보다도 저자의 직접적인 경험이 깔려있다. 그는 전시와 평화시에 여러 실제적인 작업에 참여했기 때문에, 과학과 사회와의 상호관계에 대해서 누구보다도 잘 알고 있었다. 또한 그의 활동 경력과 저서에서도 알 수 있듯이, 그는 일생동안 줄곧 과학과 사회와의 상호관계라는 문제에 관심을 가지고 있었다.

결정학 연구

버널의 과학자로서의 업적은 아미노산 및 펩티드 구조의 해명(1931), 스테로이드 호르몬의 구조의 해명(1930년대), 단백질(펩신)에 관한 최초의 X선에 의한 결정학 연구(1934), 담배 모자이크 바이러스의 섭유니트(subunit)의 발견(1937), 생명의 기원에서 점토의 흡착작용의 중요성을 주장하였다.(1949)

그러나 무엇보다 버널의 과학에 대한 큰 공헌은 우수한 많은 연구자에게 자극을 주고 그들을 육성한 점에 있다. 그는 1927년에 케임브리지 대학에서 구조 결정학 강사로서 자리를 잡았고, 1937년에는 런던대학에서 결정 물리학 연구실을 운영하였다. 이 연구실에 호지킨, 크릭크를 비롯하여 많은 과학자가 모여 있었다. 호지킨, 크릭크는 분자 생물학 분야에서 꽃을 피웠다. 데이비-페러데이 연구소에는 나이 많은 물리학자 브래그를 위시해서 여러 젊은이들이 그룹을 형성하고 있었다. 이들은 후에 결정학이나 생물 물리학 분야에서 지도자가 되었다.

1927년 케임브리지 대학은 캐빈디쉬 연구소에 결정학 강사 제도를 도입하였다. 그 때 버널은 그의 비범한 지식이 인정되어 이곳에서 연구를 시작하였다. 그후 10년간 케임브리지 교단에서 강의를 하였다. 그러나 칼리지의 평의원이 된 일은 없었다.

버널은 물리학과 화학을 생물학과 접목시킨 중심 인물이다. 이 변혁이야말로 케임브리지 대학에 복귀하기 수년 전까지 그의 학문적 세계의 기본 과제였다. 그리고 그것은 그의 생애에서 시종일관한 한 가지 목표와 방향, 그리고 계획이었다. 즉 생명의 물리적 구조를 확인하는 일이었다. 그는 결정학 연구를 바탕으로 물질구조를 탐구하는 유력한 수단을 이미 터득하고 있었으므로, 이 방법을 생물학적으로 중요한 물질, 특히 아미노산, 스테로이드, 비타민 등의 연구에 적용시켰다.

또한 버널은 물에 관심을 두고 있었다. 대부분의 생물체가 물로 되어 있기 때문이다. 그리고 단백질과 바이러스로 연구를 옮겼다. 분자 생물학의 실마리가 여기서 풀렸다. 그는 자신의 방법을 적용했을 뿐 아니라 다른 과학자에게 물리학적 방법을 도입시키는 데 지도적인 역할을 하였다. 다시 말해서 러더포드의 캐빈디쉬 연구소와 홉킨즈의 생화학 연구소의 중매자였다.

변함없는 소신

버널은 응대한 이성의 소유자였다. 그 기질과 정열 때문에 그는 자기 자신의 정력을 과학 이외의 활동에 너무 쏟았으므로 학문 연구에서 방해를 받았다. 그래서 받아야할 보상을 받지 못하였다. 그는 1937년 바베크 칼리지의 물리학 교수의 자격을 획득했고 학사원의 '로이얼 메달'을 받았다. 그리고 외국의 많은 과학아카데미 회원의 명예도 가지고 있었다. 만약 그가 다른 곳에 정열을 쏟지 않았더라면 더 많은 논문을 쓸 수 있었고, 동시에 더 많은 명예가 안겨졌을 것이다. 물론 그 자신도 이런 일을 잘 알 고 있었다. 친구들이 그에게 얼마간 충고를 해보았다. 그러나 버널은 사심이 없고 다른 사람을 위해서 희생하고 있다는 사실을 친구들도 모두 알고 있었다.

버널이 주위 사람들에게 영향력이 컸던 까닭은 그의 정치적 헌신이 있었기 때문이었다. 그의 막스주의는 요지부동이었다. 그는 지성으로 한번 확신하면 최후까지 자기 소신을 지킬 줄 알았다. 1930년대의 그는 케임브리지 대학에서 확고한 신념을 지니면서 경험을 중시하는 영국 사람중의 영국인이었다. 모두가 그렇게 생각하는 것은 아니지만 그는 부드러운 인간으로 이기심이 없었다. 물론 때로는 거만하기도 하였다. 그는 친구들의 행복을 남달리 기원하였다.

버널은 매우 성급한 사람이다. 친구의 불행한 일에 대해서는 자기 일처럼 신경을 곤두세웠다. 또한 누군가가 고민하고 있을 때도 이를 해결하려고 맨 앞장서는 사람이다. 그야말로 진실하게 해결해 주려는 특급 해결사였다. 그는 동료 중에서 때로는 가장 용감하였다. 그의 상상력은 매우 폭 넓고 분명히 뛰어났다. 그는 여러 면에서 걸출한 인물이었다.

버널이 학문, 정치, 사회에 대한 장래 예측이란 면에 미친 영향력은 대단하였다. 그가 주동이 되어 창립한 10명 정도의 학문 중심의 작은 모임에서도 항상 앞에 나섰고, 공식 석상에서 이야기 할 때는 학생들의 인기가 대단하였다. 그는 동양 과학사가인 영국의 니덤을 비롯한 많은 과학자들과 어울렸다. 특히 사회사상 면에서 역량이 뛰어났다.

누구나 인정하듯이, 버널은 절대적인 능력을 지닌 과학자였고 이는 의심할 필요가 없다. 1930년대 초기의 케임브리지 대학과 같은 전문 분야로 분화된 대학에서는 일류가 되지 못하면 그곳에 오랫동안 머물러 있지도, 존경받지도 못한다. 당시 러더포드를 위시해서 물리학자 채드윅, 카핏자, 블래킷 등이 캐빈디쉬 연구소에 있었고,. 홉킨스와 디락도 있었다. 또 하디와 같은 순수 수학자도 그곳에 있었고 비트켄슈타인, 케인즈도 있었다. 버널은 바로 이러한 사람들과 어깨를 나란히 할 수 있었다.

9

정치이념을 무너뜨린 과학자들

감옥에서 처형된 유전학자 바비로프
옛 소련 민주화의 기수 사하로프
천안문 사건의 주역 황리찌

감옥에서 처형된 유전학자 바비로프

세계적인 옛 소련 유전학자

옛 소련의 과학자 니콜라이 바비로프(Nicolai I. Vavilov; 1887~ 1943)는 생물학과, 유전학, 그리고, 농예화학뿐 만이 아니라 지리학, 민족학, 그리고 역사학에서도 특별한 지식을 지닌 사람이다. 생물학 분야에서 그의 업적은 유전학의 국제학술지인 『유전』의 표지에 다윈, 린네, 멘델, 모건 등과 같은 생물학 분야의 거인과 나란히 그의 이름이 오랜 세월에 걸쳐 실린 것으로 보아도 충분히 알 수 있다.

1920년 바비로프는 유전적 변이에 대한 상동계열의 법칙을 확립하고 자신의 유전학 이론을 이용하여 재배식물의 기원과 식물의 면역에 관한 이론을 연구하였다. 그는 자신의 이론을 구체화하기 위해서 러시아 농예화학 연구소(VIR)를 설립하고, 재배식물의 종자를 수집하고 보존하는 의미가 있는 활동을 국제적으로 펼쳤다. 그는 종자를 수집하기 위해 세계 60개국 이상을 여행하였다. 1929년 중국, 일본, 그리고 한국을 거쳐 고국으로 돌아갔다.

재배식물의 기원을 밝히기 위해서 끊임없이 종자를 수집한 바비로프는 여행의 성과를 『재배식물의 기원』, 『재배식물의 유전자 전파에서 지리적 법칙』, 기타 저서로 정리하였다. 1940년 농예연구의

308

수집 표본은 20만점을 넘어섰고, 거기에다 450종 이상의 새로운 재배식물의 품종을 추가하였다.

제2차 세계대전 중에 농예학 연구소의 연구원들은 독일 군에게 포위한 가운데에서도 레닌그라드에 남아 수집품을 관리하였다. 9백여 일에 걸친 독일군의 미증유의 봉쇄로 시민들은 극심한 식량부족으로 허덕이었고 약 1백만 명의 시민이 굶주림으로 죽어갔다. 사실상 농예학 연구소의 수집품 중에는 식량이 될만한 곡류의 종자가 수십 톤 포함되어 있었다. 하지만 농예연구소의 연구자들은 굶주림을 눈앞에 두고서도 먹을 수 있는 종자의 포대에 손대는 일없이 완벽하게 보관하였다. 레닌그라드 봉쇄 중 수집 부문에서 일하던 117명의 연구자와 직원이 굶어 죽었다. 현재 농예연구의 수집품은 유네스코로부터 귀중한 재산으로 인정받고, 이를 보존하기 위한 국제재단이 만들어져 있다.

바비로프가 창설한 농예학 연구소에 해외로부터 많은 과학자가 연구를 위해 방문하였다. 예를 들면 X선 조사에 의한 돌연변이의 연구로 노벨상을 받은 미국의 유전학자 마라는 약 5년간에 걸쳐 바비로프와 함께 연구하였다. 바비로프가 국제적으로 어느 정도 높이 평가되었는가에 대해서는 1939년에 영국의 에딘버러에서 개최된 제7회 국제유전학회의 회장으로 바비로프가 선출된 것만으로도 넉넉히 짐작할 수 있다. 그러나 이념 관계로 그를 체포하라는 명령이 이미 내려져 있었기 때문에 그는 출국하지 못하였다.

유전학을 둘러싼 이념 논쟁

혁명 직후 옛 소련에서는 전문가로서 아무런 능력이 없어도 노동자, 농민 계층의 출신이라면, 당국의 압력으로 석사논문의 준비를 위해 농예학 연구소에 들어올 수 있었다. 그들의 일부는 정치적인 상황만을 살피면서 연구 대신 음모를 꾸미고 밀고를 일삼았다. 바비로프가 체포되었을 당시, 내무인민위원회(KGB의 전신)에 바비로프에 대한 무수한 밀고가 들어와 있었다. 그러나 이것들은 모두가 허위로 조작된 것에 불과하였다.

사실상 농예연구소의 핵심 연구자는 혁명교육을 받은 사람들이었다. 당시 멘델 유전학은 사회주의 이념과 맞지 않았으므로 바비로프를 '부르조아 과학자', '귀족 식물학자'라고 비판하는 글이 신문이나 잡지에 실렸다. 심지어 유전학을 '부르주아적 과학'이라 비판하는 글도 나왔다. 이 무렵 볼셰비키 지도부는 바비로프의 이론을 대신할 이론을 강력하게 요구하고 있었다. 이에 앞장 선 사람이 농학자인 루이센코였다. 그는 1929년 파종전에 종자를 단계적으로 온도를 조절하여 처리함으로써 보리의 생육을 촉진시킨다는 이론을 주장하였다.(춘화처리 이론) 그의 이론은 충분한 검증을 받지 않은 채 부르조아 유전학에 대항하는 '사회주의 유전학'으로서 곧 바로 전국적으로 수용되기 시작하였다.

당시 농민 중에서 비교적 부유한 계층(농민 세대의 10%)은 볼셰비키당에 의해서 철저하게 무너졌고 나머지 농민은 집단농장으로 쫓겨났다. 이 때문에 가축의 수나 농산물의 수확고가 점차 격감하였다. 따라서 종자를 포함한 모든 곡물류가 압수 당하고 주요 곡창지대에서 비참한 기아 현상이 일어났다. 따라서 당에서는 생산성을 높이기 위해서 빠른 시일 안으로 새로운 품종을 만들어내도록 과학계에 강력하게 요구하였다. 하지만 과학자들은 루이센코의 이론을 외면하였다. 이 때 루이센코는 비협조적인 유전학자들을 소리 높여 비판하였다. 그리고 독재자 스탈린이 루이센코를 신임함으로써 그는 권력을 등에 업고 또한 정치적 위신과 권한으로 유전학자를 탄압하였다. 이를 기회로 삼아 루이센코는 획득형질의 유전 이론을 주장하고 유전자를 부정하는 자신의 이론을 일반화하였다.

바비로프의 체포와 그의 죽음

바비로프는 처음부터 루이센코의 이론이 틀렸다고 생각하였다. 그는 자신이 설립한 연구기관을 지키기 위해 루이센코가 과학아카데미 회원이 되는 데 도움을 주는 등 양보를 거듭하였다. 그러나 이 양보는 배반으로 바뀌었다. 한편 생물학계에서는 루이센코의 실험기술의 조잡함을 비판하고, 생물학 연구의 기본적인 훈련이 결여되어 있다는 소리가 높아졌다. 게다가 바비로프는 루이센코가 주장하는 '과학적인' 연구를 전문적인 입장에서 검증할 것을 제안하였다. 그러나 루이센코는 이는 국가 범죄의 하나인 방해죄에 해당된다고 생각한 나머지, 스탈린에게 바비로프에 대한 불만을 노골적으로 털어놓았다. 1940년 여름, 재배식물의 종자를 채집하기 위해 정기적인 학술여행을 떠났던 바비로프는 카루바치아 산맥에서 체포되었다.

옛 소련 붕괴 이후, 국가보안위원회에 남아있는 문서를 통해서 체포된 후의 바비로프의 행적이 상세히 밝혀졌다. 그는 체포된 후 옥중에서 『세계 농업 발달사』의 집필을 시작하였다. 그러나 그의 재판은 수 분 안으로 끝났고 사형판결이 내려졌다. 3주 후에 감형이 언도되고 옥중에서 집필을 계속하도록 허락을 받았다. 그는 약 6만 쪽에 이르는 학술서의 저술을 계획하였다.

그러나 볼가강 하류의 사라프나시의 감옥으로 이송될 때. 감형 결정서가 전달되지 않았으므로 바비로프는 사형수의 감옥으로 잘못 이송되었다. 이 곳에서는 외부와의 자유로운 통신은 물론, 산보, 사식, 독서, 특히 비누의 사용까지도 금지되었다. 주위 사람들에게 용기를 주기 위해 바비로프는 자신을 '전 과학자', '전 아카데미회원' (그는 최후까지 자신을 이렇게 불렀음)으로 소개하고, 감옥의 동료들에게 1백 회에 이르는 유전학 강의를 하였다.

바비로프는 불충분한 식사와 열악한 위생상태로 괴혈병에 걸렸고, 1943년 1월에 사망하였다. 그는 공동묘지에 묻혔는데 그가 매장된 장소가 어딘지 지금도 불분명하다. 그의 비운을 알지 못하고 있던 런던의 왕립학회는 1942년 그를 회원으로 선출하였다. 동생인 물리학자 세르게이 바비로프까지도 형의 운명을 모르고 있었다. 스탈린은 세르게이를 과학아카데미 총재로 선출하려고 제안했을 때에 그는 단호히 거절하려 했지만, 만약 취임을 하지 않을 경우, 루이센코나 비신스키(1937년의 정치적인 숙청재판을 지휘한 검찰총장)가 총재로 임명될 것이라는 암시 때문에, 세르게이는 할 수 없이 취임을 결정하였다.

루이셴코의 유전학 말살 정책

루이센코가 시도한 공격으로부터 한 가지 분야, 즉 유전학을 제외하고 세르게이는 과학아카데미를 구출하였다. 1945년 루이센코는 스탈린의 승인 아래 러시아 유전학을 파멸시켰다. 약 3천명의 생물학자가 연구실에서 쫓겨났다. 유전학 연구는 끊기고 그에 관한 교육까지도 금지되었다. 유전학 학술서적이나 교과서는 출판되지 않았고, 그 뿐 아니라 도서관에서 한 권의 책까지 제거되어 버렸다.

자연과학 중에서 전면적인 파괴를 면한 것은 수학, 물리학, 화학, 지질학뿐이었다. 이들 분야가 무사히 남았던 주된 이유는 물론 국방상의 중요성 때문이었다. 특히 원자력이 활발하게 연구되었던 시대였으므로 물리학자들은 지배체제에 대해 어느 정도 강한 입장을 취할 수 있었다. 물리학자들은 최저한의 정신적 자유를 획득한 최초의 옛 소련의 시민이었다. 아카데미 회원인 물리학자 사하로프가 반체제 입장에 서서 전체주의에 대한 정신적 저항의 바탕이 된 것은 청년시절 그가 핵무기 개발의 과학자 그룹에 속해 있었기 때문이다.

옛 소련 민주화의 기수 사하로프

군사 금속학을 전공한 공학도

옛 소련의 핵 물리학자 안드레이 사하로프(Andrei D. Sakharov, 1921~1989)는 피아니스트 겸 작곡가였던 아버지와 체육 교사였던 어머니 사이에서 2남 중 장남으로 모스크바 근교에서 태어났다. 그의 어린 시절은 볼셰비키 혁명 직후의 비극과 잔혹함, 그리고 테러로 얼룩진 때였다. 그는 고교를 졸업한 후, 1938년 모스크바 대학에 진학하여 '군사 금속학'을 전공하였다. 독일과 전쟁이 시작된 당시 심장이 약한 그는 병역이 면제되었다. 1942년에 대학을 우등으로 졸업했으므로 대학에 남아 연구를 계속하라는 대학 당국의 권유를 거절하였다. 그는 전쟁에 공헌하고 싶었던 것 같다.

사하로프는 볼가강 근처에 있는 폭약 공장에서 당시 생산되고 있던 탄환의 심지를 발화시키기 위한 자기 장치를 발명하였다. 이 공장에서 그는 22세의 위히레버를 만나 결혼하였다. 또한 그 무렵 사하로프는 몇 가지 물리학 문제를 대담한 생각으로 해결했고, 그 때문에 아내를 통해서 모스크바 대학의 레베데프 물리학 연구소에서 연구하고 있던 물리학자 이고르 탐과 알게 되었다. 1945년 초기 사하로프는 탐과 함께 대학원생을 지도하기 위해서 정식으로 모스크바에 초청되었다.

그해 8월 어느 날 아침, 그는 빵을 사러 거리에 나갔다가 히로시마에 원자폭탄이 투하되었다는 신문 기사를 읽는 순간 현기증을 느끼면서 이렇게 예감하였다 한다. "나의 운명, 그리고 다른 많은 사람들의 운명, 아니 전 세계의 운명이 하루 밤사이에 변할 것이다."

핵무기 개발에 참여

원폭 개발계획에 대한 이론적 연구의 지도자격인 뛰어난 물리학자 야코브 젤도빗치는 탐에게 수소폭탄의 잠정적인 설계도를 넘겨주었다. 핵융합을 위해서는 양전기를 띤 두 원자핵이 반발하는 힘보다 더욱 큰 힘으로 두 원자핵을 충분히 접근시켜야 한다. 그리고 이를 가능하게 할 수 있는 것은 원자핵 분열 반응(원자폭탄) 시에 생기는 거대한 에너지뿐이다.

이처럼 핵융합의 점화 방법으로서 핵분열 에너지를 이용한다는 생각이 사하로프에게 떠올랐고, 특히 중수소를 폐쇄된 공간에서 열핵융합 반응을 일으키는 생각이었다. 이 '슈퍼 폭탄'의 개발계획은 미국의 과학자들에 의해서 이미 연구되고 있었는데, 이 정보는 놀랍게도 영국의 물리학자로서 간첩이었던 훅스에 의해서 1945년 옛소련의 정보기관에 전해졌다.

사하로프는 수소폭탄 제조에 필요한 이론 물리학과 공학 양쪽에 정통하고 있었다. 그는 연구 팀 중에서는 젊은 편이었으나 이미 "스로이카"(구형층)라 부르는 당시까지의 수소 폭탄과는 근본적으로 다른 수소폭탄의 설계를 제안한 바 있었다. 스로이카는 둥근 모양으로서 중심에 원폭이 놓여져 있고 원폭의 주위에는 중수소가 겹겹이 둘러싸여 있다. 먼저 중심에 있는 원폭이 폭발하고. 그때 방출되는 에너지가 막대한 압력을 생성시켜 중수소의 핵을 융합시킨다.

옛 소련에서는 이 과정을 "삭카리제션(달게 한다)"이라 불렀다.

한편 1950년 미국의 과학자들은 수소폭탄의 설계에 실패하였다. 그러나 뉴멕시코의 로스 아라모스 연구소의 우람과 물리학자 테러가 곧 다른 설계를 생각해냈다. 이렇게 해서 열 핵융합반응을 일으키는 무기, 즉 수소 폭탄의 개발경쟁이 시작되었다.

사하로프는 핵융합의 물리학에 매료되어 있었지만 그 보다도 애국심에서 폭탄의 완성을 열망하고 있었다. 그는 전략적 '균형'과 '핵 억제력'으로 핵전쟁이 일어나지 않을 것이라 믿고 계획에 더욱 열을 올렸다. 사하로프는 "상상할 수 없는 파괴력과 계획의 규모, 전쟁 후에 빈곤과 기아로 고생하고 있음에도 불구하고 국가가 계획에 투자한 거액 … 그것들 모두가 우리들의 열정에 불을 붙이고 최대의 노력을 하도록 고무하였다. 실험에서 피해가 생기는 것은 분명하겠지만 쓸데없는 짓은 아니라고 생각하였다. 우리들은 마치 전시에 생기는 심리로 이를 착수하였다"고 당시를 회고하였다.

1948년 6월, 노벨 물리학상을 받은 바 있는 사하로프의 지도교수 탐은 사하로프를 비밀리에 불러 "당 중앙 위원회와 내각이 특별 연구팀을 구성하도록 지시했는데, 그 팀에 자네가 참여하게 되었다"고 통보하였다. 이 특별 연구팀의 책임자는 탐 교수로서 수소폭탄 제조의 가능성을 연구하기 시작하였다. 사하로프에게는 거부할 선택권이 없었지만, 한편으로 핵융합에 관해서 호기심도 가지고 있었다.

사하로프가 연구소에서 연구한 지 얼마 후에 핵융합에 관한 비밀보고서(사하로프 1호)를 제출하였다. 그는 수소폭탄의 개발 과정에서 수많은 인류가 희생당할 것을 인식하고, 이 폭탄은 다만 '전쟁을 억제'하는 데만 쓰여야 한다는 굳은 신념을 지니고 있었다. 그는 1950년 모스크바에서 멀리 떨어진 비밀도시의 실험실로 옮긴 뒤부터 외부와 완전히 격리된 채 18년을 지냈다. 비밀 실험실은 초현대적 과학시설과 강제 수용소를 겸한 형태의 것이었다.

1953년 8월 12일에 일어났던 일

수소폭탄 실험이 최초로 실시되던 1953년 8월 12일, 사하로프는 실험 장면을 아무 생각 없이 바라보았다. 폭발하는 순간에 회색으로 바뀐 구름은 지상에 오렌지 색깔의 희미한 빛을 남기면서 회오리바람처럼 치솟았다. 충격파가 귀를 스치고 바람이 맹렬하게 몸 전체에 몰려오면서 불길한 저음이 울려 퍼지다가 30초가 지나 점차 사라졌다. 그 때 구름은 절반쯤 사라지고 보기 싫은 청색으로 변하고 있었다.

이 장면은 그 날에 일어났던 일로서, 사하로프가 "수소 폭탄의 아버지"가 되던 날이었다. 그는 방호복 차림으로 여러 정부 직원과 함께 자동차를 타고 폭심 지역으로 향하였다. 그 곳으로 가는 도중 독수리 한 마리가 도로 위에서 허우적거리고 있었다. 그리고 자동차가 멈추었다. 독수리 날개는 지독하게 그을려 있었다.

핵실험 때문에 수 천 마리의 새가 죽었다. 사하로프는 회고록 중에 "폭발의 섬광이 일어났을 때 춤추듯 날아갔던 독수리는 땅위로 떨어지고 화상을 입어 참아 눈으로 볼 수 없었다"고 그 때를 회상하였다. 핵실험의 희생자들에 대한 생각은 그에게 깊어만 갔고, 결국 그의 머리 속에서 떠나지 않았다.

더욱이 파괴력 있는 수소폭탄을 실험할 때마다 생기는 강한 방사성 물질이 얼마나 많은 사람들의 생명을 희생시킬지 그는 고민하였다. 그는 불필요한 실험은 하지 않도록 하기 위해서 당국에 여러 번 의견을 내놓았지만 별 다른 성과가 없었다. 결국 그는 자신이 개발한 핵무기를 자신이 거의 관리할 수 없다는 사실을 실감하였다.

사회주의 노동영웅훈장을 받은 사하로프

사하로프가 수소폭탄의 개발자로부터 인권 옹호자로 변신한데 대해서 이미 많은 말들이 있었다. 그가 1989년에 타계한 후, 러시아 국립 공문서관은 사하로프 자신이나 그의 업적에 관한 많은 비밀문서를 공개하였다. 현재 그것들은 모스크바의 '사하로프 문서관'에서 볼 수 있다. 이러한 문서나 사하로프의 저서를 통해서, 그가 '전향'한 이유를 간추려 보면, 핵무기 개발계획이 직접적인 원인이라는 사실을 엿볼 수 있다.

오랜 동안 사하로프는 핵무기가 옛 소련의 군부를 튼튼히 하고 미국으로부터의 침략을 방위하기 위해 불가결한 것으로 생각해 왔다. 그런데 그가 그러한 생각을 바꾸게 된 것은 새로운 윤리관에 눈을 뜬 때문이 아니고, 그가 군비 경쟁에서 정부에 협력했듯이 그의 애국심이나 정의감이 변하지 않고 지속된 결과 때문이었다.

1950년 3월 사하로프는 수소폭탄 제조에 관련된 사람들만이 살고 있는 비밀도시 알더머스 16에 파견되었는데 그에게는 선택의 여지가 없었다. 그는 이 시설이 모스크바로부터 500킬로미터 떨어진 곳에 있고 죄수들에 의해서 건설되었다는 것을 알고 있었다. 그 장소는 낡은 수도원이 있는 옛 마을이었다. 마을 전체는 철조망으로 둘러져 있고, 지도상 어느 곳에서도 찾아 볼 수 없다. 그 곳은 관계자 사이에서 "알더머스 16"이라는 암호로 불려졌다. 핵 물리학자 세르노빗치는 이미 알더머스 16에서 연구에 몰두하고 있었고, 물리학자들은 폭탄 설계에 관해서 언제나 상세히 토론하였다.

사하로프는 옛 소련 과학아카데미의 32세의 최연소 회원으로 선출되었다. 그는 스탈린상과 사회주의 노동 영웅 훈장도 받았다. 당시의 지도자들은 그에게 큰 기대를 걸고 있었다. 단순히 그가 뛰어나서가 아니라 물리학자 사르도빗치나 긴스브르그와 달리 그는 유태인이 아니며, 또한 탐과는 정치상의 문제가 없었기 때문에 당시 지도부는 큰 기대를 걸고 있었다.

갈등의 심화

1952년 11월 미국과, 1953년 8월 옛 소련은 수소폭탄을 각기 실험하였다. 그러나 폭발로 인한 강한 방사성 강하물은 실험지역을 넘어 주변의 주민에게 넓게 영향을 미칠 것이라는 사실이 지적되었다. 그러므로 옛 소련의 과학자들은 곧 미국의 자료를 바탕으로 수소폭탄을 실험할 때, 방사성 강하물이 떨어지는 범위를 분석하였다. 그 결과 수천 명을 피난시키지 않으면 안 되었다. 사하로프는 이런 사실을 정부 당국에 보고했지만 어느 정부 직원은 우려를 하는 사하로프에게, 이러한 작전으로 20~30명이 죽은 것은 할 수 없지 않느냐고 말을 하였다.

1953년 첫 번째 수소폭탄 실험에 성공한 그 해에 스탈린이 사망하자, 스탈린의 정책에 동조했던 사하로프는 충격을 받았다. 그리고 차츰 회의를 느끼기 시작하였다. 그것은 권위주의적인 권력구조와 폐쇄된 사회 속에서 자신과 국민이 살고 있다는 사실을 뒤늦게 알게 되었기 때문이었다.

1957년 7월, 다시 수소폭탄의 실험에 착수하면서 사하로프 팀은 미국의 블랙 북(Black Book, 핵폭발 효과에 관한 기록을 담은 지침서)에서 찾아낸 폭발의 위력과 기후, 토양 등에 미치는 방사성 물질의 강하 범위를 산출하였다. 그리고 핵 실험장 주위의 주민 수만 명에 대한 소개작전을 벌였다. 실험은 성공리에 마쳤으나 실험이 끝난 8개월이 지난 후에서야 주민들은 고향으로 돌아올 수 있었다.

알더머스 16에서의 생활은 다른 곳과는 달리 매우 자유롭게 정치에 관한 토론을 할 수 있었다. 그리고 그들은 철의 장막 밖 서방

세계의 과학자들이 정치와 사회에 어떻게 영향을 미치는가를 보여
주는 『원자 과학자보고』와 같은 서방측 잡지를 입수할 수 있었다.
그 잡지는 주로 핵에너지의 사회적 중요성과 서방 세계의 과학자들
이 핵에너지를 민간을 위해서 어떻게 이용하고 있는가를 소개하는
내용을 다루고 있다.

사하로프를 감동시킨 과학자는 미국의 망명 물리학자 레오 질러
드였다. 그는 미국 정부에 원폭 개발의 동기를 부여한 사람이었지
만, 후에는 핵무기에 대한 비판자였다. 또한 사하로프는 아인슈타
인, 보어, 슈바이처 등의 정치에 관한 논문도 읽었다. 분명히 그것
들은 사하로프에게 적지 않는 영향을 주었을 것으로 생각된다.

알더머스 16의 관리 책임자가 1954년에 기록한 메모에 의하면,
사하로프는 유능한 과학자였지만 정치에 관해서는 별로 관심이 없
었다 한다. 예를 들어 그는 알더머스 16의 입법기관인 인민평의회
의 위원으로 입후보하도록 권유를 받았지만 이를 사양한 것으로 보
아, 그는 정치에 별로 관심이 없었던 것으로 보인다.

1955년 11월, 옛 소련은 무제한급 수소폭탄의 실험을 단행하였
다. 이 때 폭발에 의한 충격파는 멀리 있는 참호를 무너뜨려 군인
한 사람이 죽었고, 건물이 부서져 어린이 한 명이 죽었다. 이 사실
이 사하로프에게는 매우 중요시 여겨졌다. 그 날 밤축하연에서 축
사를 부탁을 받은 사하로프는, "우리가 만든 장치가 오늘 실험에서
보였듯이 모두 잘 폭발된 듯 싶다. 그러나 그 장소는 도시가 아니
라 실험장에서 끝나기를 기원한다"고 말하였다.

사하로프가 축사를 마치자, 한 군 고위 장성이 말하기를, "한 노
인이 인도해 주십시오. 저를 강하게 해 주세요 라고 신에게 기도를
하자, 곁에 있던 마누라가 당신은 그저 강하게만 해달라고 하세요.
인도는 내가 할 테니"라는 농담을 꺼냈다. 이 이야기는 사하로프에
게 큰 충격을 주었다. 군 고위 장성의 말은 농담이 아니었다. 무기

의 개발은 과학자들이 하지만, 그의 사용은 군이나 당에 의해서 좌우된다는 뜻을 담고 있었다. 이것은 사하로프에게 자숙을 촉구하기 위한 충고 발언이었다. 이날 받은 충격은 사하로프에게 사상의 전환을 가져오게 한 계기가 되었다.

사하로프의 설득과 핵 실험 금지

여러 차례의 수소폭탄 실험을 계속하는 동안, 사하로프는 핵폭발 실험으로 누가 희생당할지 점차 염려스러워졌다. 그는 핵실험의 결과로 세계에서 얼마나 많은 사람이 암에 걸리고, 돌연변이로 피해를 받는가를 계산하기 위해서 유전학을 연구하였다. 그는 입수 가능한 생물학적 데이터에 바탕을 두고서 대기권 안에서의 수소폭탄의 실험은 인류에게 유해하다고 결론을 맺었다. 그는 이를 1958년에 옛 소련의 잡지 『원자력』에 발표하였다.

당시 옛 소련 수상안 후르시쵸프는 1958년 3월, 핵실험 금지를 일방적으로 돌연 발표하였다. 그것은 사하로프의 핵실험의 결과에 대한 논문이 후리시쵸프의 정책에 영향을 미쳤기 때문이었다. 하지만 사하로프는 정치적 이념에서 발표한 것은 아니었다. 한편 같은 해 미국의 핵 물리학자 테러는 『핵의 미래』라는 제목으로 책자를 출판하였다. 거기서 그는 미소 양국의 수소폭탄 연구자들의 다수의 의견을 소개하였다. 그러나 테러는 사하로프처럼 우려를 표명하지 않았다. 테러는 핵실험에서 생기는 방사선은 우주선이나 의료검사와 같은 방사선원의 1% 정도에 불과하다고 계산하였다.

이에 반해서 사하로프는 핵실험에 의한 방사선은 수명을 2년 정도 단축할 수 있고, 핵실험은 대도시의 상수도원에 병원균을 쏟아 붓는 것처럼 전 인류적 범죄행위라 믿고 있었다. 1메가톤 급 핵실험은 방사능 오염으로 1 만명의 희생자를 초래하며, 따라서 1957년

320

까지 실시된 50메가톤 핵실험은 50만 명의 인명을 희생시킬 것이라 생각하였다.

핵실험의 재개와 핵실험 금지조약의 체결

핵실험이 거듭될수록 사하로프의 걱정은 날로 커져갔다. 이 때문에 결국 흐루시초프와 정면 충돌하였다. 흐루시초프는 핵실험을 재개한다는 계획을 발표하였다. 이는 모두가 정치적인 것이었다. 이에 대해 사하로프는 핵실험 재개가 무익하다는 의견을 제시하였다. 그리고 다음과 같은 요지의 메모를 흐루시초프에게 보냈다.

현 시점에서 핵실험의 재개는 미국만을 도와주는 격이 된다. 미국은 우리의 실험결과를 자신들의 핵 기술을 향상시키는데 이용하기 때문이다. 따라서 핵실험 재개는 핵실험 금지협상과 군축 및 세계평화를 크게 방해할 것으로 생각된다는 내용이었다. 이에 대해서 흐루시초프는 만찬회에서 우리는 미국을 앞설 수 있으며, 우리보다 미국은 머리가 나쁜가 라고 반문하면서, 사하로프는 과학을 넘어서 주제넘게 정치에 대해서 아는 척 하고 있다고 흥분하였다.

1962년 가을, 옛 소련은 사상 최대의 폭발력을 지닌 두 가지 유형의 핵실험을 동시에 준비하였다. 그러나 사하로프는 한 가지만으로 실험의 목적을 달성할 수 있다고 흐루시초프를 설득하려 하였다. 그러나 그의 설득은 실패하였다. 그 날 사하로프는 죄책감과 무력감에 젖어 책상 앞에서 울었다고 한다. 그러나 그의 설득은 그 후 큰 성과가 있었다.

한편 미국과 영국이 핵실험을 계속하자 이에 격분한 후르시쵸프는 5개월 후에 핵실험 재개를 명령하였다. 사하로프는 또 희생자가 생길 것이라고 고민하였다. 그는 원자력 계획의 지도적인 지위에 있던 그루챠토프를 설득하고, 후르시쵸프를 방문하여 컴퓨터에 의

한 시뮬레이션이나 한정적인 실험, 그리고 다른 모델을 이용 할 경우에 핵실험을 할 필요가 없을 것이라고 설명하였다.

그러나 후르시쵸프는 이에 동의하지 않고 또한 충고도 받아들이지 않았다. 사하로프는 1961년 후르시쵸프가 핵실험 동결을 해제하고 실험을 재개한다고 발표했을 때도 같은 일을 시도해 보았다. 그러나 후르시쵸프는 분개하고 사하로프에게 정치는 정치 전문가에게 맡기라고 쏘아 부쳤다.

그런데 놀라운 일은 1563년, 사하로프가 가장 위험하다고 생각했던 대기권내의 핵실험 금지 제안이 옛 소련 당국에 받아들여져, 그해 미국은 모스크바에서 부분적 핵실험 금지조약에 조인하였다. 사하로프는 자신이 그 실현에 노력한 것을 무척 자랑스럽게 생각하였다. 대기권내 핵실험이 정지된 뒤에 그의 유해성에 관해서 염려하지 않아도 되었다. 점차 그의 관심은 주로 두 방향으로 향하였다. 우선 과학에서의 윤리적인 관심이 정치적인 관심으로 옮겨졌다. 핵무기 개발계획에서 자신은 이제 필요 없게 되었지만, 자신이 이에 관여하고 있는 것이 핵무기 정책에 수정을 가하는 데 중요하다고 느끼기 시작하였다. 또 한편으로 그는 처음에 정열을 쏟았던 순수 물리학을 다시 연구하는 시간을 가졌다.

반체제 운동

1966년 사하로프는 옛 소련 정부 당국에 보내는 편지에 공동서명하였다. 그 편지 첫 페이지에 사하로프는 탄도탄 요격미사일의 위험성을 쓴 기사를 신문에 게재해 줄 것을 부탁했는데, 허가되지 않은 데 대해서 과격한 논평을 썼다. 가장 인상적인 것은 그해 12월 인권지지를 호소하는 무언의 시위에 참가하라는 익명의 사람으로부터의 초대를 사하로프가 받아들인 사실이다. 또한 그는 옛 소런 정부에 저항하는 사람들을 격려하는 편지를 보냄으로써 급료가 깎이고 행정적 지위를 잃었다. 하지만 이러한 조치로 그는 모스크바의 인권활동가와 더욱 깊은 관계를 맺게 되었다.

사하로프의 세계관은 점차 급진적으로 변해갔다. 1967년 6월, 그는 정부에 극비의 편지를 보냈다. 미국이 탄도탄 요격미사일 시스템 개발의 일시 정지를 제안했는데, 이것은 옛 소련에서도 이익을 가져올 것이라고 주장하였다. 그것은 신기술의 무기 경쟁을 일시적으로 중지함으로서 보다 핵전쟁을 억제할 수 있기 때문이라 주장하였다.

사하로프가 동봉한 별도의 10쪽 편지는 미국의 과학자들이 매파를 억제하고 있는 것을 돕기 위한 것으로, 옛 소련의 신문에 게재하는 허가를 요구했으나 그 요구는 받아들여지지 않았다. 그리고 그것이 거부됨으로써 사하로프는 정치적 지도자가 세계를 위험으로 빠뜨리고 있다고 확신하였다.

「진보·평화적 공존 및 지적 자유에 관하여」 출판

1968년에 이르자 사하로프는 20세기의 근본적 문제들을 공개하고 지적해야 한다는 당위성을 절박하게 느꼈다. 이 같은 개인적인 책임 의식은 수소폭탄 개발에 참여했을 뿐 아니라 핵전쟁에 관해서 특별한 지식을 가지고 있으며, 옛 소련 체제에 관해서 누구보다도 잘 알고 있었으므로 한층 강하였다.

1968년은 프라하에 봄이 찾아온 해였다. 사하로프는 결단을 내리고 1968년 초, 『진보·평화적 공존 및 지적 자유에 관하여』라는 제목으로 긴 논평을 쓰기 시작하였다. 그는 알머더스 16에서 비서가 타이프한 원고를 비밀로 하지 않았기 때문에 자동적으로 그 복사본이 옛 소련 국가위원회(KGB)로 넘어갔다. 이 복사본은 현재 모스크바 대통령 공문서관에 보관되어 있다.

이 논문은 핵전쟁의 심각한 위험성과 환경오염, 인구과잉과 냉전과 같은 문제에 관해서도 다루고 있다. 여기서 그는 지적인 자유와 인권은 세계평화의 참된 기본이 된다는 사실을 강조하였다. 자본주의와 사회주의 체제의 상호수렴, 즉 화해가 인류에 대한 위협을 감소시키며, 경제적, 사회적, 사상적 수렴을 통해서 민주적이고 인간적인 다원적 사회를 창출할 수 있다고 논하였다. 또한 스탈린주의의 죄악의 완전한 공개와 의사표현의 자유를 강조하면서, 인류의 미래를 위한 다소 유토피아적인 제안을 하였다.

사하로프는 4월 역사학자 로이 메그베데프에게 이를 보여주고 수정을 받은 뒤에 복사판 10부를 완성하였다. 그리고 6월 중순에 이를 네덜란드 기자에게 넘겼다. 동시에 당시 수상인 브레즈네프에게도 보냈다. 7월 10일에 BBC와 VOA방송은 이 글이 네덜란드 신문에 게재되었다는 사실을 발표하였다. 사하로프는 이 방송을 듣고 주사위는 이미 던져졌다고 생각하면서 매우 기뻐했다고 한다. 7월 22일에는 뉴욕 타임스에, 그리고 곧 세계 각지에서 출판되었다. 1969년까지 1년 사이에 1,800만 부가 출판되었고, 모택동과 레닌의 저서에 이어서 3위의 베스트셀러가 되었다. 한편 이 책은 옛 소련에서 지하 루트를 통해서 널리 읽혀졌는데 불법배포 혐의로 많은 사람들이 처벌을 받았다.

이 일로 인해서 사하로프의 부인은 모든 공적 활동의 제약을 받았고, 그의 딸은 모스크바 대학에서 재적을 당하였다. 그리고 고등학교를 수석으로 졸업했고 수학 경연대회에서 우승을 차지한 그의 아들은 모스크바 대학에 지원했으나 거부당하였다. 이 모든 사실이 당의 지령이었음이 후에 확인되었다.

체제에 대한 비판, 유배, 그리고 복귀

한편 사하로프는 당국의 경고에도 불구하고 서방 기자들과 계속 접촉하면서, 옛 소련 체제를 '폐쇄적 전제 사회'라고 비난하고, 서방 세계는 옛 소련의 군사적 우위를 허용해서는 안 된다고 경고하였다. 이에 대해 옛 소련 내의 지식인들 사이에는 찬반이 엇갈렸다.

1975년 사하로프에게 노벨 평화상 수상이 결정되었다. 옛 소련 당국은 극도로 신경질적인 반응을 보였다. 그는 출국 정지를 당했고 명예 박탈과 유배가 결정되었다. 사하로프의 유배생활이 시작되었다. 방문객은 철저히 감시당했고 경우에 따라서는 반국가 행위로 간주되어 방문객 중에는 5년 동안 강제노동 수용소에서 생활한 사람도 있었다. 방문객은 반드시 당국의 허가를 받아야만 하였다.

한편 그 동안의 연구 기록과 일기, 그리고 회고록 등을 넣어둔 가방을 탈취 당하였다. 기억을 되살려 1,400매 정도의 원고를 탈고했지만 또 다시 도난을 당하였다. 그는 단식투쟁을 시작하였다. 유배에 대한 항의와 거주의 자유를 위한 투쟁이었다. 한편 옛 소련 체제에 대한 비방이라는 죄목으로 부인도 5년 유배형을 받았다. 이 때문에 다시 단식투쟁을 하기 시작하였다. 당국은 강제급식을 실시하였다. 체중이 17킬로그램 줄었다. 당국은 영양제를 주사하였다.

1986년 10월 사하로프는 고르바초프 서기장에게 두 번에 걸쳐 편지를 보냈다. 이 편지에서 자신은 법을 어기거나 국가 기밀을 누설한 일이 없는 데도, 재판 절차조차도 없이 불법으로 유배되고 또한 부인도 감금상태에 있다고 하소연하였다. 그 해 12월 고르바초프로부터 전화가 걸려왔다. 모스크바로 돌아오라는 허락을 받았다.

1989년 10월 말, 사하로프는 부인과 함께 일본을 방문하였다. 동경, 삿포로, 후쿠오카, 히로시마 등 각지를 방문하고, 히로시마에서는 평화 기념 자료관도 관람하였다. 슬하에 세 자녀를 두었는데 막내는 불과 11세였다. 사하로프는 모든 재산을 암 병원과 옛 소련 적십자사에 기증하였다.

사하로프는 1989년 12월 14일 공산당에 대항할 새로운 정당창설의 문제를 둘러싸고 동료들과 열띤 논쟁을 한 뒤에 집에 돌아와 잠시 눈을 붙였다가 그대로 영면하였다. 68세의 생애를 통틀어 그가 '자유인'으로 보낸 기간은 3년이 채 못되었다. 그 직후 그의 부인도 암으로 사망하였다.

천안문 사건의 주역 황리찌

중국의 엘리트

중국의 과학자 황리찌(Fang Lizhi : 1936~)는 철도 노동자의 아들로서 북경에서 태어났다. 그는 어릴 적부터 총명했고 4살 반쯤 해서 북경 사범대학 부속 초등학교에 입학하였다. 10살에 중학에, 15살에 북경대학 물리학과에 입학하였다. 20살 때 북경대학을 최고 성적으로 졸업하였다.

그 당시 중국에서 졸업생의 진로는 본인의 의사와 관계없이 정부가 결정하였다. 1956년 졸업 후 그는 중국 과학원 근대물리학 연구소를 거쳐 중국 과학기술 대학 이론물리 연구실의 연구원으로 활동하다가, 문화 대혁명 때에는 우파로 비판받아 탄광에서 강제노동에 종사하였다. 명예회복 후 1978년에는 중국 과학기술대학 교수를 거쳐 1984년에는 부학장을 지내다가 민주화를 요구하는 활동으로 북경 천문대로 밀려났다.

결국 황리찌는 천안문 사건으로 미국 대사관에 부인과 함께 피신했다가 1990년에 출국 허가를 받고, 케임브리지 대학, 프린스튼 고등연구소를 거쳐 1992년부터 애리조나 대학 물리학부 교수로 재직하고 있다.

우파로서 겪은 수난

중국에서는 과학자라 할지라도 정치와 무관하다고 말할 수 없다. 황리찌를 포함한 어느 연령 이상의 중국인 과학자, 특히 천문학자와 천체 물리학자는 누구나 그렇게 말한다. 그때 그때의 정부의 방침에 따라서 연구환경이 크게 영향을 받을 때마다, 태도를 분명히 할 것을 요구받아온 그는 아무래도 정치에 민감하지 않을 수밖에 없었다. 특히 1966년에 시작하여 77년에 끝난 문화대혁명은 중국의 과학연구와 교육에 커다란 상처를 남겼다. 사상의 재교육이라는 명목으로 과학자는 탄광이나 농촌에 강제로 끌려가 있었으므로 교육이나 연구 현장으로부터 멀리 떨어졌 있었다. 그 때문에 원래 뒤떨어져 있던 연구는 더욱 후퇴하고 다음을 이어갈 과학자를 생각한대로 육성할 수 없었다.

1955년 핵무기를 개발할 것을 결정한 중국 정부는, 핵물리학을 전공한 우수한 학생 황리찌는 장래가 촉망되는 한 과학자임이 틀림없었다고 판단하였다. 그가 직장에서 최초로 착수한 연구과제는 핵반응에 관한 이론적인 연구였다. 1년 후 중국은 최초로 핵실험을 실시했고, 따라서 그가 소속되어 있던 연구팀도 핵무기 연구제조의 조직의 일부가 되었다.

그러나 황리찌 자신은 핵무기 개발에 참여하지 못하였다. 그것은 자유로이 자기 학설을 발표하고 논쟁을 하는 소위 '백가쟁오(百家爭鳴)가 드디어 시작했기 때문이었다. 그는 당 중앙의 교육제도를 비판하는 장문의 의견서를 제출했기 때문에 '우파 분자'로 몰려 당으로부터 제명되었고, 국가의 중요 정책인 핵무기 개발에서 위험인물로 낙인찍혀 연구팀으로부터 제외되고 말았다. 그러나 우수한 과학자인 점이 고려되어 1958년에는 중국 과학기술 대학 이론물리 연구실의 연구원으로 활동하였다. 그 곳에서 그는 고체물리학과 레이저 물리학을 연구했고, 한편으로 양자역학과 전자기학의 강의를 담당하였다.

문화대혁명의 소용돌이 속에서 황리찌는 당으로부터 제명당한 우파로서 1년간 신병이 구속되었다. 1970년에는 학생과 함께 회남 탄광으로 보내졌고 '노동 개조 생활'을 교육받았다. 이 때 상대성 이론에 관한 책 한 권을 반복해 읽음으로써 물리학을 잊지 않으려 노력하였다. 이 책을 정독한 결과 그의 전공이 고체 물리학에서 우주론 쪽으로 바뀌었다고 그는 술회하였다.

외국에서의 활약

대문화혁명 후인 1978년, 명예와 당직도 회복되어 과학기술 대학 교수로 승진하고, 이해 처음으로 독일 뮌헨에서 열린 국제회의에 참석하였다. 다음 해에는 유럽 각국을 방문하고 그 해 12월부터 6개월간 케임브리지 대학 연구원으로 연구하였다. 그리고 1981년 10월에는 교토대학 기초물리학 연구소의 객원 교수로서 약 4개월간 체류하였다. 1983년에는 이탈리아의 로마대학, 1986년에는 프린스튼 고등 연구소의 객원 연구원을 지낸 뒤, 8월에는 상해에서 열린 국제 천문연합의 심포지엄 공동위원장을 맡는 등 국제적인 과학자로서 기반을 굳혔다.

국내에서는 과학기술 대학에서 천체 물리학연구 그룹을 조직하고 이를 지도하면서 우주론에 관한 논문을 130편 발표하는 등 정열적인 연구활동을 전개하였다. 또한 1984년에는 중국 과학기술 대학 부학장으로 부임한 것 이외에 중국 천문학회 부 이사장, 중국 인력 및 상대론 천체 물리학회 이사장 등의 요직을 맡았다.

체제 비판과 두 번째 제명

해외의 방문은 황리찌가 반체제 민주인권 활동가로서의 길을 크게 내디딘 한 계기가 되었다. 그는 과학자의 습성으로서 오랜 전통에 휘말리지 않고 독자의 생각을 가지고 이를 발표하는 태도를 젊은 시절부터 몸에 익혀 나갔다. 그는 중국 당국에 대해서 이전부터 매우 비판적이었다. 게다가 국외에서 중국을 보는 기회를 여러 번 가짐으로써 그 문제점을 보다 통감하고, 사회를 변화시켜 나가지 않으면 안 된다는 강한 의지를 다졌다.

황리찌는 1980년에 이미 체제에 대한 비판을 시작했고 미국에서 귀국한 뒤인 1968년 11월, 상해의 교충 대학이나 동제 대학에서 행한 강연에서 민주화를 요구하는 의견을 대담하게 털어놓았다. 이러한 강연으로 갈채를 받았고 반체제 활동의 정신적 지도자의 한 사람으로 떠오르기 시작하였다. 그러나 그의 의견은 특별한 것이 아니고 당연한 것이었다. 그것은 당시 사회 상황 속에서 많은 지식인의 생각이 황리찌의 생각과 분명히 같았다. 사상적으로 그는 특별한 의견을 가진 것은 아니며 사회를 변혁시키지 않으면 안 된다고 생각하고 있었다. 어떻게 변화시키는 것이 중국에서 최선의 길인지에 관해서도 특별한 생각이 없었고 지금도 마찬가지이다. 황리찌의 한 동료는, 그 자신은 "내게 다른 사람과 다른 점이 있다면 사람 앞에서 소리를 내는 것이다"고 말하였다 한다.

황리찌의 강연은 학생으로부터 갈채를 받았지만 당국으로서는 목에 가시였다. 1986년 12월 30일, 당의 지도자인 등소평은 "나는 황리찌의 강연을 듣고 공산당 당원으로서는 도저히 말할 수 없는 내용이라고 분명하게 생각한다. 이러한 사람이 당내에서 무엇을 하겠는가. 당을 떠나라는 권고가 아니라 제명하지 않으면 안 된다"고 말하였다. 그는 1987년 1월에 두 번째 제명되었고, 중국 과학기술

대학 부학장에서 북경 천문대의 연구원으로 좌천되었다. 하지만 그후에도 외국에 나가는 것이 허락된 점을 미루어 보아 그다지 큰 일은 아닌 듯 싶다.

"마르크스는 시대에 뒤졌다"

"마르크스는 시대에 뒤졌다", "중국의 인권상태는 소련보다 나쁘다", "투기를 한 중국의 고급간부가 외국의 은행에 예금을 하고 있다. 이것은 공공연한 비밀이다" 등 황리찌는 외국에 나가서 체제비판을 반복하였다. 그는 국제적인 과학자이었으므로 외국의 매스컴의 주목을 끌었다. 본인이 원해서인지 아닌지는 몰라도 결과적으로 민주화 운동의 지도자로서 내외로부터 눈여겨보게 되었다.

1989년 1월 6일, 황리찌는 등소평에게 '정치범 석방요구'의 공개건의서를 제출하고, 그에 동조한 지식인 사이에서 전국적인 서명운동이 일어남으로써 학생 민주화 운동의 도화선이 되었다. 그 자신은 운동 그 자체에는 참가하지 않았다. 같은 해 2월 26일에 중국을 방문한 부시 대통령(현 대통령의 아버지)의 만찬회에 초청되었지만 경찰에 의해 저지 당하였다.

민주화 운동은 그후 다시 드세졌고 5월말에 학생, 노동자, 시민은 천안문 광장을 점거하였다. 그리고 6월 4일 새벽에 계엄군은 광장의 군중을 해산시키기 위해 전차, 장갑차를 출동시켰고 저항하는 학생과 시민에게 무차별 발포하여 많은 사상자가 나오는 참극이 벌어졌다. "학생운동은 자연 발생적인 것으로서 나는 참가를 호소한 적도, 조언도 하지 않았다. 실제로 나는 소동이 일어난 천안문 광장으로 나가지도 않았다. 이런 사건이 일어난 것은 매우 충격적이다"고 황리찌는 말하였다. 하지만 중국 당국은 학생운동을 뒤에서 조종했다는 혐의로 그의 부처에게 체포영장을 발부하였다. 신변의 위험을 느낀 그들은 6월 5일 미국 대사관으로 피신하고 그 곳에 머물렀다. 약 1년 후 여러 외국과의 관계개선을 위해 중국 정부는 두 사람이 국외에 나가도록 허가하였다. 이들 부처는 1990년 6월 25일 영국의 케임브리지로 향하였다.

과학자 황리찌

때로는 황리찌를 물리학 노벨상을 받은 러시아의 반체제 물리학자인 사하로프와 비교하여, '중국의 사하로프'라 부르고 있는데, 그는 과학자로서 어느 정도의 인물인가. 그가 중국에서 이미 뛰어난 천체 물리학자라는 것은 누구나 인정하고 있다. 경력으로 이를 입증할 수 있다. 중국의 과학자가 외부로부터 단절된 시대에 국제적인 천체물리학 잡지에 게재할 수 있는 수준 높은 논문을 쓴 것은 황리찌 한 사람 뿐이었다. 또한 그는 뿌리부터 과학자라는 것이 확인되어 있다. 천안문 사건이 일어나기 직전이나 미국 대사관에서 피난생활을 하는 격동의 상황 속에서도, 학술논문을 계속 쓴 것은 이를 잘 뒷받침해 주고 있다.

황리찌가 학문적으로 특히 높이 평가된 것은, 1981년 교토를 방문했을 때, 일본인 교수와 공동으로 쓴 "퀘서 적방편이의 주기성은 다중 연결 공간의 증거"라는 제목이 붙은 논문이 1985년도의 국제 중력 논문 상에서 1위를 차지했기 때문이다. 그리고 이 상의 수상자로서는 영국의 호킹, 조셉 시루스 등 우주론에서 내놓아라 할 만한 얼굴들이 들어 있다. 그리고 그는 우주론 클럽의 회원으로 정식 인정받았다. 그는 중국에 돌아와 이 테마로 연구를 계속하고 학생과 함께 많은 논문을 썼다. 이 생각은 매우 기발하고 재미있지만, 이 이론을 실험적으로 증명하는 것이 매우 어렵고 우주론의 주류로부터 멀리 떨어지고 있었다.

황리찌는 국제적으로 통하는 우수한 과학자이다. 그러나 뛰어난 과학자로서 손 꼽을 수 있을 정도는 아니다. 누구나 인정하는 이른바 노벨상을 받을 수 있는 초일류의 과학자는 아니다. 그가 지금 단계에서 노벨상 수상자로 들어갈 수 없다는 것이 솔직한 이야기이다. 그를 '중국의 사하로프'라 부르는 것은 여러 가지 의미에서 적절하지 않다.

민주화 운동의 지도자

황리찌에 대해 누구나 인정하는 두 가지 점이 있다. 하나는 중국에서 뛰어난 과학자인 점, 또 하나는 강연 솜씨가 뛰어난 점이다. 그가 중국 각지에서 강연한 블랙홀 등은 학생들에게 호평을 받았고 민주 인권운동의 정신적 지도자로 추앙 받는 바탕이 되었다. 그는 각지로부터 강연을 의뢰 받고 강연을 마친 뒤에 질의응답을 거쳤다. 질의응답 속에는 정치성이 포함된 것도 있었다. 누구나 황리찌와 같은 생각을 하고 있었지만 입밖에 내놓을 수 없었을 따름이었다. 하지만 황리찌는 자신의 생각을 솔직하게 말하였다. 그러한 태도에서 그는 모든 사람으로부터 갈채를 받았고 점차 가속화되어 '민주화 운동의 지도자'로서 부각되었다. 그는 "누르고 또 누르면 기가 생겨 중심에 놓인다. 그리고 자기 자신을 컨트롤 할 수 없게 된다. 그것은 여기 저기서 압력이 작용하기 때문이다"라고 술회하였다.

케임브리지 대학의 한 교수는, "실은 그가 어째서 리더처럼 존재했는지 잘 이해할 수 없다. 영어를 듣고 있는 한 그런 정도로 설득력이 있는 사람으로 느껴지지 않는다. 그런데 미국에서 가끔 중국인 상대로 중국어로 강연하고 있는 것을 듣는 기회가 있었는데, 실로 기묘한 말로 학생이 좋아하고 열심히 귀를 기울이고 있는 것을 보면 곧 바로 납득이 간다"고 말하였다.

이 외에 황리찌에게 뛰어난 점이 있다면 그것은 바로 조직능력이다. 북경 천문대의 한 과학자는, "황리찌는 뛰어난 조직자이다. 천문대에 부임해 오면서 그는 '우주론의 그룹'을 조직했는데, 이 그룹의 활동은 전례가 없을 만큼 활발하였다. 그가 떠난 지금도 천문대 안에서 매우 활발하게 연구하고 있다. 또한 그는 회의를 잘 이끌어 가는 능력이 있으며 연구회 등도 빈번하게 개최하고 있다. 그가 떠난 뒤에 연구회를 개최한 사람은 한 사람도 없었다…"고 말하고 있다. 또 중국인 과학자의 말을 분석해 보면, 황리찌는 동료 중에서도 평판이 좋았고 그가 북경 천문대에 온 것을 싫어한 사람은 한 사람도 없었다고 한다.

연구자로서 애리조나 대학으로

중국을 떠난 후 황리찌는 케임브리지 대학에서 6개월, 프린스튼 고등 연구소에서 1년을 지냈다. 그러나 이 1년 6개월은 과학자로서의 연구활동 보다도 중국의 민주인권 운동을 위한 활동이었다. 그러나 연구하는 것을 좋아하는 그에게 이러한 나날은 본의가 아니었다. "정치활동을 하면서 제 1선을 지킬 정도로 학문의 세계는 달콤하지 않다"라고 시키코 대학의 한 교수는 말하였다.

프린스튼 대학과의 계약은 1년간이었다. 황리찌를 교수로서 초청한 대학은 30개를 넘었다. 그 중에서 그가 선택한 대학은 애리조나 대학이었다. 그가 선택한 이유는 "정치 관련의 자리를 제공한 대학이 대부분이었지만, 순수물리학 교수로서의 자리를 제공한 것은 애리조나 대학 뿐이었기 때문이었다"고 말하였다.

애리조나 대학은 천문학 및 천체 물리학 연구가 활발한 대학이다. 킷트픽 천문대나 홉킨즈 천문대 등 몇몇 천문대가 있고, 대학

구내에는 망원경의 반사경을 만드는 공장도 있다. 우주론적인 관측을 하고 있는 천문학자의 수도 많다. 우주론의 연구에 종사하는 그에게 더 없는 환경인 것도 그가 이 대학을 선택한 이유였다. "대학은 그를 맞이하여 만족하고 있다. 친구들의 평판이나 그에 대한 학생의 평판도 좋다. 과학자로서 연구활동도 궤도에 오르기 시작하였다. 나는 영웅이 아니다. 정치 지도자도 아니다. 단지 가르치는 것이 즐겁다"고 황리쩌는 지금의 심정을 털어놓았다.

찾아보기

338

참 고 문 헌

이 책을 쓰는데 참고로 했던 책들 중에서, 우리 주변에서 비교적 손쉽게 접할 수 있고 가장 기초적이면서 쉬운 책을 소개한다.

* Abbott, D., ed., The Biographical Dictionary of Scientists, 5vols, London, 1985.
* Asimov, L., Biographical Encyclopedia of Science and Technology, Doubleday Co. 1964.
* Asimov, I., Great Idea of Science, Scholatic Magagines, Inc., U.S.A., 1969
* Crowther, J. G., British Scientists of The Twentieth Century, London, 1952.
* Fermi L., Illustrious of Immigrants, 3 vols, The Univ. of Chigago Press, 1968.
* Sutcliff, A./ Sutcliff, A.P.D., Stories from Science : 1. Chemistry, 2. Physics, 3. Biology & Medicine, 4. Scientific Discovery, Cambridge Univ. Press, 1962.
* SCIENTIFIC AMERICAN.
* Takahashi & Hirano, 現代の 科學者 Aokishoten, 1995.
* 오조영란/홍성욱 엮음, 남성의 과학을 넘어서, 창작과 비평사, 1999.
* 오진곤, 과학과 사회, 전파 과학사, 1993.
* 오진곤, 과학사 총설, 전파 과학사, 1995.
* 오진곤, 과학자와 과학자 집단, 전파 과학사, 1999.

틀을 깬 과학자들

인쇄 2018년 3월 01일
발행 2018년 3월 15일

지은이 오 진 곤
펴낸이 손 영 일

펴낸곳 전파과학사
출판 등록 1956. 7. 23(제10-89호)
120-112 서울 서대문구 연희2동 92-18
전화 02-333-8877 · 8855
팩시밀리 02-334-8092

전파과학사 2002 printed in Seoul, Korea
ISBN 89-7044-228-6   03400

Website www.S-wave.co.kr
E-mail S-wave@S-wave.co.kr